网页UI与用户体验设计

要素

胡卫军　编著

電子工業出版社
Publishing House of Electronics Industry
北京·BEIJING

内容简介

网站以其独特的信息传播特点和美学特征，为交互带来了新的视野。网站彻底改变了传统媒体的艺术创作及传播模式，将用户作为参与主体引入到网络艺术的创作和传播过程中，从而使网站设计在考虑传统美学特征和传播特点的同时，还应该符合用户的心理感受，即用户体验。随着数字技术的发展和交互设计研究的日趋成熟，网站设计早期对"技术至上"和"功能至上"的追求逐渐被关注用户体验的设计理念所替代。用户体验成为网站设计的基础和核心。

本书通过 5 个方面对网站的用户体验进行全面的分析讲解，分别是：感官体验要素、交互体验要素、浏览体验要素、情感体验要素和信任体验要素。通过这 5 个方面系统地阐述了用户体验设计中的各种要素，只要从这 5 个方面着手，一定能够有效提升所设计网站的用户体验。

本书结构清晰、内容翔实、文字阐述通俗易懂，与案例分析结合进行讲解说明，具有很强的实用性，是一本用户体验设计的宝典。

图书在版编目（CIP）数据

网页 UI 与用户体验设计 5 要素 / 胡卫军编著 . -- 北京 : 电子工业出版社 , 2017.9

ISBN 978-7-121-32409-3

Ⅰ . ①网… Ⅱ . ①胡… Ⅲ . ①网页 - 制作 Ⅳ . ① TP393.092.2

中国版本图书馆 CIP 数据核字 (2017) 第 185620 号

责任编辑：姜　伟

文字编辑：赵英华

印　　刷：北京虎彩文化传播有限公司

装　　订：北京虎彩文化传播有限公司

出版发行：电子工业出版社

北京市海淀区万寿路 173 信箱　邮编：100036

开　　本：720×1000　1/16　印　　张：21　字　　数：571.2 千字

版　　次：2017 年 9 月第 1 版

印　　次：2022年 7 月第 8 次印刷

定　　价：89.00 元

凡所购买电子工业出版社图书有缺损问题，请向购买书店调换。若书店售缺，请与本社发行部联系，联系及邮购电话：（010）88254888，88258888。

质量投诉请发邮件至 zlts@phei.com.cn，盗版侵权举报请发邮件至 dbqq@phei.com.cn。

本书咨询联系方式：（010）88254161 ~ 88254167 转 1897。

前言

什么是用户体验？用户究竟在乎什么样的使用体验？用户体验是心理需求还是功能需求？我想这些问题一定困扰着很多网站设计人员。用户体验从某种意义上来讲，解决的是产品的黏性问题。对于网站设计来说，不仅表现在精美的视觉效果上，还包括出色的交互设计、便捷流畅的使用方式，以及给用户一种安全和信任感，使用户感觉到亲切。一个好的网站除了内容精彩、定位准确以外，还要方便用户浏览，使用户可以方便快速地在网站中找到自己感兴趣的内容。本书针对网站设计中的用户体验细节要素进行了全面的详细分析和介绍，并通过案例的分析使读者更容易理解。

本书内容

本书在借鉴国内外用户体验设计的前沿理念和实践成果的基础上，对网站用户体验进行了全面而详细的讲解，力图以清晰、有条理的语言和生动翔实的案例向读者系统地介绍用户体验设计中的各方面重要因素。

第 1 章　感官体验要素。感官体验是呈现给用户视听上的体验，强调的是用户使用网站的舒适性。本章将向读者详细介绍影响用户感官体验的相关要素，包括网站的风格、尺寸、布局、色彩、导航等多个方面，使读者能够从不同的方面体会到感官体验设计的方法和技巧。

第 2 章　交互体验要素。交互体验是呈现给用户操作上的体验，强调网站的可用性和易用性。本章将向读者详细介绍影响用户交互体验的相关要素，以及如何对这些交互要素进行设计处理，包括网站会员注册机制、填写表单、错误提示、在线咨询、意见反馈、在线搜索等多个方面，通过这些方面的交互体验设计，提升网站的易用性。

第 3 章　浏览体验要素。浏览体验从某种意义上来说与感官体验有点相似，但是并不完全相同，在浏览体验中强调的是如何使网站内容的层次更加清晰、明确，用户在浏览网站的过程中更加流畅，强调的是如何使网站中的内容更加具有吸引力。

第 4 章　情感体验要素。情感体验是偏向于呈现给用户心理上的体验，强调网站的友好度问题。本章将向读者详细介绍影响用户情感体验的相关要素，包括心流体验、沉浸感、情感化设计、用户分类、会员激励、色彩情感等多个方面的内容，通过情感化体验要素的设计使网站能够真正打动用户的心，使网站与用户成为朋友。

第 5 章　信任体验要素。任何产品，信任才是基础，网站也不例外。对于互联网来说，要建立真正的信任，是需要突破很多心理障碍的，在网站体验中，信任体验应该是最好的目标之一。本章向读者介绍了有关安全性、给用户被保护感、信任度和网站信任体验细节等相关的内容，从而帮助大家提高网站的信任体验。

本书特点

要真正做好用户体验设计，除了掌握本书中介绍的基础要点和技巧外，如何拿捏用户不同时段的需求，也是我们必须要思考的，当然这也是一个熟能生巧的过程。

◎ 紧扣主题

本书通过 5 个方面全面细致地讲解了用户体验设计的相关要素和重点，将每一个用户体验要素都拆分为多个细节进行讲解，使读者能够更加容易理解和接受。

◎ 易学易用

在对用户体验的每个细节要素进行分析讲解的过程中，基础知识与案例分析相结合，图文并茂的讲解方式，使读者能够更好地理解，使学习的成果达到最大化。

本书作者

参与本书编写的有胡卫军、高金山、张艳飞、鲁莎莎、吴潆超、田晓玉、佘秀芳、王俊平、陈利欢、冯彤、刘明秀、谢晓丽、孙慧、陈燕、胡丹丹。书中难免有错误和疏漏之处，希望广大读者朋友批评、指正。

编　者

目录

1 感官体验要素

GOURMET dips
G'NOSH
WHAT'S YOUR G'NOSH?
Some things are better shared
KEEP UP WITH G'NOSH
A Dip in the Tempura-Ture

首页
玩游戏
2012-01-10 14:00:18
洽洽
每天送出10颗金瓜子
吃洽洽赢好礼！
10颗金瓜子,过节翻倍 等着你！
玩转洽洽，“金”喜连连享不停！
抽金瓜子
玩游戏攒积分
距离开奖时间
0天3小时0分
香瓜子

2 交互体验要素

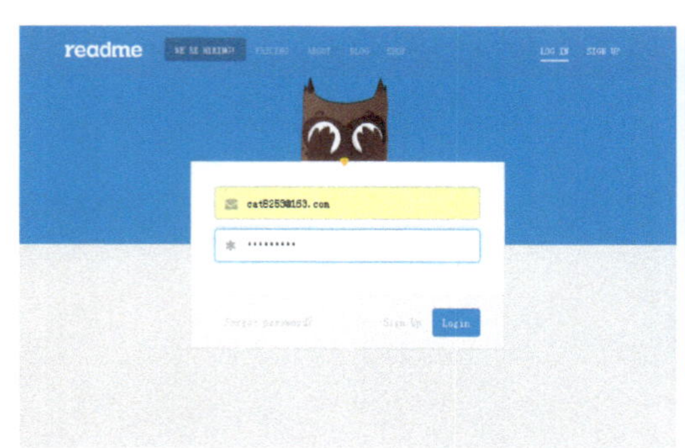
readme

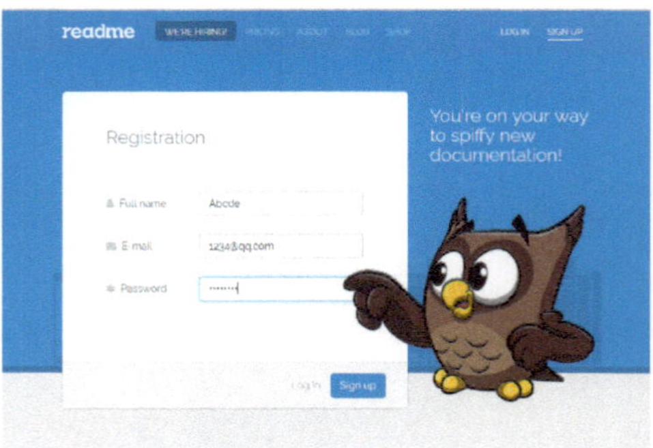
readme
Registration
You're on your way to spiffy new documentation!

3 浏览体验要素

NISSAN
SHIFT_the way you move
自由1+1 驰骋心天地
自由1+1
驰骋心天地
首页
自由周末
自由驾场
自由天地
自由好礼

秒杀专场
活动时间 8.17-8.25
秒杀价 81.8元
hp 246

我们都是有
"背景"
的人!

4 情感体验要素

5 信任体验要素

Bräustüberl Schierling
Startseite
Aktuelles
Karten
Bildergalerie
Links
Anfahrt
Kontakt
Servus und Griaß Gott zum Bräustüberl Schierling
Das Wirtshaus in der Pilsbrauerei Schierling
Kochkurse nach Vereinbarung Samstag Vormittag (Winter)
Jeden letzten Samstag im Monat „Hausmusikabend"
Frontcooking bei Ihnen zu Hause!
Catering für 5-200 Personen
Mittagstisch – Werktags von Dienstags bis Freitags
Ständige wechselnde Abendkarte
Sonntag Bratenkarte
Angus Rinder aus eigener Zucht
Schierlinger Pils

1

感官体验要素

页面设计中的感官体验指的是产品呈现给用户视觉和听觉上的体验。这种体验是最为直接的，将直接影响到用户对产品的印象。从而让用户决定继续浏览还是马上离开。感官体验最重要的是要带给用户舒适感，以促使用户继续浏览页面。

影响用户感官体验的要素有设计风格、Logo 设计、页面浏览速度、合理布局页面、页面色彩搭配、动画效果、页面导航、正确的页面尺寸、图片展示、选择合适的图标、广告位和背景音乐等元素，下面来逐一介绍。

设计风格

一个人拥有自己独特的风格，是一般人所没有的，就会让人注意到那个人的特别，若那个人的风格是正面的，就会引起别人的羡慕与注意，或是赞赏。就如同一个网站，拥有别的网站所没有的风格，就会让浏览者愿意多停留些时间，细细品尝该站的内容，甚至会得到多人的鼓励与注目。

知识点分析

网站的设计风格必须要符合目标客户的审美习惯，并有一定的引导性。设计师需要注意的是，在对网站进行设计之前，必须明确该网站所针对的目标客户群体，并针对目标客户群体的审美喜好进行分析，从而确定网站的总体设计风格。

网站常见设计风格

1. 超清晰

如果只能选择一种风格或手法来设计网站，我一定会选择超清晰风格。在我看来，超清晰不仅仅代表一种风格，也是设计清晰实用的网页的理想方式。超清晰网站偏向于极简主义风格，但是它们更关注的是做到清晰明了，而非越少越好。可以说这种设计是视觉享受与简单实用的完美统一。总之，超清晰追求的是功能完备且不失优雅的完美目标。

在该设计公司的网站页面设计中运用了超清晰的设计风格，页面中运用通栏的宣传图像来分割页面中不同部分的内容，再加上错落有致的布局，使得页面内容表现得非常清晰、整齐。页面中清晰的视觉指引和整齐有序的外观都能够给人良好的用户体验。

在该游戏介绍的专题页面设计中抛弃了以往游戏页面的传统表现风格，而是运用了超清晰的设计风格。使用同色系不同明度的蓝色调将整个页面从上至下划分为多个不同的内容区域，在每部分的内容区域中，又综合运用图文结合和色彩对比的手法，使得页面结构层次非常清晰。

2. 极简

极简风格一直很流行，历来都是最可行、最受欢迎的一种网站设计风格。这种风格不但能够提供最实用的设计，而且永远都不会过时。以这种风格设计的网站也非常易于创建和维护。但先不要太高兴，因为设计和实现极简风格可不是一件容易的事儿，极简风格需要在细节上煞费苦心，在微妙之处独具慧眼。

该网站页面运用了极简的设计风格，不仅设计简洁，并且通过文字的排版方式以及局部背景图像的运用，体现出浓郁的传统文化特色，非常直观、大方。

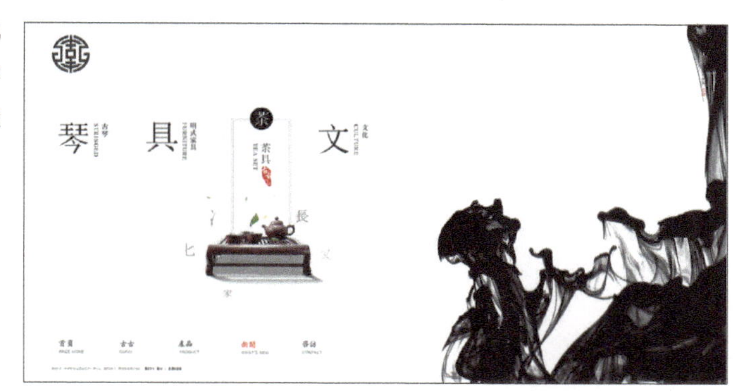

极简设计在移动端页面设计中非常常见，并且能够给人很好的视觉效果。在该移动端家具产品页面中，仅仅使用简洁的家具产品图与文字介绍相结合，通过背景颜色的烘托而没有使用其他任何装饰性元素，给人一种精致、典雅的感受，并且能有效突出产品的表现。

3. 照片

使用照片作为网站背景？好可怕，听起来好像是十几年前互联网刚兴起时的做法。但如果看到处理得好的网站，你就不会这么想了。这些使用照片作为主要元素的网站都让人耳目一新，它们比常见的网站更加具有条理性。

千万不要低估了照片在网页中所能取得的效果，同时牢记住一点：越有效果的东西，使用起来越要小心。

照片风格可能生动、有冲击力、意义丰富，但如果使用得不恰当，也可能使整个网站页面的表现效果相当糟糕。

在该时尚品牌网站页面中使用满屏的大幅模特照片作为页面的整体背景，时尚感扑面而来，在页面局部排列少量的简洁菜单文字，使背景图像完全占据主导地位，网站信息被最小化了但同时制作精美。

在该旅游介绍页面中同样使用当地的风景照片作为满屏背景，使浏览者仿佛身临其境。需要注意的是，因为页面中有较多的介绍内容，为了使信息内容清晰易读，背景的风景照片使用了比较简单的部分，从而不影响页面内容的表现。

专家支招

使用照片设计风格时，还有一个重要事项需要注意，如果背景图片很复杂，那么前景就需要设计得朴素一些，这样是为了避免页面过于凌乱，当然这样也能够更好地使页面信息凸显出来。

4. 插画

作为一名设计师，画插画绝对是信手拈来的事。也许插画风格最明显的优势就是在设计中添加一些新颖、独特的元素。在这个注意力持续时间几乎为零的数字世界中，任何突出的东西都能够引人注目。

该运动品牌促销页面运用了插画的设计风格，将时尚的运动人物与卡通手绘插画背景相结合，运动人物与插画背景设计浑然天成，且运用得恰到好处。产品图片放置在主题图片的下方，在我看来，这就是主题设计与传统设计的完美平衡。

该果汁饮品的移动端页面设计运用了插画设计风格，将产品图片巧妙地融入到插画当中，不但体现出该果汁的新鲜与原生态，并且每个页面中安排的文字内容较少，使浏览者仿佛在看一幅幅连环画，能够给浏览者留下深刻而美好的印象。

5. 三维

互联网更像是平面的和静态的，这就使那些具备一些空间感的网站看起来相当与众不同。为设计的某些方面添加一些立体感就能够很好地强化网页的总体视觉感受，并使其变得独特，并能够提供一种空间开阔的感觉。

在网页设计中可以通过一些简单的技术和视觉技巧体现出三维立体感。最常用的技巧就是将元素重叠放置，如果众多元素中的某一个是实际物体的图像，这种方式尤其适合，通过让图像与页面设计相重叠，就形成了立体感。另一种简单的技术就是使用阴影，靠近物体的阴影会让物体具有立体感，因此会带来一种空间感。如果阴影看起来是从物体上延伸下来的，那就更有效果了。

该运动品牌页面设计采用了典型的三维设计风格，在我们心目中，人物肯定是要占据空间的，因此网页的背景就自然而然地被拉远了。在该页面中同时将运动人物放置在页面的中间位置，并且在垂直方向上占据整屏的空间，仿佛运动人物是活动的，要冲出页面，给人很强的视觉冲击力。

该女装品牌页面的设计非常简洁、单纯，通过与页面背景颜色相对比的色块来突出重点信息和图片，在页面中为多个重要的元素都运用了强烈的阴影效果，页面中的大号主题文字、色块以及图片，有效地表现出页面的空间感，仿佛内容跃然于背景之上。

6. 以字体为主

以字体为主的这种设计风格可以归类为极简主义风格，这两种风格的细微差别是，以字体为主的风格更加关注以优雅的方式来使用字体。以字体为主风格的网页能够表现出字形的自然美，并让它传达出网站的主要信息。使用这种风格的话，特大号的字体会成为整个页面的焦点，所以一定要表现重要信息。

在该页面设计中以字体作为主要的设计元素，通过随性的手写字体加上巧妙的布局，使页面给人一种随意而个性十足的感觉。

该页面的设计风格也可以称为极简风格，运用黑白图片作为页面背景，在背景之上并没有过多的装饰而是在不同的部分使用不同的字体来表现页面中不同的内容，页面内容的层次结构非常清晰，给人一种自信、大胆且稳重可靠的感觉。

7. 纯色

随着移动互联网的广泛应用，在网站中运用纯色风格十分流行。也就是说，许多设计师不再使用图片或装饰容器，转而采用更基本的方式并大量利用纯色。

虽然这种风格名为"纯色"，但并不意味着完全只使用一种颜色，应该把思路放开，不要拘泥于形式。另外，使用纯色设计的网站能够真正实现快速加载。

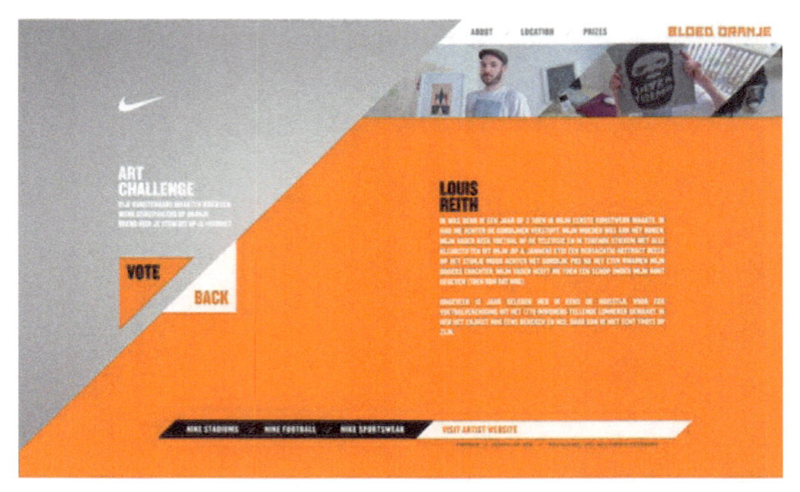

该网页的整体设计采用的就是纯色风格，运用色块对页面进行倾斜分割，不但清晰地划分了页面中不同的内容，而且能够产生对比的效果，这种设计使网站看上去更加明快、整洁。

该移动端页面设计同样采用了纯色的设计风格，运用鲜艳的纯色划分页面中不同功能和内容的区域，使得页面内容的划分非常清晰，而且也便于浏览者使用手指进行点击操作。

专家支招

使用纯色风格设计的网页实现起来比较容易，并且使用这种设计风格的网站加载速度也会比较快，这种风格非常适合电子商务类的综合网站以及移动端的网站使用。

8. 扁平化

设计页面时，去除多余烦琐的装饰效果，只使用最简单的色块布局。使用更少的按钮和选项，使整个页面更加干净整齐。既便于用户操作，又可以将想要表达的内容直接表达出来，这就是扁平化设计。

扁平化设计风格的提出是在近几年手机端页面设计时为了节省页面体积，便于用户查看出现的一种设计风格。

该页面采用了典型的扁平化设计风格，页面中各部分内容都采用了大面积的纯色块进行分割，使得页面中各部分内容的划分非常清晰、直观，没有过多的修饰，表现内容的方式更加直接。

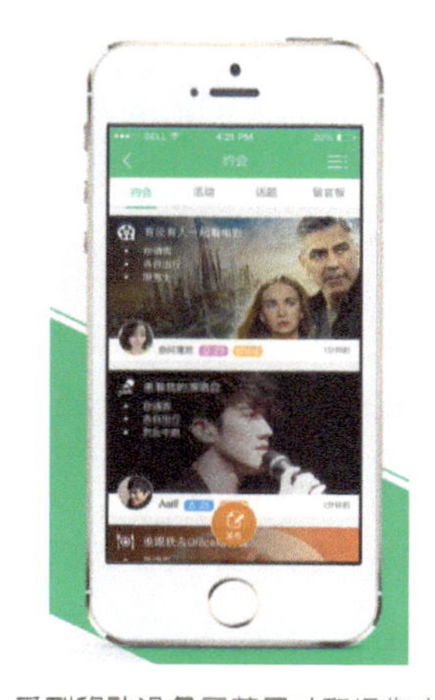

受到移动设备屏幕尺寸和操作方式的限制，移动端的页面需要给浏览者提供更加直观的信息和便捷的操作，所以在移动端的页面设计中扁平化的设计风格非常普遍。

技巧点拨

网站页面的设计风格可以有很多，无论用户采用何种风格进行设计，都要与网站本身内容相符，这样才能将想要传达的内容快速传达给浏览者。否则一味地追求花哨的页面效果，将使网站本身的核心内容被忽略掉。

观点总结

设计风格在设计领域中变得越来越重要。设计风格通常不会有特定的相关元素，却又因为它们不同的外观而为人所认识。以上这些都是设计方法中的总体理论。举一个例子，极简主义设计风格可以阐释特定设计是如何影响设计师的作品的，该风格定下了网站外观和气质的基调，但不会强制指定特定的图像。而其他的风格，如照片风格、三维风格、扁平化风格等就更为具体化，会有一些明显的模式以及明显的外观形式。确定网站的设计风格不是一件随心所欲的事情，网站所表现出来的风格是很重要的，设计师应该认真考量，从而使网站风格起到展示网站品牌和传达网站信息的作用。

尺寸

网页设计的难点在于每个浏览者的使用环境不尽相同，网页存在太多的变数，一般的设计并不能胜任，因此，能否有效地处理这种情况，直接影响到该页面的用户体验。

知识点分析

一个网页的尺寸设置与浏览者所使用的浏览器与系统存在很大的关系，我们在设计网页时不可能满足所有用户的最佳尺寸需求，但是我们能做的就是让绝大多数的浏览者得到最佳的视觉体验。

对网页尺寸产生重要影响的因素主要有 3 个，分别是：操作系统、浏览器和系统分辨率。关于尺寸对网页感官的用户体验，将通过以下两个方面分别进行讲解。

1．影响网页尺寸的主要因素

2．安全的网页宽度与首屏高度

影响网页尺寸的主要因素

通过对影响网页尺寸的主要因素进行分析，可以得到能够适应大多数用户获得最佳视觉体验的网页尺寸。

1. 操作系统

在操作系统的底部都会显示系统任务栏，该部分会占据一定的屏幕显示空间，Windows XP 系统中默认的任务栏高度为 30px，Windows 7、Windows 8 与 Windows 10 操作系统中默认的任务栏高度均为 40px。

2. 浏览器

不同的浏览者可能会使用不同的浏览器，在浏览器窗口中默认都会显示状态栏、菜单栏和滚动条，这些都会占据网页在浏览器窗口中的显示区域，这些因素也是设计师在设计网页前需要考虑的。主流浏览器的界面参数如表 1-1 所示。

表 1-1 主流浏览器的界面参数

浏览器	状态栏	菜单栏	滚动条
Chrome 浏览器	22px（浮动出现）	60px	15px
火狐浏览器	20px	132px	15px
IE 浏览器	24px	120px	15px
360 浏览器	24px	140px	15px
搜狗浏览器	25px	163px	15px
遨游浏览器	24px	147px	15px

3. 系统分辨率

不同的显示器有着不同的分辨率设置，这就导致在浏览网页时不同系统分辨率中的可视面积是不同的。根据调查机构对 30 万以上的客户端进行测试，得到如下的测试数据。

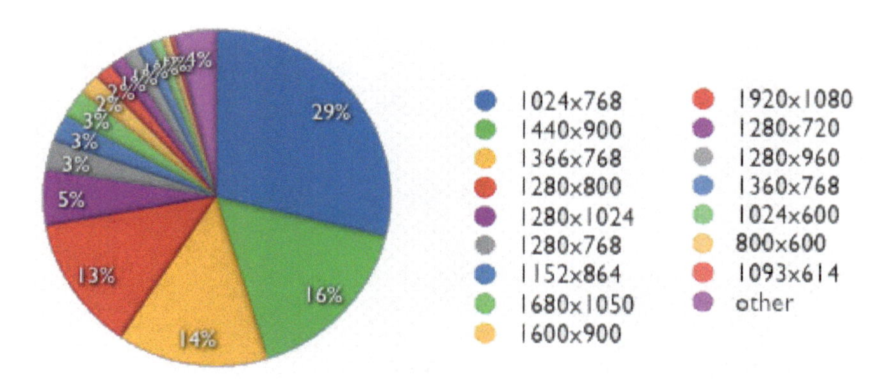

通过以上的系统分辨率调查数据结果可以得出适合大多数用户进行浏览的安全分辨率为 1 024 × 768，可建议大分辨率为 1 280 × 800。

安全的网页宽度与首屏高度

根据以上对操作系统、浏览器和系统分辨率的分析，可以得出设计网页的安全宽度为 1 002px，可建议的较大宽度为 1 258px。

在 Windows XP 常见分辨率 1 024 × 768 下，去除系统任务栏、浏览器窗口的菜单栏和状态栏后得到的网页首屏可视高度平均值为 584px。

在 Windows 7 常见分辨率 1 440 × 900 下，去除系统任务栏、浏览器窗口的菜单栏和状态栏后得到的网页首屏可视高度平均值为 716px。

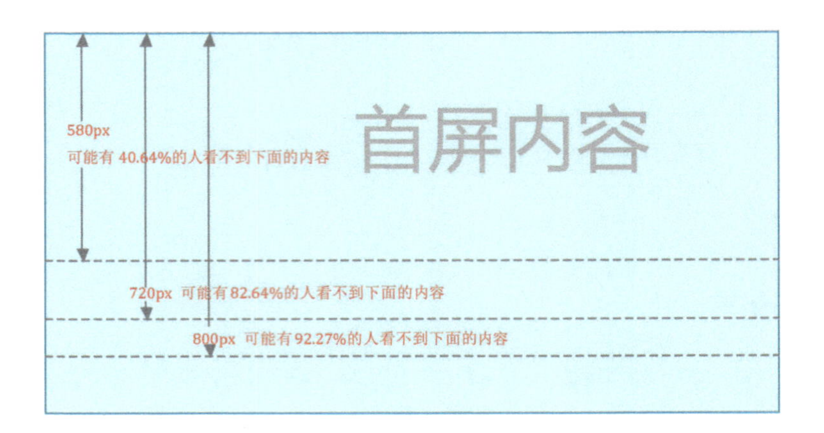

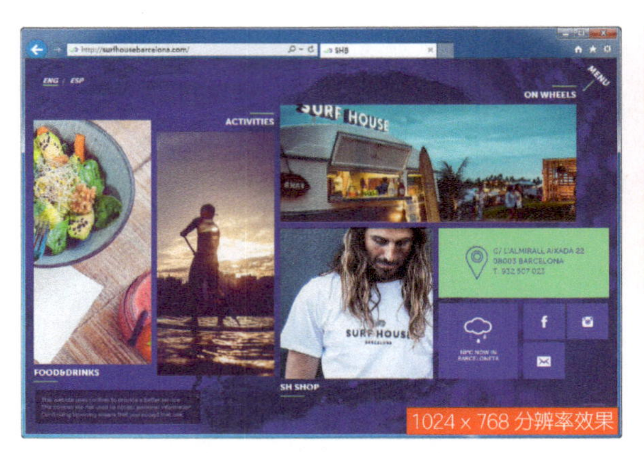

1024 x 768 分辨率效果

该网页为了能够适应大多数浏览者的浏览，将页面中主体内容的尺寸控制在 1 002 x 580 左右并且在页面中居中显示。

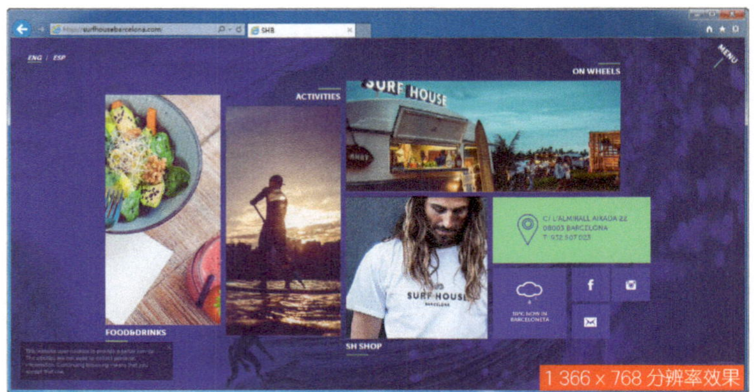

1 366 x 768 分辨率效果

上面两张截图为网页在不同分辨率下的显示效果，分辨率为 1 024 x 768 的网页看起来比较方正，而分辨率为 1 366 x 768 的网页则呈宽屏显示。可是，虽然分辨率有变化，该网页中内容的展现却没有任何问题，这就要求网页设计者在进行网页设计时考虑到，网页尺寸需要让绝大多数的浏览者得到较好的视觉体验。该网页使用一张大幅图像作为页面的背景，这样在大多数的分辨率下都能够获得很好的视觉体验。

观点总结

虽然现在桌面电脑显示器的屏幕分辨率越来越高，但随着移动设备的普及，使用平板电脑或智能手机来浏览网站的用户也越来越多，但是平板电脑与智能手机等移动终端的屏幕分辨率都要小于桌面电脑显示器，为了使网页能够适应在多种不同的设备中进行浏览，需要在制作网页时考虑一套页面能够自适应多种屏幕分辨率或多种终端设备。

在制作网页时，内容与四周的边框间距以及图片与图片之间的间距等都要使用百分比的相对值进行设置，字体大小可以在一开始给出标准设计图所用的字体大小，程序实现后根据在真机中的测试效果再进行调试。还需要考虑移动设备的框架，网站中是 3 栏，移动端可能仅为 1 栏，制作时需要根据网页中内容的优先级使用原型框架做好布局框架。

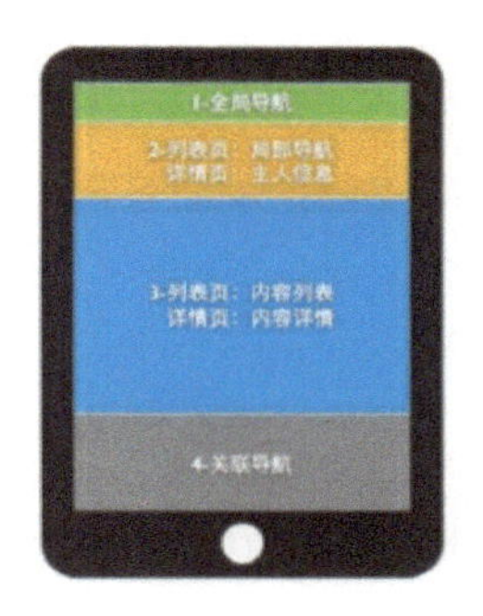

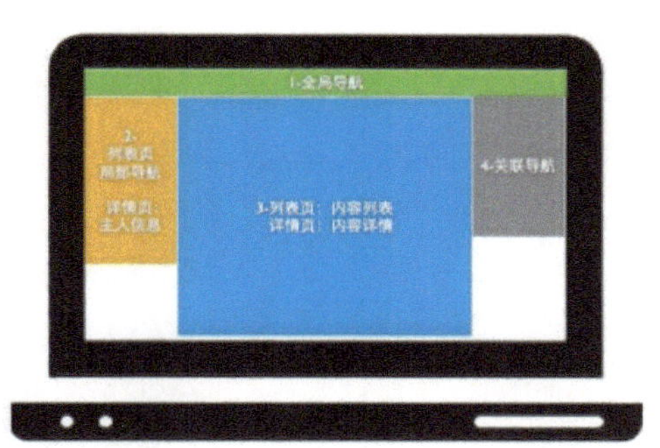

关于 Logo

作为具有传媒特性的网站 Logo，为了在最有效的空间内实现所有的视觉识别功能，一般是通过特定图案及特定文字的组合，达到对被标识体的出示、说明、沟通和交流，从而激发浏览者的兴趣，达到增强美誉、记忆等目的。

知识点分析

说到网站 Logo 设计，就不得不谈一下传统的 Logo 设计。传统的 Logo 设计，主要传达一定的形象与信息，真正吸引我们目光的不是 Logo 标志，而是其背后的图像信息。例如，一本时尚杂志的封面，相信很多读者首先注意到的是漂亮的女生或是炫目的服装，如果感兴趣才会进一步去了解其他相关的信息。网站 Logo 的设计与传统设计有着很多的相通性，但由于网络本身的限制以及浏览习惯的不同，它还有一些与传统 Logo 设计相异的特点。比如网站 Logo 一般要求简单醒目，虽然只占方寸之地，但是除了要表达出一定的形象与信息外，还得兼顾美观与协调。

作为独特的传媒符号，Logo 一直是传播特殊信息的视觉文化语言。无论是古代繁杂的龙纹，还是现代洗练的抽象纹样、简单字标等都是在实现着标识被标识体的目的，即通过对标识的识别、区别，引发联想、增强记忆，促进被标识体与其对象的沟通与交流，从而树立并保持对所标识体的认同，达到高效提高认识度、美誉度的效果。作为网站标识的 Logo 设计，更应该遵循企业 CIS 中所规定的配色原则及表现方式并有所突破。关于 Logo 对网页感官的用户体验，将通过以下两个方面分别进行讲解。

1．网站常见 Logo 表现形式

2．设计网站 Logo 的一般流程

网站常见 Logo 表现形式

网站 Logo 形式一般可以分为特定图案、特定字体和合成字体。

1. 特定图案

特定图案属于表象符号，具有独特、醒目，图案本身容易被区分、记忆的特点，通过隐喻、联想、概括、抽象等绘画表现方法表现被标识体，对其理念的表达概括而形象，但与被标识体关联性不够直接。虽然浏览者容易记忆图案本身，但对其与被标识体的关系的认知需要相对较曲折的过程，但是一旦建立联系，印象就会比较深刻。

左侧两个网站 Logo 的设计均使用了特定行业图案。通过使用具有行业代表性的图像作为 Logo 图形的设计，使用户看到 Logo 就知道该网站与什么行业有关，搭配简洁的文字，表现效果一目了然。

2. 特定文字

特定文字属于表意符号。在沟通与传播活动中，反复使用被标识体的名称或是其产品名用一种文字形态加以统一，含义明确、直接，与被标识体的联系密切，容易被理解、认知，对所表达的理念也具有说明的作用。但是因为文字本身的相似性，很容易使浏览者对标识本身的记忆产生模糊。

左侧的两个网站 Logo 均使用了对特定文字进行艺术处理的方式来表现 Logo。使用文字来表现 Logo 是一种最直观的表现方式，通过对主体文字或字母进行变形处理，使其具有很强的艺术表现效果。

所以特定文字一般作为特定图案的补充，选择的字体应与整体风格一致，应该尽可能做全新的区别性创作。完整的 Logo 设计，一般都应考虑至少有中英文及单独的图案、中文、英文的组合形式。

这两个网站 Logo 的表现效果更加丰富，将 Logo 文字进行艺术化的变形处理并且与具有代表性的 Logo 图形相结合，使得 Logo 的整体表现效果更加直观与具有艺术感，能够给人留下深刻的印象。

3. 合成文字

合成文字是一种表象表意的综合，指文字与图案结合的设计，兼具文字与图案的属性，但都导致相关属性的影响力相对弱化。其综合功能为：一是能够直接将被标识体的印象透过文字造型让浏览者理解；二是造型化的文字，比较容易使浏览者留下深刻的印象和记忆。

将文字进行变形处理与图形相结合表现出意象的效果，同时具有文字的可识别性也兼具图形的表现力，非常适合表现 Logo，能够给人留下深刻的印象。

技巧点拨

网站 Logo 是网站特色与内涵的集中体现，它用于传递网站的定位和经营理念，同时便于人们识别。在网页中应用 Logo 时需要注意确保 Logo 的保护空间，确保品牌的清晰展示，但也不能过多地占据网页空间。

设计网站 Logo 的一般流程

好的 Logo 可以使浏览者倍感亲切的同时，快速了解网站的行业和特点。一个 Logo 的诞生需要经过多个步骤，绝不是随便绘制几步就可以实现的。接下来针对网站 Logo 的设计制作进行一下讲解。

第 1 步：明确需求——我们的网站需要一个什么样的 Logo？

在开始设计 Logo 前，要对该网站的相关资料进行充分的了解。如网站的性质、网站的从属行业、网站的针对用户、网站的竞争对手等。还要与网站 UI 设计人员沟通，保证 Logo 与网站整体设计风格保持一致。例如，我们需要设计的是一家互联网企业的网站 Logo，作为一个互联网公司，我们一定要紧跟互联网潮流，同时希望能够给用户一种亲切的感觉，并且要一眼能被人记住。经过详细调研后，可以初步定义出 Logo 的表现形式、表现风格等。

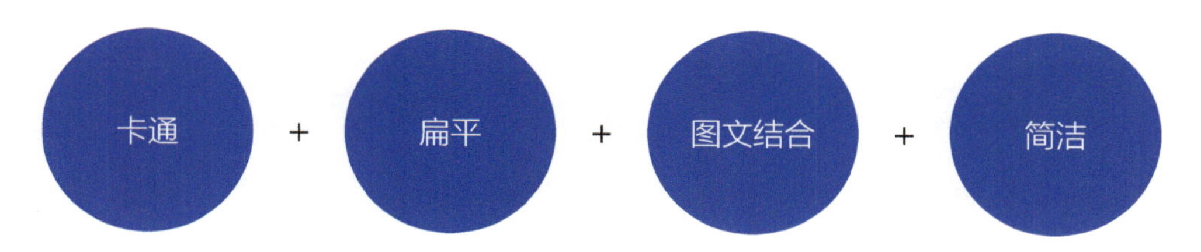

第 2 步：思维导读

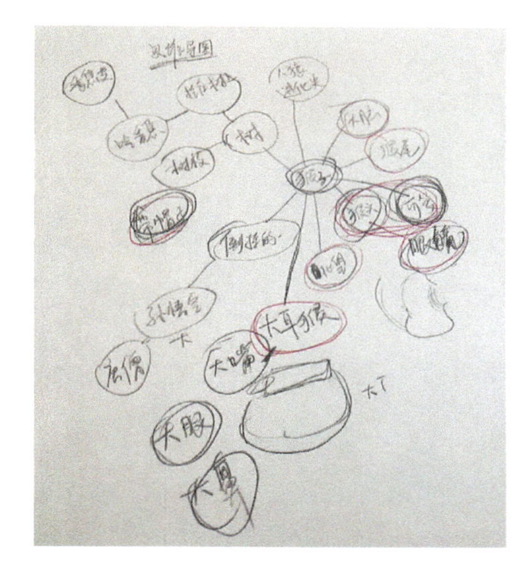

使用铅笔在白纸上绘制 Logo 的思维导图。思维导图可以很好地帮助我们发散思维。除了使用纸、笔外，也可以使用一些专业的思维导图软件。

用户可以从一个关键词开始，逐步构建整个思维导图。不要局限自己的思维，尽量发散，以获得更多的可能性。

通过思维导图，可以获得几个重要的关键词。利用这些关键词寻找设计灵感，把想法图形化。接下来就开始绘制 Logo 的草图。

第 3 步：绘制草图

我们不可能凭空去想象所有的东西，特别是当我们的思维被局限在某一点时，这时候可以通过互联网来获取设计灵感，这也是获取设计灵感最直接、最有效的方式。

可以在一些专业的设计网站中找到很多优秀的 Logo 设计。看图借鉴并不代表"抄袭"，在设计的时候不要去抵触各种优秀的作品，重要的是从中获得灵感和启发，而不是一味地生搬硬套。

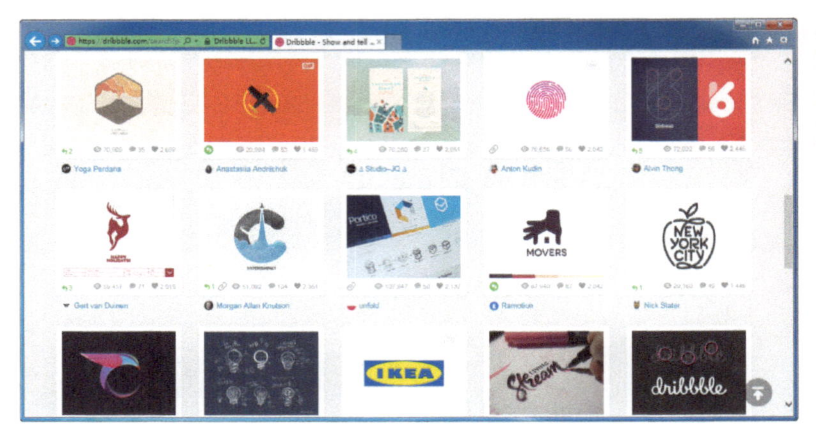

通过查看优秀作品寻找设计灵感时，并不是一定要去欣赏相关行业的优秀 Logo 设计，也可以查看摄影、绘画、广告设计等，重要的是根据你的关键词寻找与你想要的东西相关的画面。

在互联网中大量浏览了相关的设计作品之后，就可以动手来绘制草图了。建议不要使用电脑直接绘制草图，纸笔是最简单的也是最好的绘制草图的工具。例如我们将该互联网企业的网站 Logo 的主体图形设定为一只可爱的猴子。

第 4 步：在软件中精细绘制 Logo 图形

完成了 Logo 图形草图的绘制，通过比较选定一个比较适合的图形，在软件中精细地绘制 Logo 图形，可以使用 Photoshop、Illustrator 或 CorelDRAW 等图形处理软件进行绘制，推荐使用矢量绘图软件进行 Logo 图形的绘制。

一个完美的 Logo 图形需要不断地进行优化、比较，从而选定一种最适合的图形表现方式。

第 5 步：设计 Logo 文字，来个完美组合

完成了 Logo 图形的设计，接下来就需要设计 Logo 的标准字组合，通过不断地尝试和比较选定一种最适合的字体，同样也可以在该字体的基础上稍做变形处理，最后将 Logo 图形与标准字进行组合，调整到最佳的状态，这样一个完美的网站 Logo 就设计完成了。

专家支招

这里讲解的是一个图文相结合的网站 Logo 的设计过程，图文结合的 Logo，文字部分不需要做过多的变形处理，以简洁、清晰为主。如果是纯文字的网站 Logo，则可以根据风格的需要对字体进行适当的变形处理，从而使文字图形化。

技巧点拨

现代人对简洁、明快、流畅、瞬间印象的诉求使得 Logo 的设计越来越追求一种独特的、高度的洗练。一些已在用户群中产生了一定印象的公司为了强化受众的区别性记忆及持续的品牌忠诚度，通过设计更独特、更易理解的图案来强化对既有理念的认同。

观点总结

设计网站 Logo 时，面向应用对象制定相应的规范，对指导网站的整体建设有着极其现实的意义。一般来说，需要进行规范的有 Logo 的标准色、恰当的背景配色体系、反白、清晰表现 Logo 前提下的最小显示尺寸，以及 Logo 在一些特定条件下的配色及辅助色等。另外，注意文字与图案边缘应该清晰，文字与图案不宜相互交叠，还可以考虑 Logo 的竖排效果，以及作为背景时的排列方式等。

一个网站 Logo 不应该只考虑在设计时高分辨率屏幕上的显示效果，还应该考虑到网站整体发展到一个高度时相应推广活动所要求的效果，使其在应用于各种媒体时，也能够发挥充分的视觉效果；同时应该使用能够给予多数浏览者好感而受欢迎的造型。另外，Logo 还有报纸、杂志等纸质媒体上的单色效果、反白效果，以及在织物上的纺织效果、在车体上的油漆效果、墙面立体造型效果等。

网站打开速度

网站页面的打开速度严重影响用体验，再好的网站，如果打开速度慢，10 个人会有 9 个人选择离开。正常情况下，应该尽量确保网站页面在 5 秒内打开。如果是大型门户网站，必须考虑南北互通问题，进行必要的压力测试。

知识点分析

许多研究表明，用户最满意的网页打开时间是在 2 秒以下。用户能够忍受的最长等待时间的中位数在 6 至 8 秒之间。也就是说，8 秒是一个临界值，如果网站打开的速度在 8 秒以上，那么大部分浏览者最终都会离去。

关于网站打开速度的用户体验，我们将通过以下几个方面分别进行讲解。

1．对用户的心理影响

2．提高网站页面打开速度，改善用户体验

对用户的心理影响

根据一些抽样调查，浏览者倾向于认为，打开速度较快的网站质量更高，更可信，也更有趣。相应地，网页打开速度越慢，访问者的心理挫折感越强，就会对网站的可信性和质量产生怀疑。在这种情况下，用户会觉得网站的后台可能出现了一种错误，因为在很长一段时间内，他没有得到任何提示。而且，缓慢的网页打开速度会让用户忘了下一步要做什么，不得不重新回忆，这会进一步恶化用户的使用体验。

专家支招

网站页面的打开速度对于电子商务网站来说尤其重要，页面载入的速度越快，就越容易使访问者变成你的客户，降低客户选择商品后，最后却放弃结账的比例。

如果在等待网页载入期间，网站能够向用户显示反馈信息，比如一个进度条，那么用户的等待时间会相应延长。

在该网站页面中因为提供了背景音乐以及视频等多媒体素材，为了使用户进入网站后获得更好的体验，在访问该网站时，为网站添加了加载页面的动画反馈效果，避免用户长时间等待看到空白页面，也使得用户能够多一些耐心来等待页面加载完成。

提高网站页面打开速度，改善用户体验

1. 优化图片

图片是网页中最基本的元素之一，图文结合能够简明扼要地阐述主题，提高用户阅读兴趣。对于图片的处理及优化，可以将图片进行自定义大小，能够有效帮助减少页面大小，也可以使用 Photoshop 软件中的"存储为 Web 格式"命令，设置图片的质量，适当控制其容量大小，提高网页图片的加载速度。

2. 选择合适的图片格式

正确的图片格式可以让图片容量缩小数倍，如果保存为最佳格式，可以节省大量带宽，减少处理时间，大大加快页面加载速度。JPG 格式常用于照片或真彩色图片，GIF 格式用于平面色彩的图片，一般用于按钮或 Logo 图片，PNG 格式和 GIF 格式非常相似，不过就是多支持一些色彩。

3. 图片宽度和高度设置问题

很多人在制作网页时忘记了为插入网页中的图片设置宽度和高度，这两个属性可以告诉浏览器图片打开之前的尺寸，如果能够提前设置好图片的宽度和高度属性，浏览器加载网页时就会保留相应的图片区域，加快网页显示速度。

4. 合并优化

我们知道 CSS 样式的出现，使网页实现了内容和元素表现方法的分离，用户打开 CSS 样式设计的网页，CSS 样式一般是被下载到用户本地的计算机中的，而不像 HTML 标签每次打开网页都需要解析一次。另外，CSS 样式在某些地方可以替代图片，这就是为什么提倡使用 Div+CSS 的原因。

将 JavaScript 代码和 CSS 样式代码分别合并到一个共享文件中，这样不仅能简化代码，而且在执行 JavaScript 文件的时候，如果 JavaScript 文件较多，就需要进行多次的 Get 请求，延长加载速度，将 JavaScript 文件合并在一起后，自然就减少了 Get 请求次数，提高了网页的加载速度。

5. 延迟显示可见区域外的内容

为了确保用户可以更加快速地看到可见区域网页中的内容，可以通过脚本代码来实现延迟加载网页可见区域以外的内容。例如，通过 jQueryImage LazyLoad 插件就可以在用户停留在第一屏的时候，不加载第一屏以下的图片信息，只有当用户把鼠标往下滚动的时候，这些图片才开始加载，这样很明显提升可见区域的加载速度，提高用户体验。

6. 精简代码

精简代码也是优化网页最直接的一种方法，对网页代码进行瘦身，删除不必要的冗余代码，比如不必要的空格、换行符、注释等，包括 JavaScript 代码中的无用代码也需要清除。

在同等网络环境中，页面越小自然下载时间越快，所以在合理范围内减少页面大小是可以优化下载速度的。而页面大小主要是由 HTML 的代码量来决定的（当然也包括一些 CSS 样式和 JavaScript 代码），要想减小页面的大小，就得根据 W3C 的标准来优化 HTML 代码结构，去除一些无意义的代码。

7. 延迟加载和执行非必要脚本

网页中有很多脚本是在页面完全加载完之前都不需要执行的，可以延迟加载和执行非必要脚本。这些脚本可以在 onload 事件之后执行，避免对网页上重要内容的呈现造成影响。

8. 减少网页的响应次数

对于网页的打开，其实是很复杂的过程。从网页的申请打开，到 Web 服务器的响应、编译等动作，然后发回给浏览器，才显示我们所看到的文字和图片、多媒体文件等。所以要尽量减少响应次数，现在 Ajax 在这方面就运用得不错。当然，一个静态页面就例外了，静态页面多注意图片大小和网页设计就可以了。

专家支招

Ajax 全称为 Asynchronous JavaScript + XML，是指一种创建交互式网页应用的网页开发技术。通过在后台与服务器进行少量数据交换，Ajax 可以使网页实现异步更新，这意味着可以在不重新加载整个网页的情况下，对网页的某部分进行更新。传统的网页（不使用 Ajax）如果需要更新内容，必须重新加载整个网页。

观点总结

重视网站的用户体验可以说是互联网发展由技术为中心到以用户为中心的一种转变，主流的搜索引擎都将网站的用户体验作为评价网站的重要标准，要想在搜索引擎中获得好的评价，就不得不重视用户体验的优化，而网站的加载速度则是用户体验的首要条件。

用户都喜欢浏览速度快的网站，不喜欢花费太多的时间等待网页的打开，一旦等待的时间过长，会让用户失去耐心，甚至烦躁时会直接关闭网页，这样就会失去一些潜在的客户。我们在设计网站的过程中，可以通过以上的方法来尽可能提高网站页面的加载速度，最好还能够为网站页面提供加载动画效果，这样即使是网速较慢的用户，在打开网站时依然可以通过加载动画来抵消用户的焦虑感。

合理布局

网页布局结构的标准是信息架构，信息架构是指依据最普遍、最常见的原则和标准对网站页面中的内容进行分类整理、确立标记体系和导航系统、实现网站内容的结构化，从而便于浏览者更加方便、迅速地找到需要的信息。因此，信息架构是确立网页布局结构最重要的参考标准。

知识点分析

网页布局是指网页的整体结构分布，合理的页面布局应该符合用户的浏览习惯，合理地引导用户的视线流。一个清晰有效的布局，可以让用户对网站的内容一目了然，快速了解内容的组织逻辑，从而大大提升网站的可读性和整体视觉效果。

技巧点拨

网页布局最重要的基础原则是重点突出、主次分明、图文并茂。网页的布局必须与企业的营销目标相结合，将目标客户最感兴趣的，最具有销售力的信息放置在最重要的位置。

关于网站页面合理布局的用户体验，将通过以下几个方面分别进行讲解。

1．符合用户的浏览习惯

2．网页布局的操作流程

3．常见的网页布局形式

4．网页布局的原则

符合用户的浏览习惯

如果为网站设计一个合理的布局，我们首先必须对人们使用的复杂环境有个基本的认识。如果希望建立一个用户易于使用的界面就必须了解用户如何看待它，以及用户眼中的系统是个什么样子的。为了达到以上目的，我们就必须理解用户是如何处理技术的复杂性的。

当人们与现实世界中的事物进行交互时，他们将构思事物的运行方式并利用自己对事物运行方式的理解去完成任务。很多事物易于理解和使用，但也有很多事物的性质比较复杂，它们的外观并不能清晰地反映它们的使用方法，所以人们必须假想许多操作它们的方式。这个假想基于以往的经验，所以设计师采用尊重用户习惯和使用经验的网站设计结构，能更容易地被用户接受和理解。

在网站设计领域，不同的网站形态和布局结构代表了不同的网站类型。例如， 如下两种典型的网站布局形式。

搜索引擎网站就是一种典型的布局结构，其重点是为了方便用户进行信息的搜索和查找操作，所以界面非常简洁，重点突出搜索框，方便用户的使用。所有的搜索引擎网站都是以此为标准进行页面布局的，极大地方便用户操作。

微博网站也是一种典型的网页布局结构，整个页面分为 3 栏结构，中间栏顺序放置最新鲜的微博资讯，左侧为相关微博信息的分类，右侧为登录窗口，登录成功后显示个人信息。网页层次结构清晰，方便用户浏览。

专家支招

当我们接受一个网站项目时第一件事就是确定它的定位，相关领域有没有典型的结构布局，如果有最好能遵守这种典型布局。否则用户需要花更多的时间了解你的网站是什么，能做什么。

网页布局的操作流程

网页布局必须要能够规整、准确地传达网页信息，而且还要按照信息的重要程度尽量向浏览者提供最有效的信息，网页布局的具体内容和操作流程可以分为以下几点。

◎ 整理消费者和浏览者的观点、意见；

◎ 着手分析浏览者的综合特性，划分浏览者类别并确定目标消费人群；

◎ 确立网站创建的目的、规划未来的发展方向；

◎ 整理网站的内容并使其系统化，定义网站的内容结构，其中包括层次结构、超链接结构和数据库结构；

◎ 搜集内容并进行分类整理，检验网页之间的连接性，也就是导航系统的功能性；

◎ 确定适合内容类型的有效标记体系；

◎ 不同的页面放置不同的页面元素、构建不同的内容。

综上所述，信息架构是以消费者和浏览者的要求或意见为基准，搜集、整理并加工内容的阶段，其强调能够简单、明了并且有效地向浏览者传递内容、信息的所有方法。因此，在进行信息构架时最重要的观点是浏览者和消费者的观点，这也就要求设计者需要站在消费者的立场上审视一般情况下浏览者最容易反映出的使用性，并且将其运用到设计作品中。

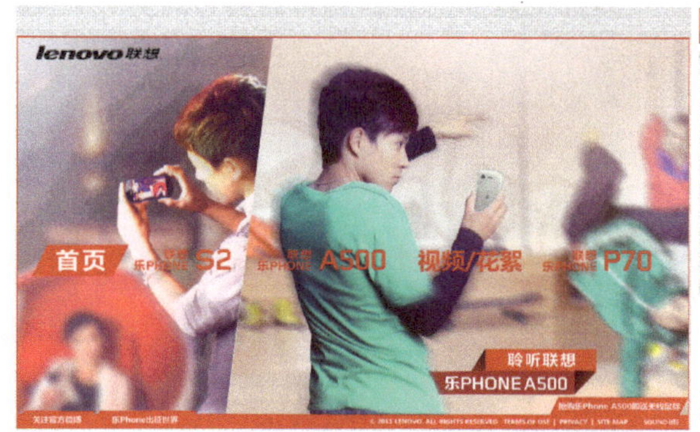

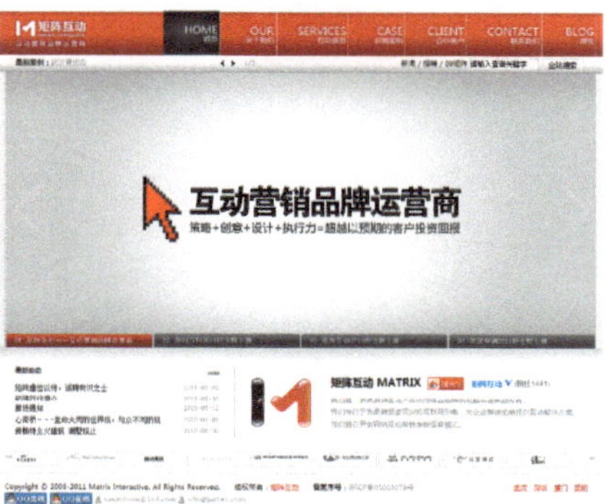

技巧点拨

网站页面的使用性是以规划好的用户界面为主，且用户界面和策划是在网页布局结构的基础上进行的，网页布局结构的确立则以信息架构为标准。

常见的网页布局形式

不同类型的网站、不同类型的页面往往有固定的不同的布局，这些布局符合用户的认知，在页面内容和视觉美观之间取得平衡。按照分栏方式的不同，这些布局模式可以简单地分为 3 类：一栏式布局、两栏式布局和三栏式布局。

1. 一栏式布局

一栏式布局的页面结构简单、视觉流程清晰，便于用户快速定位，但由于页面的排版方式的限制，只适用于信息量小，目的比较集中或者相对比较独立的网站，因此常用于小型网站首页以及注册表单页面等场合。采用一栏式布局的首页，其信息展示集中，重点突出，通常会通过大幅精美的图片或者交互式的动画效果来实现强烈的视觉冲击效果，从而给用户留下深刻的印象，提升品牌效果，吸引用户进一步浏览。但是，这类首页的信息展现量相对有限，因此需要在首页中添加导航或者重要的入口链接等元素，起到入口和信息分流的作用。

某运动品牌的产品展示页面采用典型的一栏式首页，在其首页中间位置运用大面积的动画展示极具吸引力的产品图片和精练的标语，以引起浏览者的共鸣和认同感，从而提升其品牌形象。

某汽车品牌的网站首页，同样采用了一栏的布局形式，将其最新款的产品以精美的广告图片的形式展现出来，同时在页面中也提供了常用的入口功能链接，起到了分流和推广的作用。

一栏式布局还经常被使用在目的性单一，如前面所讲解的搜索引擎网站页面，或者较为独立的二级页面和更深层次的页面，例如用户登录和注册页面。

这是一个电商网站的注册页面，采用一栏布局。在用户登录或注册页面中，由于用户的焦点只聚集在表单填写上，因此除表单以外只需要提供返回首页及少数重要入口即可，不需要过多不必要的信息和功能，否则反而会引起用户的不适。

2. 两栏式布局

两栏式布局是最常见的布局方式之一，这种布局模式兼具一栏式和后面要讲解的三栏式布局各自的优点。相对于一栏式布局，两栏式布局可以容纳更多的内容，而相对于三栏式布局来说，两栏式布局的信息不至于过度拥挤和凌乱，但是两栏式布局不具备一栏式布局的视觉冲击力和三栏式布局的超大信息量的优点。两栏式布局根据其所占面积比例的不同，可以将其细分为左窄右宽、左宽右窄、左右均等 3 种类型。虽然表面上看只是比例和位置的不同，但实际上它影响到的是用户浏览的视线流及页面的整体重点。

（1）左窄右宽

左窄右宽的布局通常采用左侧是导航（以树状导航或一系列文字链接的形式出现），右侧是网页的内容设置。此时左侧不适宜放置次要信息或者广告，否则会过度干扰用户浏览主要内容。用户的浏览习惯通常是从左至右、从上至下，因此这类布局的页面更符合理性的操作流程，能够引导用户通过导航查找内容，使操作更加具有可控性，适用于内容丰富、导航分类清晰的网站。

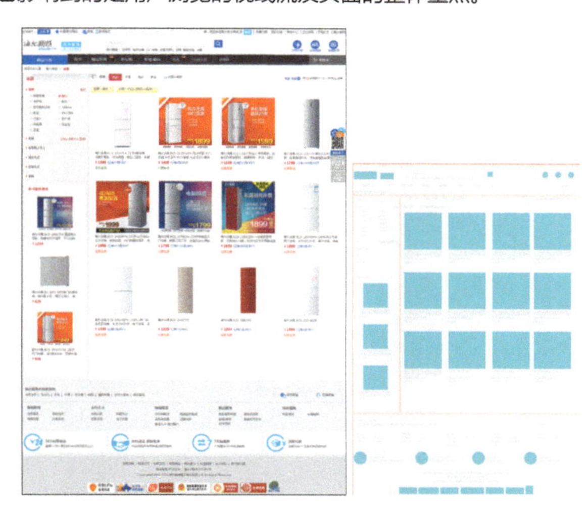

这是一个电商网站的商品列表页面，左窄右宽的布局方式在商品列表页面中非常常见，左侧放置相关的商品查找条件便于用户进行选择，右侧显示相应的商品，并且使用背景颜色来区分左右部分区域。

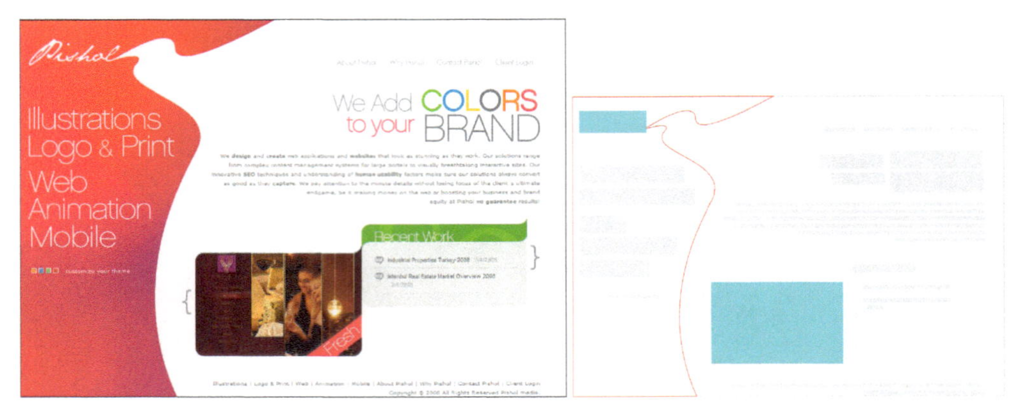

该设计网站整体采用了左窄右宽的布局方式，并且通过色彩的对比与形状的处理，不仅划分了左右区域，并且创意性地使整体表现为图形的效果。左侧部分放置整个网站的文字导航，并且以大字体的形式体现，整体结构让人一目了然。

（2）左宽右窄

和前面的左窄右宽方式相反，左宽右窄型的页面通常内容在左，导航在右。这种结构明显突出了内容的主导地位，引导用户将视觉焦点放在内容上。在用户阅读内容的同时或者之后，才引导其去关注更多的相关信息。

许多博客类网站页面采用左宽右窄的布局方式，突出显示当前最新发表的几篇博客文字的标题和简介内容，右侧放置博客的相关分类链接等内容，视觉流程非常清晰合理。

搜索引擎的搜索结果页面同样是采用了左宽右窄的布局方式，重点突出搜索的结果信息，在右侧也可以放置次要的信息或者广告，从而在页面中体现出信息的主次。

（3）左右均等

左右均等指的是左右两侧的比例相差较小，甚至完全一致。运用这种布局类型的网站较少，适用于两边信息的重要程度相对比较均等的情况，不体现出内容的主次。

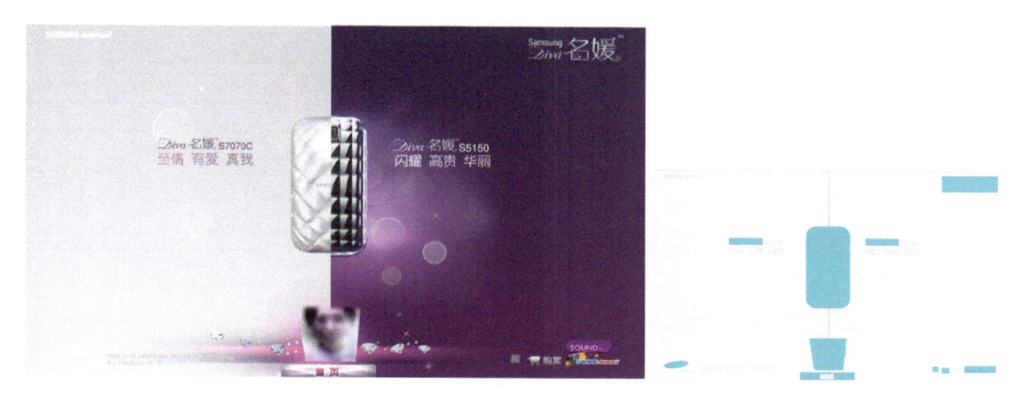

该手机宣传网页采用的就是左右均等的布局方式。这种布局方式给人强烈的对称感和对比感，能够有效吸引浏览者的关注。但这种方式只适合信息量较少的网页，信息内容一目了然。

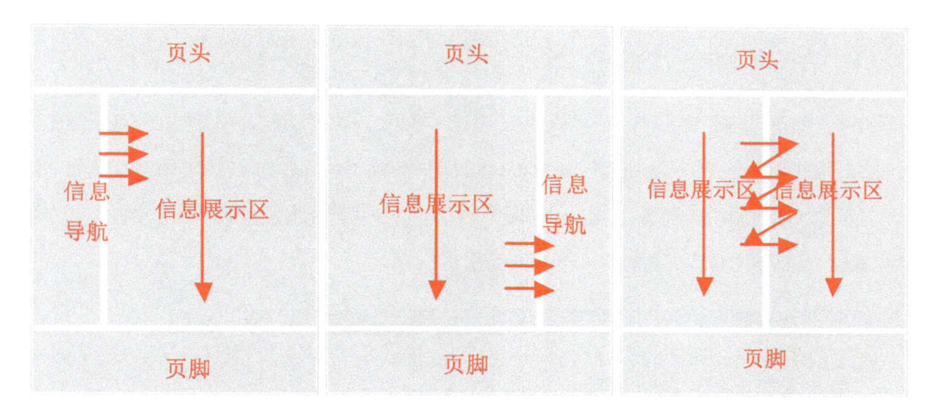

左窄右宽型的导航位置相对突出，引导用户从左至右地浏览网站，即从导航寻找信息内容；而左宽右窄型的左侧往往放置信息内容，可以让用户聚焦在当前内容上，浏览完之后才会通过导航引导用户浏览更多相关内容；对于左右均等型，如果两侧放置的均为内容，那么用户的视线流主要从上至下，左右两侧之间存在一定的交叉性，如果左侧或者右侧放置了导航，那么左右两侧的视线会出现很多的交叉性，在一定程度上增加了用户的视觉负担。

3. 三栏式布局

三栏式的布局方式对于内容的排版更加紧凑，可以更加充分地运用网站的空间，尽量多地显示信息内容，增加信息的密集性，常见于信息量非常丰富的网站，如门户网站或电商网站的首页。

但是内容量过多会造成页面上信息的拥挤，用户很难找到所需要的信息，增加了用户查找所需要内容的时间，降低了用户对网站内容的可控性。

由于屏幕的限制，三栏式布局都相对类似，区别主要是比例上的差异。常见的包括中间宽、两边窄或者两栏宽、一栏窄等。第一种方式将主要内容放置在中间栏，左右两栏放置导航链接或者次要内容；第二种方式，两栏放置重要内容，另一栏放置次要内容。

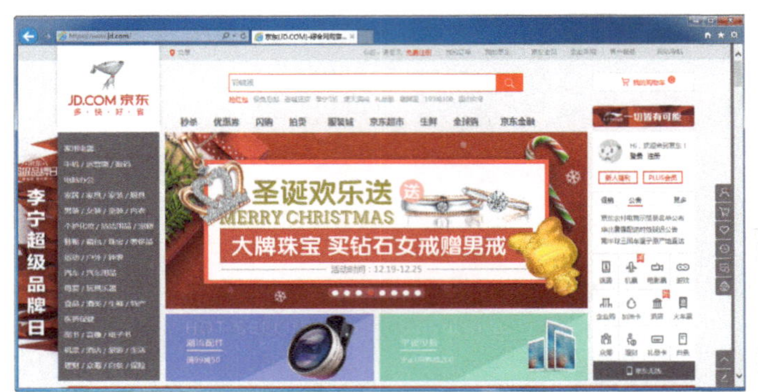

这是某电商网站的首屏设计，采用中间宽、两边窄的方式，在中间位置放置广告的促销活图及商品广告图片，左右两侧分别放置商品分类信息及其他的一些快捷服务信息。

很多门户网站和电商网站都采用中间宽、两边窄的方式，常见比例约为 1:2:1。中间栏由于在视觉比例上相对显眼（相应地，字体也往往比左右两栏稍大），因此用户默认将中间栏的信息处理成重点信息，两边的信息自动处理为次要信息和广告等，因此这类布局往往引导用户将视线流聚焦于中间部分，部分流向两边，重点较为突出，但却容易导致页面的整体利用率降低。

这是某新闻门户网站的首页，采用两栏宽、一栏窄的布局方式，右侧两个较宽的栏用于表现最新的新闻信息，而左侧较窄的栏则放置一些图片广告等信息。这类新闻门户网站为了满足不同类型人们的需求，信息量很大。

技巧点拨

两栏宽、一栏窄布局方式也较为常见，最常见的比例为 2:2:1。较宽的两栏常用来展现重点信息内容，较窄的一栏常用来展现辅助信息。因此相对于前一种布局方式，它能够展现更多重点内容，提高了页面的利用率，但相对而言，重点不如第一种方式突出和集中。

网页布局的原则

网页布局的原则包括协调、一致、流动、均衡、强调等。

原则	说明
协调	将网站中的每一个构成要素有效地结合或者联系起来，给浏览者一个既美观又实用的网页界面。
一致	网站整个页面的构成部分要保持统一的风格，使其在视觉上整齐、一致。
流动	网页布局的设计能够让浏览者凭着自己的感觉走，并且页面的功能能够根据浏览者的兴趣连接到其感兴趣的内容上。
均衡	将页面中的每个要素有序地进行排列，并且保持页面的稳定性，适当地加强页面的使用性。
强调	把页面中想要突出展示的内容在不影响整体设计的情况下，用色彩搭配或者留白的方式将其最大限度地展现出来。

该楼盘宣传网站页面应用精美的楼盘宣传效果图作为页面的整体背景，通过倾斜拼接的方式展现了不同性质的两种类型，并添加相应的文字标识，便于用户选择了解相应的内容，页面布局新颖独特。

另外，在进行网页布局的设计时，需要考虑到网站页面的醒目性、创造性、造型性、可读性和明快性等因素。

因素	说明
醒目性	吸引浏览者的注意力到该网站页面上并引导其对该页面中的某部分内容进行查看。
创造性	让网站页面更加富有创造力和独特的个性特征。
造型性	使网页在整体外观上保持平衡和稳定。
可读性	网站中的信息内容词语简洁、易懂。
明快性	网页界面能够准确、快捷地传达页面中的信息内容。

大幅的宣传广告图片是目前品牌与产品宣传网站常用的一种表现方式，通过精美的宣传图片能够有效地展现品牌形式并吸引浏览者的注意，同时浏览者也可以通过导航来访问所需要的内容。

观点总结

网站页面的布局并不是说将页面中的元素在网页中随便地排列，网页布局是一个网站页面展现其美观、实用的最重要的方法。网站页面中的文字或者图形图像等一些网页构成要素的排列是否协调，决定了网页给浏览者的视觉感受和页面的使用性。因此，如何才能让网页看起来美观、大方、实用，是设计师在进行页面布局时首先需要考虑的问题。

在网页布局设计中，需要考虑到网页界面的使用性和是否能够准确、快捷地传达信息。另外，还要考虑到网页界面是否具有视觉上的美感和结构形态的设计是否合理等因素，不但要突出各个构成元素的特征，还要兼顾网页整体的视觉效果。在充分考虑网站的目的、性质以及浏览者的使用环境等因素的基础上再注入设计师独特的创意思想，这样便可以创建出一个好的页面布局。

色彩

色彩对人有着强烈的影响，是网页设计中重要的元素之一，任何一个网页设计作品都离不开色彩。也许有人会问，那些以黑白色调为基本色或以不同程度的灰色调构成的页面又如何体现色彩的作用呢？它们也有色彩吗？回答是肯定的，从色彩学角度上看，以黑白为两端的灰色系列都是完全的不饱和颜色，或者称为无彩色系，而通常人们易于辨识的红、橙、黄、绿、蓝、紫，以及由这些基本色混合而产生出的所有色彩则被称为有彩色系。实际上，"色彩"这一概念就是由无彩色和有彩色构成的，因此在任何网站 UI 设计中，色彩都是最基本的元素。

知识点分析

色彩设计不好的网页给用户以距离感，最终使用户离开，正确地使用色彩可以达到网页的目标。无论是给用户以好感，还是想制作使人印象深刻的网页，都需要对色彩的使用给予更多的关注。

通常情况下，在网页中使用的色彩应该与网站所宣传的品牌形象相统一，通过适当的色彩明度与纯度设置，确保用户的浏览舒适度。关于色彩元素在网站中的应用将通过以下几个方面分别进行讲解。

1．色彩常识

2．网页的基本配色方法

3．网页元素的色彩搭配

4．网页配色的常见问题

色彩常识

在运用和使用色彩前，必须掌握色彩的原色和组成要素，但最主要的还是对属性的掌握。自然界中的色彩都是通过光谱七色光产生的，因此，色相能够表现红、蓝、绿等色彩；可以通过明度表现色彩的明亮度；通过纯度来表现色彩的鲜艳程度。

1. 色相

色相是指色彩的相貌，是区分色彩种类的名称，是色彩的最大特征。各种色相是由射入人眼的光线的光谱成分决定的。

在可见光谱中，红、橙、黄、绿、蓝、紫每一种色相都有自己的波长与频率，它们从短到长按顺序排列，就像音乐中的音阶顺序，秩序而和谐，光谱中的色相发射着色彩的原始光，它们构成了色彩体系中的基本色相。

色相可以按照光谱的顺序划分为：红、红橙、黄橙、黄、黄绿、绿、绿蓝、蓝绿、蓝、蓝紫、紫、红紫 12 个基本色相。

2. 明度

明度是眼睛对光源和物体表面的明暗程度的感觉，主要是由光线强弱决定的一种视觉经验。

色彩的明亮程度就是常说的明度。明亮的颜色明度高，暗淡的颜色明度低。明度最高的颜色是白色，明度最低的颜色是黑色。

3. 纯度

纯度也称为饱和度，是指色彩的鲜艳程度，表示色彩中所含色彩成分的比例。色彩成分的比例越大，则色彩的纯度越高；含有色彩的成分比例越小，则色彩的纯度越低。从科学的角度看，一种颜色的鲜艳度取决于这一色相发射光的单一程度。不同的色相不仅明度不同，纯度也不相同。

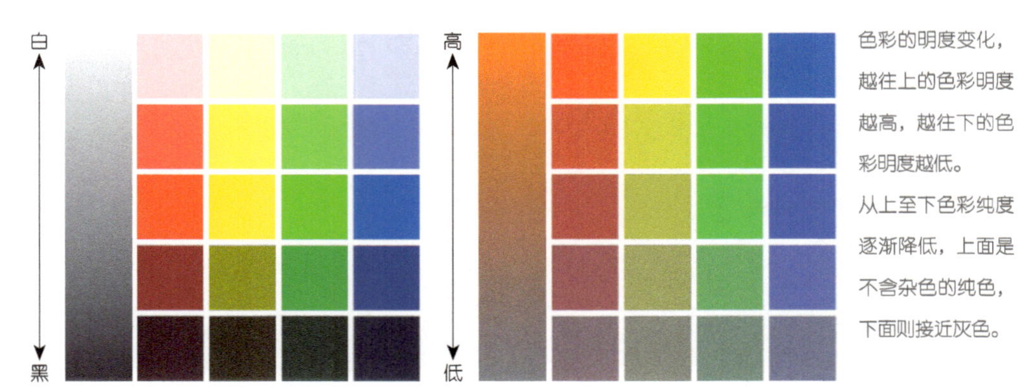

色彩的明度变化，越往上的色彩明度越高，越往下的色彩明度越低。

从上至下色彩纯度逐渐降低，上面是不含杂色的纯色，下面则接近灰色。

网页的基本配色方法

在网站设计中经常能够看到有着华丽、强烈色彩感的设计。大多数设计师都希望能够摆脱各种限制，表现出华丽的色彩搭配效果。但是，想要把几种色彩搭配得非常华丽绝对没有想象的简单。想要在数万种色彩中挑选合适的色彩，这就需要设计师具备出色的色彩感。

配色就是搭配几种色彩，配色方法不同，色彩感觉也不同。色彩搭配可以分为单色、类似色、补色、邻近补色、无彩色等，下面向读者介绍一些基本的配色方法。

1. 单色

单色配色是指选取单一的色彩，通过在单一色彩中加入白色或黑色，从而改变该色彩明度进行配色的方法。

为了配合中国传统节日的促销宣传，该饮料宣传网页使用红色作为网页的主体色调，整体给人一种热闹、欢乐的氛围。

2. 类似色

类似色又称为临近色，是指色相环中最邻近的色彩，色相差别较小，在 12 色相环中，凡夹角在 60°范围之内的颜色为类似色关系，类似色配色是比较容易的一种色彩搭配方法。

该食品宣传网页使用暖色系相邻的红色、橙色和黄色进行搭配处理，使整个页面给人一种欢乐、温馨、热烈的感受。

3. 补色

补色与相似色正好相反，色相环中相对的色彩，另一面所对立的色彩就是补色。补色配色可以表现出强烈、醒目、鲜明的效果。比如说，黄色是蓝紫色的补色，它可以使蓝紫色更蓝，而蓝紫色也增加黄色的红色氛围。

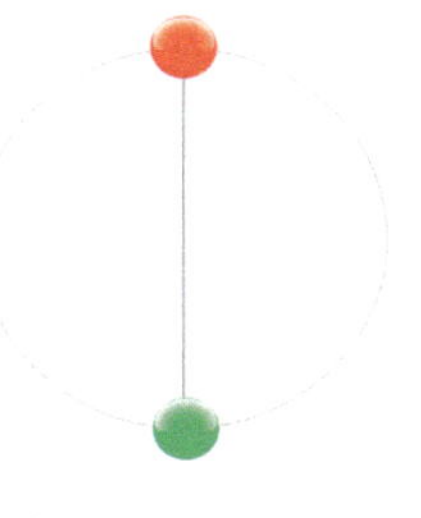

该汽车宣传网页中绿色的草地和背景与红色的汽车形成非常强烈的对比，给人很强的视觉刺激，使产品的表现醒目、强烈。

4. 邻近补色

邻近补色可由两种或三种颜色构成，选择一种颜色，在色相环的另一边找到它的补色，然后使用与该补色相邻的一种或两种颜色，便构成了邻近补色。

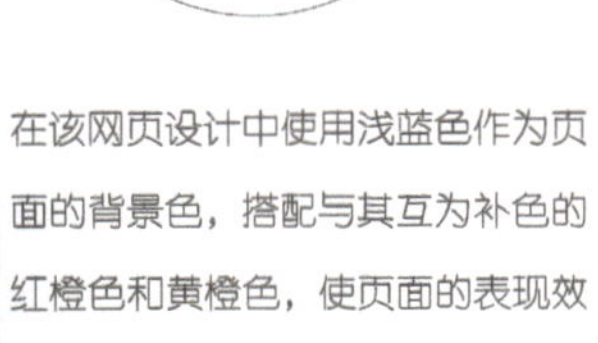

在该网页设计中使用浅蓝色作为页面的背景色，搭配与其互为补色的红橙色和黄橙色，使页面的表现效果突出而强烈。

5. 无彩色

无彩色系是指黑色和白色，以及由黑白两色相混而成的各种深浅不同的灰色系列，其中黑色和白色是单纯的色彩，而由黑色、白色混合形成的灰色，却深浅不同。无彩色系的颜色只有一种基本属性，那就是"明度"。

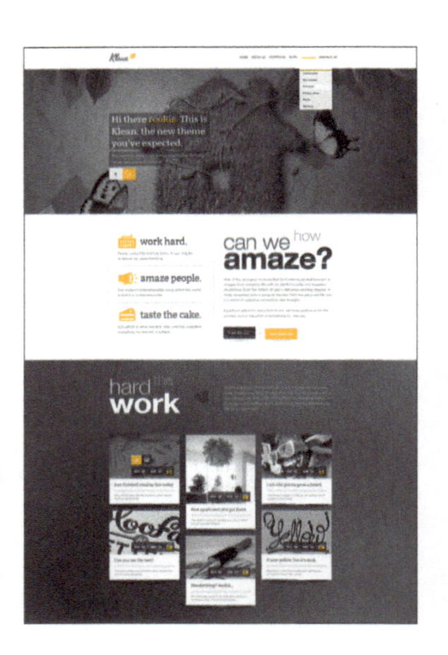

该网站页面使用无彩色的黑、白、灰进行色彩搭配，包括页面中的图片也进行了黑白去色处理，使整个页面的色调表现效果统一，给人一种纯粹、简练、干净的视觉印象。为了避免页面过于沉闷，页面局部的图标、按钮和个别文字又应用了明亮的黄色进行点缀，使页面变得生动起来。

专家支招

无彩色系虽然没有彩色那样鲜艳夺目，却有着彩色无法替代和无法比拟的重要作用。在生活中，肉眼看到的颜色或多或少地包含了黑、白、灰的成分，也因此，让设计变得丰富多彩。

网页元素的色彩搭配

色彩不同的网页给人的感觉会有很大差异，可见网页的配色对于整个网站的重要性。一般在选择网页色彩时，会选择与网页类型相符的颜色，而且尽量少用几种颜色，调和各种颜色，使其有稳定感是最好的。

1. 主题色

主题色是指在网页中最主要的颜色，包括大面积的背景色、装饰图形颜色等构成视觉中心的颜色。主题色是网页配色的中心色，搭配其他颜色通常以此为基础。

网页主题色主要是由网页中整体栏目或中心图像所形成的中等面积的色块。它在网页空间中具有重要的地位，通常形成网页中的视觉中心。

网页主题色的选择通常有两种方式：要产生鲜明、生动的效果，则选择与背景色或者辅助色呈对比的色彩；要整体协调、稳重，则应该选择与背景色、辅助色相近的相同色相颜色或邻近色。

在该电影宣传网站的设计中，使用明度较高的浅紫红色作为网页的主题色，与高纯度的紫红色搭配，在白色背景下，使整个网页浪漫、唯美。

技巧点拨

按照色彩的记忆性原则，一般暖色比冷色的记忆性强，色彩还具有情感与象征的特质，如红色象征激烈、渴望；蓝色象征安静、清洁等。网页颜色应用并没有数量限制，但不能毫无节制地应用多种颜色。

2. 背景色

背景色是指网页中大块面积的表面颜色，即使是同一组网页，如果背景色不同，带给人的感觉也截然不同。背景色由于占绝对的面积优势，支配着整个空间的效果，是网页配色首先关注的重点地方。

网页的背景色对网页整体空间印象的影响比较大，因为网页背景在网页中占据的面积最大。如果使用鲜艳的颜色作为网页的背景色，可以使网页产生活跃、热烈的印象，而使用柔和的色调作为网页的背景色，可以形成易于协调的背景。

在该网页设计中使用浅绿色作为页面背景色，清新而又自然的绿色系色调常常带来与新鲜和自然相通的联想，它与不同浓度的黄绿色进行搭配，纯度饱满，可以产生犹如初生般的新鲜感。

专家支招

目前网页背景常使用的颜色主要包括白色、纯色、渐变颜色和图像等几种类型。网页背景色也被称为网页的"支配色"，网页背景色是决定网页整体配色印象的重要颜色。

3. 辅助色

一般来说，一个网站页面通常都不止一种颜色。除了具有视觉中心作用的主题色之外，还有一类陪衬主题色或与主题色互相呼应而产生的辅助色。辅助色的视觉重要性和体积次于主题色和背景色，常常用于陪衬主题色，使主题色更加突出。辅助色通常应用于网页中较小的元素，如按钮、图标等。

辅助色用于辅助和衬托主题色，可以令网页瞬间充满活力，给人以鲜活的感觉。辅助色与主题色的色相相反，起突出主题的作用。辅助色若面积太大或是纯度过强，都会弱化关键的主题色，所以相对的暗淡、适当的面积才会达到理想的效果。

在该食品宣传网站设计中，使用柔和的浅蓝色作为网页的背景色，让人感觉柔和、清爽。使用纯度较高的绿色作为主题色，使用红色作为辅助色，使得画布活泼，突出主题。

技巧点拨

在网页中为主题色搭配辅助色，可以使网页画面产生动感，活力倍增。网页辅助色通常与网页主题色保持一定的色彩差异，既能凸显出网页主题色，又能够丰富网页整体的视觉效果。

4. 点缀色

点缀色是指网页中较小的一处面积颜色，易于变化物体的颜色，如图片、文字、图标和其他网页装饰颜色。点缀色常常采用强烈的色彩，常以对比色或高纯度色彩来加以表现。

点缀色通常用来打破单调的网页整体效果，所以如果选择与背景色过于接近的点缀色，就不会产生理想效果。为了营造出生动的网页空间氛围，点缀色应选择较鲜艳的颜色。在少数情况下，为了特别营造低调柔和的整体氛围，则点缀色可以选用与背景色接近的色彩。

在该运动品牌活动网站设计中，通过灰色与黑色相搭配，页面表现稳重、大气，在页面中加入橙色作为点缀，改变页面沉闷的色调，使整个页面生动，富有活力。

技巧点拨

在不同的网页位置上，对于网页点缀色而言，主题色、背景色和辅助色都可能是网页点缀色的背景。在网页中点缀色的应用不在于面积大小，面积越小，色彩越强，点缀色的效果才会越突出。例如在需要表现清新、自然的网页配色中使用绿叶来点缀网页画面，使整个画面瞬间变得生动活泼，有生机感，绿色树叶既不抢占网页画面主题色彩，又不失点缀的效果，主次分明，有层次感。

在该化妆品宣传网站设计中，使用鲜艳的黄色作为网页背景主色调，表现出活泼、靓丽的感觉，通过绿色点缀色的运用，使页面更加生动。

5. 网页文本配色

相比图像或图形布局要素，文本配色需要更强的可读性和可识别性。所以文本的配色与背景的对比度等问题就需要多费些脑筋。很显然，字的颜色和背景色有明显的差异，其可读性和可识别性就很强。主要使用的配色是明度的对比配色或者利用补色关系的配色。

如果使用灰色或白色等无彩色背景，则网页的可读性强，与别的颜色也容易配合。但如果想使用一些比较有个性的颜色，就要注意颜色的对比度问题，多试验几种颜色，要努力寻找适合的颜色。另外，在文本背景下使用图形，如果使用对比度高的图像，那么可识别性就要降低。这种情况下就要考虑图像的对比度，并使用只有颜色的背景。

在该网站页面设计中，使用紫色为主色调，让人感觉优雅、女性化，在紫色的背景上搭配明度最高的白色文字，页面内容清晰，可读性高。

技巧点拨

网页文字设计的一个重要方面就是对文字色彩的应用，合理地应用文字色彩可以使文字更加醒目、突出，以有效地吸引浏览者的视线，而且还可以烘托网页气氛，形成不同的网页风格。

网页中标题字号大小如果大于一定的值，即使使用与背景相近的颜色，对其可识别性也不会有太大的妨碍。相反，如果与周围的颜色互为补充，可以给人整体上调和的感觉。如果整体使用比较接近的颜色，那么就对想调整的内容使用它的补色，这也是配色的一种方法。

在该活动宣传网站中，棕色带给人安定、安全和安心感。棕色在日常生活中是比较常用的色彩，与同色系的暗色调色彩搭配，更加彰显出踏实、稳重的感觉。

色彩是很主观的东西，你会发现，有些色彩之所以会流行起来，深受人们的喜爱，那是因为配色除了着重原则以外，它还符合了以下几个要素。

◎ 顺应了政治、经济、时代的变化与发展趋势，和人们的日常生活息息相关。

◎ 明显和其他有同样诉求的色彩不一样，跳脱传统的思维，特别与众不同。

◎ 浏览者看到的感觉是不会感到厌恶的，因为不管是多么与概念、诉求、形象相符合的色彩，只要不被浏览者所接受，就是失败的色彩。

◎ 与图片、照片或商品搭配起来，没有不协调感，或有任何怪异之处。

◎ 能让人感受到色彩背后所要强调的故事性、情绪性和心理层面的感觉。

◎ 在页面上的色彩有层次，由于不同内容或主题，所适合的色彩不尽相同，因此，在配色时，也要切合内容主题，表现出层次感。

网页配色的常见问题

在设计网页的过程中，尽管在初期掌握了一定的色彩理论，但是在实际进行配色时，难免会出现一些问题，总是觉得配色不够完善。下面对网页配色中经常遇到的问题进行总结和归纳，为读者提供参考。

1. 如何培养色彩的敏感度

能够对色彩运用自如，不单单只靠敏锐的审美观，即使没有任何美术的底子，只要做到常收集和记录，一样能够有敏锐的色彩感。

可以尽量多收集生活中喜欢的色彩，无论是数码的、平面的，各式各样的素材，然后将所收集的素材，依照红、橙、黄、绿、蓝、靛、紫、黑、白、灰、金、银等不同的色系分门别类，这就是最好的色彩资料库，以后在需要配色时，就可以从色彩资料库中找到适当的色彩与质感。

使用明度和纯度都较高的橙色作为页面背景色，表现出激情与活力，搭配同样高纯度的绿色与红色等色彩，使整个页面更加富有激情与活力。

也要训练自己对色彩明暗的敏感度，色相的协调虽然重要，但要是没有明暗度的差异， 配色也不会美。在收集色彩素材时，可以同时测量一下它的亮度，或者制作从白色到黑色的亮度标尺，记录该素材最接近的亮度值。

该楼盘宣传网页使用低明度的蓝色与橙色，搭配高明度的蓝色和橙色线条，使网页背景充满现代感和时尚气息。

运用以上提供的两种方法，日积月累，对色彩的敏锐度也会越来越强。

2. 通用配色理论还是否适用

在浏览各种不同的网页设计时，会发现很多设计已经不能使用原先的配色原则去套用， 特立独行的风格更令人印象深刻。

不为传统配色理论所束缚，去尝试风格新鲜的网页配色，这是时代变迁所带给人们思想观念的转变，将完全不符合原则的色彩搭配在一起，就能够创造出与众不同的视觉效果。

但不是说完全摆脱传统的配色模式，而是在了解了美的范畴的原则后，能够跳出过去配色方式的局限。

该页面使用纯度较低的黄色与绿色在页面中将版面分为左右两个部分，形成对比效果，但色彩的纯度较低，并且保持在同一场景中，又显得非常和谐、不刺激，给人一种新奇的视觉感受。

该产品宣传网页主要是使用产品自身包装的色彩进行网页色彩搭配，使网页整体形象与产品的形象相统一，给人一种统一的视觉印象。

技巧点拨

传统配色的网站能在视觉上直接传达它所要表达的主题，含义明确，给人留下的印象和带给人的感受往往是比较鲜明的。

3. 配色时应该选择双色还是多色组合

单个颜色的明暗度组合，给人的统一感会很强，容易给人留下深刻印象；双色组合会使颜色层次明显，让人一目了然，产生新鲜感。多色组合会让人产生愉悦感，丰富的色彩也会使人更容易接受，在色彩的排列上，也会因顺序的变化，给人截然不同的感觉。

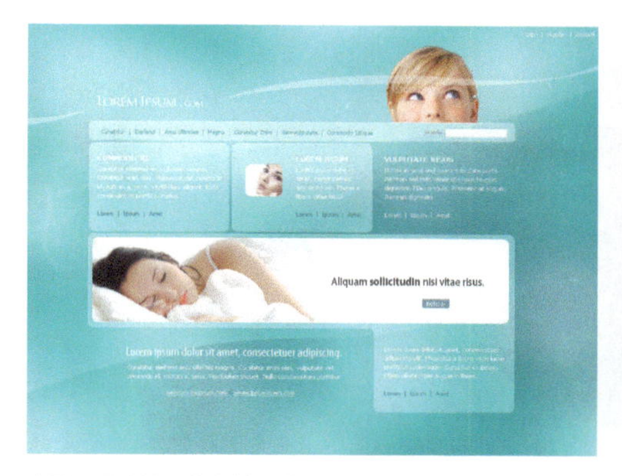

该网页运用单一的浅蓝色进行配色，通过对浅蓝色明度和纯度的变化，搭配白色的图形与文字，使整个页面给人一种清新、自然的感觉。

该网页使用多种高纯度色彩搭配，使得页面表现出一种奇妙的视觉感受。但需要注意，使用多种色彩进行搭配比较冒险，处理不好就会使页面混乱。

技巧点拨

如果想让人产生新奇感、科技感和时尚感，那么采用特殊色，如金色、银色，就能够产生吸引人的效果。

4. 尽可能使用两至三种颜色进行搭配

虽然在网页配色时多色的组合能让人产生愉悦感，但是人的眼睛和记忆只能存储两到三种颜色，过多的色彩可能会使页面显得较为复杂、分散。相反，较少的色彩搭配能在视觉上让人印象深刻，也便于设计者合理搭配，更容易让人们接受。

该网页使用浅灰蓝色作为背景主色调，搭配浅蓝色图形，使页面表现出清新、雅致的效果，在局部点缀鲜艳的蓝色和红橙色，突出重点内容，使页面的视觉效果一目了然。

5. 如何快速实现完美的配色

（1）在进行网页配色时，可以试着联想某个具体物体的色彩印象，从物体色彩出发，例如想表现出一种清凉舒适的感觉，可以联想到水、植物以及其他有生机的东西，这样在你的脑中浮现的代表颜色有蓝色、绿色、白色，可以把这些颜色挑选出来加以运用。

该汽车宣传网页使用大自然的色彩进行搭配。蓝天、白云、草地这些都是大自然中的色彩，将其应用到网页配色中，可以体现自然、清新和舒适的感受。

（2）选定色彩时，确定一个页面的主色调，再搭配一两个合适的辅助色。如果想要呈现一种沉着、冷静的感觉，应以冷色调当中的蓝色为主。

蓝色给人冷静、悠远、沉着的印象，使用同色系的蓝色进行色彩搭配，非常适合科技企业。

（3）同样的配色在面积、比例和位置稍有不同时，带给人们的感觉也会不同，在制作时可以考虑多种配色组合，挑选效果最佳的配色色彩。

使用大面积的中灰色作为网页背景色，搭配小面积的紫色和蓝色，表现出时尚感和科技感。

观点总结

浏览者在浏览网站页面时，单一的网页色调会使浏览者感到单调乏味，过多的网页配色也会使网页太过繁复和花哨，所以在进行网页配色时，应该考虑以下特点。

（1）网页设计过程中，色彩的搭配应该尽量控制在三至四种色彩以内。

（2）网页背景与网页中的文字内容的对比性应该增强，重点是要突出网页中的文字内容，尽量不要使用花纹繁杂的图案作为背景。

技巧点拨

在对网页进行配色时，使用的颜色最好不要超过 4 种，使用过多的颜色会造成页面繁杂，让人觉得没有侧重点。一个网页必须确定一种或两种主题色，在对其他辅助色彩进行选择时，需要考虑其他配色与主题色的关系，这样才能使网页的色彩搭配更加和谐、美观。

动画

随着软硬件技术的发展，界面动画在我们的日常生活中随处可见，如桌面软件、移动应用、网站等。动画对于网页设计师已经不再新奇，它正在成为最基础的交互设计效果。

知识点分析

动画就是变化的图画，这就是为什么人们总是说“动画使我们的网站鲜活起来”。这可能是陈词滥调了，但这个词很优美地呈现了动画在网页设计中的目的。

专家支招

在网页中动画未必越多越好，也未必越炫越好，不同类型的网站对动画的要求也不相同。常见的动画主要用于向用户解释界面与界面之间的关系、元素与元素之间的关系，以及特定元素的强化。

关于动画元素在网站中的应用将通过以下几个方面分别进行讲解。

1．网页动画的发展

2．网页动画的应用类型

3．网页动画的用户体验原则

网页动画的发展

随着互联网的发展，网页动画也经历了多次的技术更替，从而更好地适应现代网页的应用。

1. GIF 动画

GIF 动画早在 1987 年就被创造出来了，那时候也正是互联网发展的初期。当时人们并没有从改善可用性的方面去考虑动画，只是为了想使网页表现得更加个性和富有生机一些，便将其引入到网页中。

直到现在，网页中还存在一些 GIF 动画应用，主要用于表现一些简单的小面积图片广告等。其优点是图片格式兼容性强、容量比较小、制作方便。其缺点也很明显，动画效果单一、只有 256 色、无法实现交互效果。

在该新闻门户网站的首页面中，依然有少量的 GIF 动画图片广告，其动画表现效果比较简单，仅仅为两个画面之间的自动切换，并无任何交互效果。

2. Flash 动画

当 GIF 动画已经无法满足人们对网页动画的需求后，人们想要一种更好的方式来表现网页动画，例如在网页中加入声音，打开网页时就开始自动播放优美的音乐，这是一种多么棒的体验。

进入 21 世纪初期，Flash 动画以星火燎原之势迅速发展壮大起来，Flash 动画以其精美的画质效果、支持流式播放、支持交互操作、文件容量较小等优势，成为网页中不可或缺的元素之一，甚至还出现了很多纯 Flash 制作的交互式网站，给人们带来前所未有的交互体验。

Flash 动画的劣势也很明显，Flash 动画在网页中的播放依赖于 Flash Player 插件的支持，虽然很多浏览器都内置了 Flash Player 插件，但随着移动互联网的兴起，很多移动智能设备的浏览器不再内置 Flash Player 插件，也就是说 Flash 动画无法在移动智能设备中正常播放，这也限制了 Flash 动画的发展。目前，Flash 动画在网页中的应用依然还存在，许多游戏网站都会通过 Flash 动画来渲染和表现游戏的动感。

在该游戏网站中，应用大幅的 Flash 动画来表现该游戏动画人物与场景，并运用富有交互动画效果的 Flash 按钮，使页面能够获得很好的动画视觉效果及交互感。

3. JavaScript 动画

随着时间的推移，很多设计师将注意力转移到基于 JavaScript 脚本代码的交互动画上，用于创建一些网页中的小元素，例如下拉菜单和导航菜单等。毕竟在网页中应用恰当的话，更有利于网站的搜索引擎优化及提升用户体验。

JavaScript 动画具有诸多的优势，例如浏览器兼容性强、不需要任何插件、代码执行速度快、在移动设备中也能够获得很好的支持等，但是制作出优秀的 JavaScript 交互动画，也需要设计师具有一定的代码编写能力。

在该网页的设计中应用 JavaScript 脚本来获得相应的交互动画效果。当鼠标移至某个选项上时，该选项的背景变成橙色突出显示，并且图片变为彩色图片，而单击左右两侧的箭头时，则可能在前后页面之间进行切换。

4. HTML5 与 CSS 动画

21 世纪初，W3C 已经在努力将动画加入到 CSS 规范中。2009 年，首份公开的 CSS 动画规范初稿就发布了。如今呢？已经探索出了强制硬件渲染、CSS 动画结合 SVG 文件、延伸基本动画功能的 jQuery 库等，并且随着 HTML5 的应用越来越广泛，使网页交互动画的表现效果更加自然、强大。

该网站就是通过 HTML5、CSS 样式以及 jQuery 库的综合运用实现整个网站页面的动态交互效果的，无论是背景中不停闪烁的光点，还是可以进行手动切换的产品介绍，无不给人很强的视觉交互体验。

网页动画的应用类型

首先需要明确的是，我们不能将动画效果随便应用于任何网页元素之上，就像网页设计的其他方面，使用哪种动画效果，何时使用，交互效果是什么样的，这些都需要仔细考虑。

专家支招

网页中动画效果的实施细节和交互效果是设计师必须要考虑的，如果所设计的交互动画过于耗费资源，拖慢用户的移动设备，更糟的是普通 PC 电脑访问都会很慢，那么这样的交互动画会大大影响网站的用户体验。

由此入手，接下来向大家介绍几种网页中典型的动画应用。

1. 页面加载动画

这类动画的作用在很久以前就得到了印证，在图形化用户界面首次发明时，最早的方式是鼠标指针变成沙漏，还有进度条也是。这些惯例第一时间就被网页采用了，理由很充分，就是当用户开始疑惑正在发生什么时，加载动画会给用户一种操作的反馈，使用户理解并愿意继续等待一些时间。

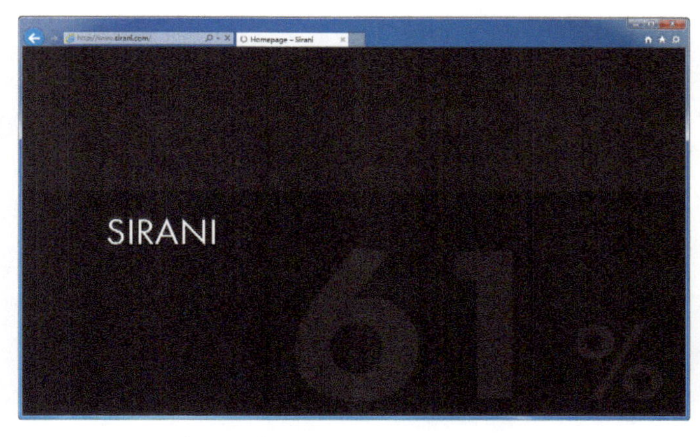

该网页通过不断上升的背景色块与变化的百分比数值，清晰地表现出当前网页加载进度，给用户很好的反馈。

该移动设备中的页面加载则是通过运用圆圈以及载入百分比数值的变化给用户带来反馈。

技巧点拨

页面加载动画主要是在页面还没有完全被载入时，提供给浏览者一种反馈。无论使用哪种动画表现方式告诉用户正在发生的事情，哪怕通过一个简单的进度条，也能够极大减轻用户的精神负担。

2. 元素交互动画

网页元素交互动画是网页中最普遍使用的一种交互动画，动画效果的发生需要用户在网页中做出相应的触发事件，例如点击。在目前扁平化设计越来越普遍的情况下，人们需要了解页面中可交互元素与普通装饰元素之间的区别，所以给出相应的反馈是必需的。例如鼠标移至选项上改变背景颜色、弹出下拉菜单，或者单击箭头图形、以动画方式切换当前显示内容等，这些都是元素交互动画，也包含侧边栏菜单滑入页面的动画，还有模拟窗口放大显示的动画。

网页中元素交互动画比较常见，最常见的就是图片的切换动画。例如该网页中，用户可以通过单击左右箭头图形来切换不同的产品图像。

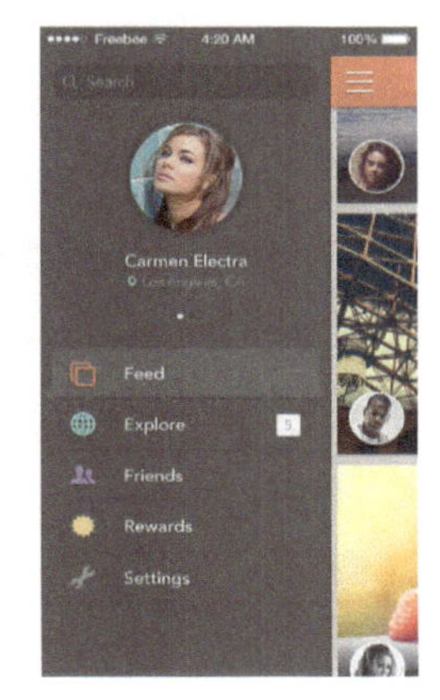

在移动设备中菜单元素侧滑入与滑出动画应用比较广泛，这样能够有效地节省页面空间。

3. 故事型页面动画

如今，很多网站都会通过动画来向浏览者讲故事，这样的动画其实是被设计出来与用户进行互动的网站，例如页面可以进行左右滚动或者上下滚动等，通过用户的操作从而触发动画，讲述故事。

故事型的页面动画对于提升用户体验一直存在争议，这样的交互动画并没有提升可用性的意图，只是为了让用户印象深刻，为用户提供主题相应的环境。

该网页是一个笔记本电脑宣传页面，整个网站采用故事型交互动画的方式表现内容，用户可以在页面中通过拖动鼠标的方式来选择查看相关介绍内容，给人带来很强的交互感。

专家支招

故事型页面动画本身的质量非常重要，直接影响到用户与页面的交互效果。要考虑是否过度影响网站的性能，或是影响了页面内容本身，如果用户在网站上找不到自己需要的内容，那么所有的交互动画都没有任何意义。

4. 装饰性动画

有些设计师会在网站中加入一些没有目的的动画，只是为了提升页面的动态视觉效果，这样的动画就可以称为装饰性动画。

装饰性动画应该完全隐藏起来，在用户进行相应的操作后再展现出来，还可以包含微妙的动画，只在用户触发某个特殊操作时才展现，比如鼠标悬停在页头和页尾的某个小元素上面。

在该页面中运用了一些装饰性动画，主要是渐变光线的运动，为整个页面添加一些动画，还有右侧的菜单也应用了相应的动画，当鼠标移至菜单项上方时，即可触发菜单动画。

技巧点拨

装饰性动画一定不要过多地使用和滥用，因为它会使用户分心，网站的目标是使用户能够把注意力放在主题内容上，而不是装饰性动画上。

5. 广告动画

广告对于很多商业网站来说就是它们的收入来源，而对于一般的企业网站来说，也是展示和宣传企业产品和服务的重要途径。将网页中的广告制作为交互动画效果，还可以添加声音，这样能够有效地吸引用户的视线。

专家支招

对于商业网站来说，广告几乎是无法避免的，而对于很多普通的宣传介绍型网站来说，在网页中应用广告动画则需要非常谨慎。与装饰性动画存在相同的问题，广告动画会将用户的注意力从页面主题内容上分散开。

在电子商务和门户类网站中，广告动画的应用非常普遍，重点是为了更加吸引浏览者的关注，当然这也会为商业网站带来不菲的收入。

最终，衡量利弊还取决于你。有没有广告、低调的广告或是动画广告，都需要权衡。

网页动画的用户体验原则

无论在网页中应用哪种动画类型，一定要与整个网页画面相协调。如何才能使网页中的动画带给用户良好的体验呢？下面总结了几条制作网页动画的原则。

1. 打开速度快，运行流畅

网页中的动画要求运行流畅，不能卡顿，并且拥有较快的打开速度，没有人会喜欢在页面中等待太长的时间，或者动画在播放过程中出现卡顿的情况，这些都会给用户带来糟糕的用户体验。

2. 动画节奏适中

交互动画的节奏很重要，用户在页面中做出某个操作后，需要能够迅速地得到相应的动画反馈，而不是在等待很长时间后，才获得相应的反馈动画，这样的话用户会对页面失去耐心。

技巧点拨

通常，网页中的交互动画都是以“毫秒”作为度量单位的，所以在处理网页中的交互动画时，应确保动画节奏适中，不能让人感觉有停顿感。

3. 从页面中的细节元素着手

将动画当作设计工具而非样式表现时，最好从页面的细微元素着手。微小低调的动画表现更好，巨大炫目的动画效果必须带有实用的目的，而不是只是为了表现网站的个性。

除了那些让网页元素感觉更加“真实”和接近自然的动画外，多数网站都不需要任何的动画。例如，让网页中的按钮动起来、让隐藏的导航菜单滑入等，这些细小而微妙的交互动画设计才是关键。以此为起点，然后如果你能确信，更大更闪耀的动画在用户体验方面更符合网站的目标，那么再全力以赴。

4. 不能干扰主画面内容

网页中的交互动画是为网站功能和主题内容提供更好服务的，是为了使用户在浏览和操作网站时能够获得相应的反馈，从而提升用户体验，而不能刻意突出动画的表现，使得动画干扰网页主画面内容，这样就失去了动画在网页中的意义。

观点总结

使用动画和动效的首要目的是提高网页的可用性。简单的动效可以有效地引导用户，帮助他们了解点击之后会怎么样，即使是需要使用复杂的视差滚动动效，设计师也会搭配一些简单的动画来作为引导和辅助之用。

使用动效的第二个理由是出自美学需求。动画和动效拥有强装饰性的元素，如果某个动效是出于视觉装饰的作用而进行设计，无疑是可以接受的。这种装饰性的动画不仅有助于讲述故事，而且可以建立用户界面之间的情感联系，它可以通过视觉上的变化引发用户的兴趣，在不断的交互中让用户停留更长的时间。

专家支招

如果想要在网站页面中创建纯粹的动画，需要仔细思考它能做什么，会带来什么。你希望用户有什么样的反馈？想分享一些独特的内容，还是用动效给用户带来愉悦的体验？这对于用户体验来说很重要。

导航

导航是网站中不可缺少的基础元素之一，它是网站信息结构的基础分类，也是浏览者进行内容浏览的路标。导航的设计应该引人注目。浏览者进入网站，首先会寻找导航，通过导航条可以直观地了解网站的内容及信息的分类方式，判断这个网站上是否有自己需要和感兴趣的内容。因此，导航设计的好坏对提升用户体验有着至关重要的作用。

知识点分析

移动和 PC 用户都习惯于通过导航菜单探索网站内容及特性。导航菜单的重要性已经不言而喻，我们平时遇到的每一个网站或软件中都有它的存在。但并不是所有的导航菜单都设计得准确无误，我们也常发现用户因导航设计不当而感到困惑、难以操作，或者连导航在哪儿都不知道。因此，网站导航菜单的设计应该在网站中具有明确、清晰的视觉效果，并且在视觉样式上与网站其他内容有显著差异。

关于导航元素在网站中的应用，将通过以下几个方面分别进行讲解。

1．网站导航的作用

2．导航在网页中的布局形式

3．交互导航的优势与劣势

网站导航的作用

在网站中，导航就是在每个网页间自由地来去，引导用户在网站中到达他所想到达的位置，这就是网站中都包含很多导航要素的原因。在这些元素中有菜单按钮、移动图像和链接等各种对象，网站的页面越多，包含的内容和信息越复杂，那么它的导航元素的构成和形态是否成体系、位置是否合适将是决定该网站能否成功的重要因素。一般来说，在网页的上端或左侧设置主导航要素是比较普遍的方式。

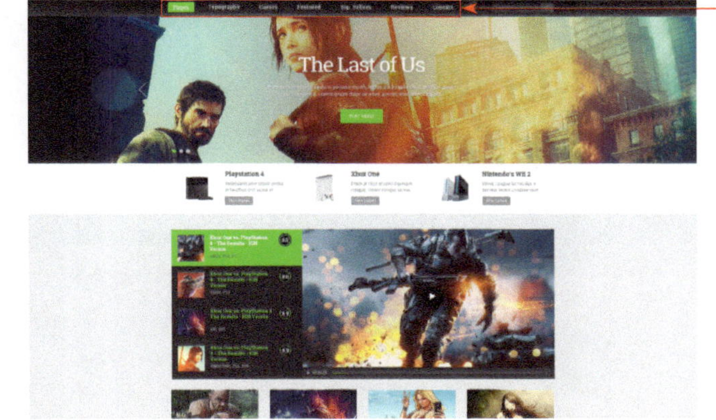

网站导航

该网站的导航菜单采用常规的方式放置在页面的顶端，并且通过背景颜色来突出导航菜单的显示，使用户进入网站后能够得到非常清晰的指引。这种导航菜单的方式在网页中非常普遍。

像这样已经普遍使用的导航方式或样式，能给用户带来很多便利，因此现在许多网站都在使用已经被大家普遍接受的导航样式。

有些网站为了把自己与其他的网站区分开，并让人感觉富有创造力，在导航的构成或设计方面，打破了那些传统的已经被普遍使用的方式，独辟蹊径，自由地发挥自己的想象力，追求导航的个性化。如今像这样的网站也有不少。

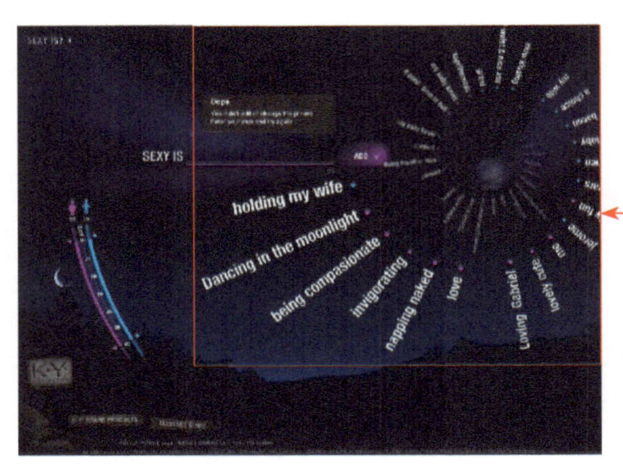

个性的螺旋式网站导航

该网站的导航菜单设计非常富有个性，将导航菜单选项在页面中呈螺旋状进行排列，增强了页面的空间感并且使整个页面富有个性和奇幻色彩。

专家支招

独特的导航菜单设计能够有效地增强页面的个性感。但是，重要的是设计师应该把导航要素的构成设计得符合整个网站的总体要求和目的，并使之更加趋于合理化，而不能滥用个性化导航。

一般来说，导航元素应该设计得直观而明确，并最大限度地为用户的使用便利性考虑。设计师在设计网站时应该尽可能地使网站各页面间的切换更容易，查找信息更快捷，操作更简便，这样才能够给用户带来更好的体验。

曲线状的网站导航使页面更加具有流动感。

该网站页面将导航菜单以横向排列方式放置在页面的上方，为了与页面中其他图形的设计风格相统一，将导航菜单设置为曲线的效果，使页面有一种流动感，并为导航菜单应用了深蓝色的背景色块，使得导航菜单在网页中非常突出、醒目。

专家支招

导航栏在网页中是非常重要的元素，导航元素设计的好坏决定着用户是否能很方便地使用该网站。虽然也有一些网站故意把导航元素隐藏起来，诱导用户去寻找，从而让用户更感兴趣，但这种情况并不多见，也不推荐使用。

导航在网页中的布局形式

网站导航如同启明灯，为浏览者顺畅阅读提供了方便的指引作用。将网站导航放在怎样的位置才可以达到既不过多占用网页空间，又可以方便浏览者使用呢？这是用户体验必须要考虑的问题。

导航元素的位置不仅会影响到网站的整体视觉风格 ,而且关系到一个网站的品位及用户访问网页的便利性。设计者应该根据网页的整体版式合理安排导航元素的放置。

1. 布局在网页顶部

最初，网站制作技术发展并不成熟，因此，在网页的下载速度上还有很大的局限性。由于受浏览器属性的影响，通常情况下在下载网页的相关信息内容时都是按照从上往下的顺序进行下载。因而，就决定了将重要的网站信息放置于页面的顶部。

目前，虽然下载速度已经不再是一个决定导航位置的重要因素，但是很多网站依然在使用顶部导航结构。这是由于顶部导航不仅可以节省网站页面的空间，而且符合人们长期以来的视觉习惯，以方便浏览者快速捕捉网页信息，引导用户对网站的使用，可见这是设计的立足点与吸引用户的最好表现。

顶部通栏网站导航

该网站页面采用横向的导航形式，将导航菜单放置在页面的顶部，并且通过通栏的背景色块来突出导航菜单。色彩则采用了页面中相同的色系，使得页面整体色调统一，导航醒目、突出。

技巧点拨

在不同的情况下，顶部导航所起到的作用也是不同的。例如，在网站页面内容较多的情况下，顶部导航可以起到节省页面空间的作用。然而，当页面内容较少时，就不宜使用顶部导航结构，这样只会增加页面的空洞感。因而，设计师在选择运用导航结构时，应根据整个页面的具体需要，合理而灵活地运用导航，从而设计出更加符合大众审美标准、具有观赏性的网站页面。

2. 布局在网页底部

在网页底部放置导航的情况比较少见，因为受到屏幕分辨率的限制，位于页面底部的导航有可能在某些分辨率的屏幕中不能完全显示出来，当然也可以采用定位的技术将导航菜单浮动显示在屏幕的下方。

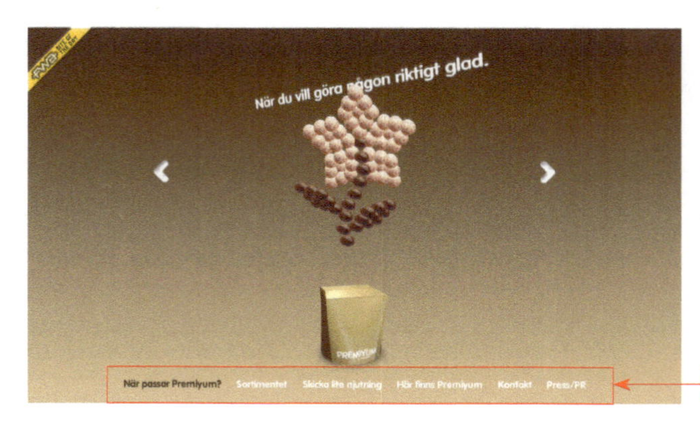

底部网站导航

该网站页面的效果非常简约，在页面中间放置设计图形，将导航菜单放置在页面的底部，使图形效果得到充分展示，并且导航菜单也采用了简约的设计风格，仅仅是菜单文字的排列，非常清晰。

这并不代表底部导航就没有存在的意义了，它本身还是存在相应优势的。例如，底部导航对上面区域的限制因素比其他布局结构都要小。它还可以为网页内容、公司品牌留下足够的空间，如果浏览者浏览完整个页面，希望继续浏览下一个页面时，那么它最终会到达导航所在的页面底部位置，这样就丰富了页面布局的形式。在进行网站页面设计时，设计师可以根据整个页面的布局需要灵活运用，设计出独特、有创意的网页。

底部网站导航

该汽车宣传网站使用满屏的汽车广告大图作为页面的背景，将导航菜单放置在页面的底部，使得汽车宣传广告得到充分展示，页面内容较少，所以也不会影响底部导航菜单的辨识性。

3. 布局在网页左侧

在网络技术发展初期，将导航布局在网页左侧是最常用的、最大众化的导航布局结构，它占用网页左侧空间，较符合人们的视觉流程，即自左向右的浏览习惯。为了使网站导航更加醒目，更方便用户对页面的了解，在进行左侧导航设计时，可以采用不规则的图形对导航形态进行设计，也可以通过运用鲜艳的色块作为背景与导航文字形成鲜明的对比。但是需要注意的是，在设计左侧导航时，应该考虑整个页面的协调性，采用不同的设计方法可以设计出不同风格的导航效果。

该咖啡宣传网站采用垂直导航，将垂直导航放置在页面的左侧部分，并通过黑色的背景色块来突出导航菜单的表现，而且背景色块的形状还带有一些弧度，导航菜单结构清晰，非常便于识别和操作。

一般来说，左侧导航结构，比较符合人们的视觉习惯，而且可以有效弥补因网页内容少而具有的网页空洞感。

该食品网站同样采用了左侧垂直导航菜单的表现形式，通过垂直贯穿页面的矩形色块将页面整体分为两个部分，左侧导航菜单的背景色块颜色较深，在页面中表现比较突出，右侧内容部分的背景颜色较浅，但其面积较大，在视觉上仍然可以获得很好的平衡。

技巧点拨

导航是网站与用户沟通的最直接、最快速的工具，它具有较强的引导作用，可以有效避免因用户无方向性地浏览网页所带来的诸多不便。因此，在网站页面中，在不影响整体布局的同时，需要注重表现导航的突出性，即使网页左侧导航所采用的色彩及形态会影响表现右侧的内容也是没有关系的。

4. 布局在网页右侧

随着网站制作技术的不断发展，导航的放置方式越来越多样化。将导航元素放置于页面的右侧也开始流行起来，由于人们的视觉习惯都是从左至右、从上至下，因此，这种方式会对用户快速进入浏览状态有不利的影响。在网站设计中，右侧导航使用的频率较低。

右侧网站导航

该网站采用右侧垂直导航菜单的表现形式，使用明度和纯度较高的不规则黄绿色背景色块进行突出表现，与整个页面的深灰色形成非常鲜明的对比，虽然将导航菜单放置在了页面的右侧，但是其依然非常醒目和突出。

相对于其他的导航结构而言，右侧导航会使用户感觉到不适、不方便。但是，在进行网站设计时，如果使用右侧导航结构，将会突破固定的布局结构，给浏览者耳目一新的感觉，从而诱导用户想更加全面地了解网页信息，以及设计者采用这种导航方式的意图。采用右侧导航结构，丰富了网站页面的形式，形成了更加新颖的风格。

右侧网站导航

在该网站页面中，为了配合页面整体设计风格的需要，将导航菜单设计成路标指示牌的形状并放置在页面的右下方位置，采用了与页面中其他元素形成对比的黄色进行突出表现，与整个页面中的图形设计形成和谐、统一的视觉效果，但又不会影响导航菜单的表现。

专家支招

尽管有些人认为这种方式不会影响用户快速进入浏览状态，但事实上，受阅读习惯的影响，图形用户并不会考虑使用右侧导航，在网页中也不常出现右侧导航，所以我们并不推荐使用这种导航形式。

5. 布局在网页中心

将导航布局在网站页面的中心位置，其主要目的是为了强调，而并非是节省页面空间。将导航置于用户注意力的集中区，有利于帮助用户更方便地浏览网页内容，而且可以增加页面的新颖感。

该网站页面的设计非常简洁，使用若隐若现的黑白图片作为页面的背景，在页面中间放置水平通栏的导航菜单，通过红色背景色块来突出导航菜单的表现，与 Logo 图形的色彩相统一，表现出很强的意境美。

一般情况下，将网页的导航放置于页面的中心在传递信息的实用性上具有一定的缺陷，在页面中采用中心导航，往往会给浏览者以简洁、单一的视觉印象。但是，在进行网页视觉设计时，设计者可以巧妙地将信息内容构架、特殊的效果、独特的创意结合起来，也同样可以产生丰富的页面效果。

该网站页面的导航菜单同样设置在页面的中间，采用垂直排列方式，通过垂直贯穿页面的矩形色块来突出导航菜单的表现，因该网站页面中主要是以图片为主，文字内容较少，如果是内容较多的页面，则不适合使用这种导航方式。

6. 响应式导航

随着移动互联网的发展和普及，移动端的导航菜单与传统 PC 端的网页导航形式有着一定的区别，主要表现为移动端为了节省屏幕的显示空间，通常采用响应式导航菜单。默认情况下，在移动端网页中隐藏导航菜单，在有限的屏幕空间中充分展示网页内容，在需要使用导航菜单时，再通过单击相应的图标来滑出导航菜单，常见的有侧边滑出菜单、顶部滑出菜单等形式。

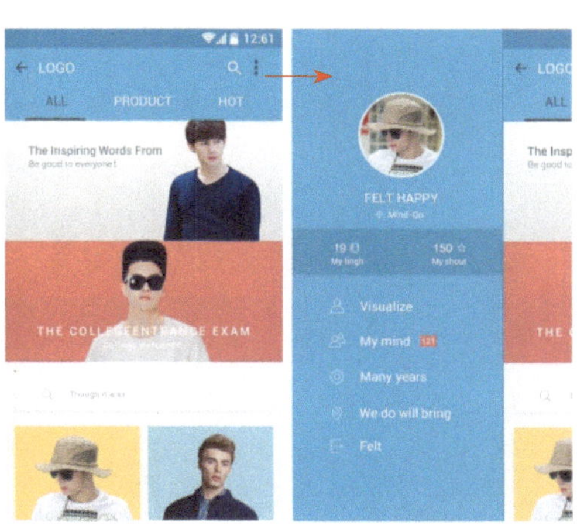

该移动端页面采用左侧滑入导航，当用户需要进行相应操作时，可以单击相应的按钮，滑出导航菜单，不需要时可以将其隐藏，节省界面空间。

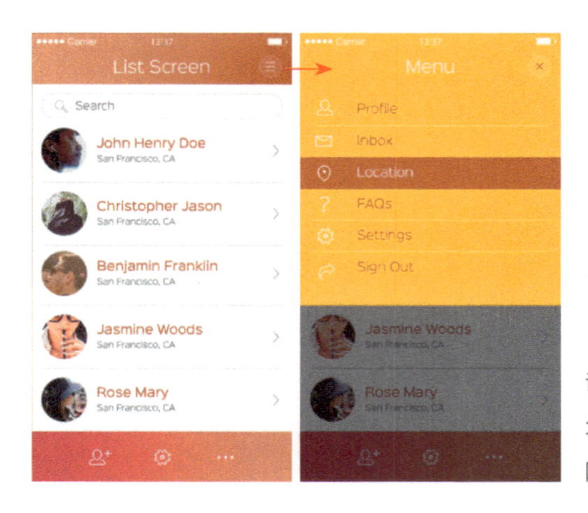

该移动端页面采用顶端滑入导航，并且导航使用鲜艳的色块与页面其他元素相区别，不使用时，可以将导航菜单隐藏。

专家支招

侧边式导航又称为抽屉式导航，在移动端网站页面中常常与顶部或底部标签导航结合使用。侧边式导航将部分信息内容进行隐藏，突出了网页中的核心内容。

交互导航的优势与劣势

交互式动态导航能够给用户带来新鲜感和愉悦感，它并不是单纯性的鼠标移动效果。尽管交互式导航在与用户交互方面存在优势，但是交互式动态导航不能忽略其本身最主要的性质即使用性。在网页中采用交互式动态导航，则需要用户熟悉了解和学习其具体使用方法。否则，用户在访问网页时，将不能快速地寻找到隐藏的导航，也就看不到相应的内容，以至于不能看到下面的内容。因此，就要求设计者在设计交互式导航时要诱导用户参与到交互式导航的互动活动中。

在网页中最常见的交互式导航就是下拉菜单导航，当鼠标移至某个主菜单项时，在其下方显示相应的子菜单项，这种方式也是用户最为熟悉的交互导航。除此之外，前面所介绍的移动端响应式导航也属于交互式导航。

专家支招

交互式动态导航效果给网页带来了前所未有的改变，交互式动态导航效果的应用，使网页风格更加丰富，更具欣赏性。

观点总结

网站导航是网页设计中重要的视觉元素，它的主要功能是更好地帮助用户访问网站内容，一个优秀的网站导航，应该立足于用户的角度去进行设计，导航设计得合理与否将直接影响用户使用时的舒适与否，在不同的网站中使用不同的导航形式，既要注重突出表现导航，又要注重整个页面的协调性。

作为一名优秀的网页设计师应该充分认识到只有把导航要素设计得直观、简单、明了，才能够给用户带来最大的方便，所以设计师务必要使网站用户能够更容易理解和运用网站中的导航要素，并以此为目标进行设计。

图片展示

图片是构成网页最基本的元素之一，图片不仅能够增加网页的吸引力，传达给用户更加丰富的信息，同时也大大地提升了用户在浏览网页时的体验。

知识点分析

在网站中使用漂亮的图片能够有效地提升网站页面的视觉美感，但是仅仅有漂亮的图片是不够的，重要的是如何在网站页面中对图片进行合理的布局设计，为页面内容的呈现提供基础。

无论你的网站是个人博客，还是企业门户，网站中图片的展示技巧都有许多共通的地方，例如图片的排列既不能过于密集，也不能过于疏松，图片要求清晰、比例协调等。关于网站中图片展示的方法与技巧，将通过以下两个方面分别进行讲解。

1．图片展示的形式

2．图片展示技巧

图片展示的形式

网页中图片展示形式丰富多样，不同形式的图片展示效果也让浏览网页的乐趣变得更加多样化。接下来跟随我们一起来体验一下各种不同的图片展示形式吧。

1. 传统矩阵展示

将网页中的图片限制最大宽度或高度并进行矩阵平铺展现，这是最常见的多张图片展现形式。不同的边距与距离会产生不同的风格，用户一扫而过的快速浏览可以在短时间获得更多的信息。同时，鼠标悬浮时显示更多的图片信息或功能按钮，既避免过多的重复性元素干扰用户浏览，又使得交互形式带有乐趣。

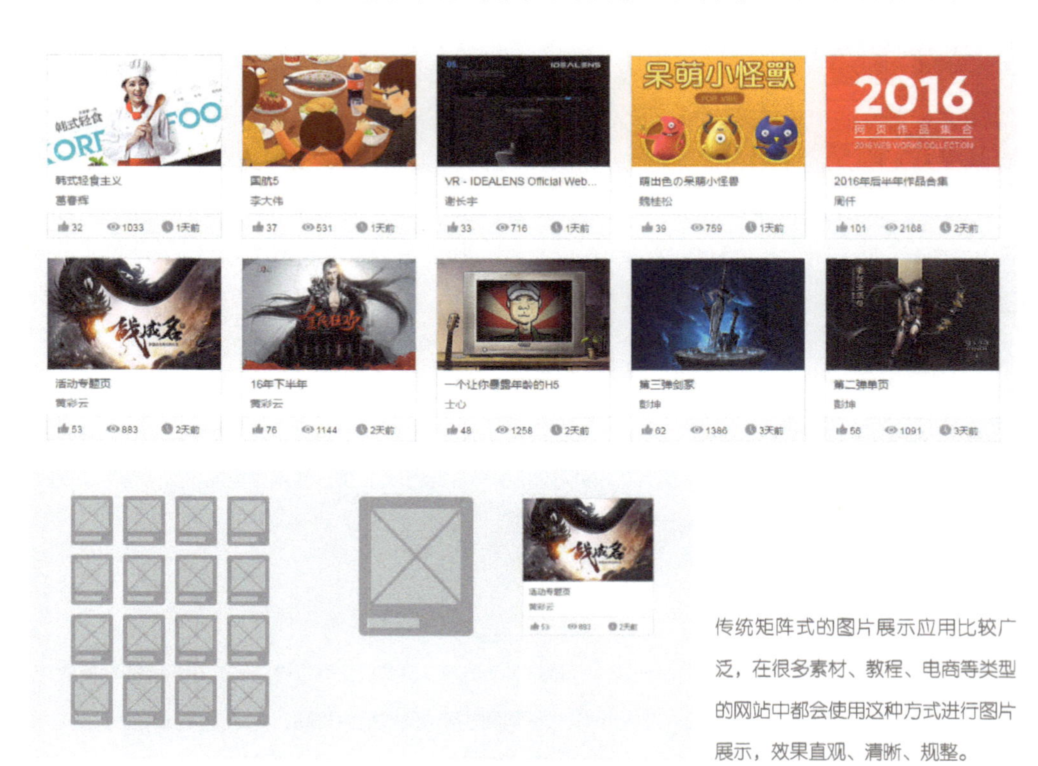

传统矩阵式的图片展示应用比较广泛，在很多素材、教程、电商等类型的网站中都会使用这种方式进行图片展示，效果直观、清晰、规整。

专家支招

这种传统的矩阵平铺展示图片的方式虽然使得页面表现整齐、统一，但是显得略微有些拘谨，用户的浏览体验会显得有一些枯燥。

2. 大小不一的矩阵展示

在传统矩阵式平铺布局基础上挣脱图片尺寸一致性束缚，图片以基础面积单元的1倍、2倍、4倍尺寸展示。大小不一致的图片展示打破了重复带来的密集感，却仍按照基础面积单元进行排列布局，为流动的信息增加了动感。

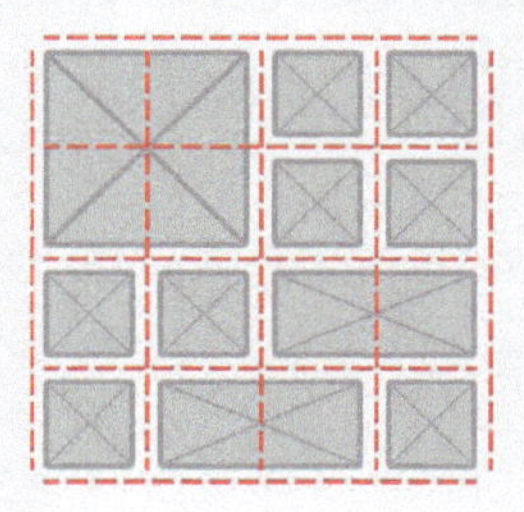

大小不一的矩阵图片陈列方式并不是很常见，这种方式通常应用于摄影、图片素材类网站中，结合相关的交互效果能够给用户带来不一样的体验。这种大小不一的图片对于视觉流程会造成一定的干扰，如果页面中的图片较多，需要谨慎使用。

专家支招

这种不规则的图片展示方式为浏览带来乐趣，但由于视线的不规则流动，这样的展现形式并不利于信息的查找。

3. 瀑布流展示

瀑布流的展示方式是最近几年流行起来的一种图片展示方式，定宽而不定高的设计让页面突破传统的矩阵式图片展现布局，巧妙地利用视觉层级，视线的任意流动又缓解了视觉疲劳。用户可以在众多图片中快速扫视，然后选择其中自己感兴趣的部分。

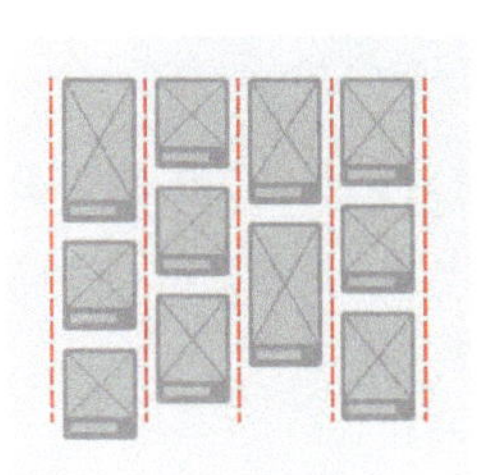

瀑布流的图片展示方式很好地满足了不同尺寸图片的表现，但这样也让用户在浏览时，容易错过部分内容。

4. 下一张图片预览

在一些图片类的网站页面中，当以大图的方式预览某张图片时，需要在页面中提供下一张图片预览的功能，这样能够有效地提升用户体验。

在最大化网页中某张图片的同时，让用户看到相册中其他内容、下一张图片的部分预览，更吸引用户进行继续点击浏览。下一张缩略显示、模糊显示或部分显示，不同的预览呈现方式都在挑战用户的好奇心。

提供下一张图片预览，吸引用户点击

最大化显示当前图片的同时，以较小的半透明方式显示下一张图片的部分，从而吸引用户继续浏览下一张图片。

有些网站在用户浏览具体图片时并不提供下一张图片的预览，只有等用户将鼠标悬停在"下一张"按钮上方时才会出现下一张图片的缩览图。虽然出现缩略图的动画效果并不能让用户理想地实现预览，但昙花一现的刺激促使用户去进行"下一张"的点击。

默认情况下，在页面中只显示当前浏览的大图，当鼠标移至浏览器左边缘时，以动画方式显示上一张图的缩览图。如果鼠标移至浏览器右边缘时，则以动画方式显示下一张图的缩览图。

鼠标移至左侧或右侧边缘中间位置，出现箭头符号和缩览图。

还有一些网站在预览大图的同时，不但提供了"上一张"和"上一张"的切换按钮，并且还提供了该图前后几张图片的缩览图，这种更多内容的展现形式，不但会显得内容丰富，更吸引用户继续浏览。

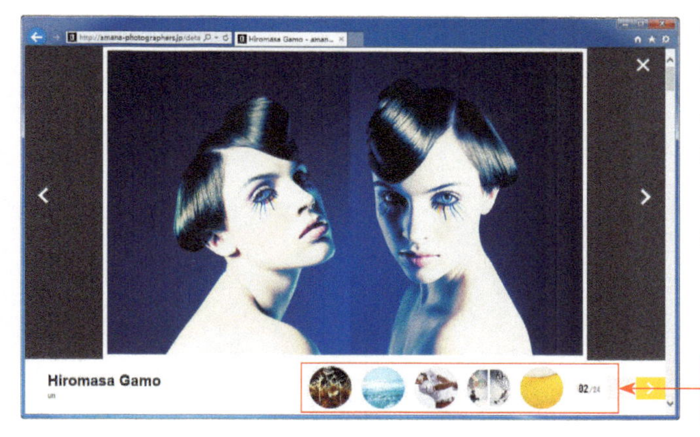

在该网站的图片展示页面中，通过背景色将页面区分为上下两个功能区域，上部分是大图展示，可以通过左右箭头进行大图的切换，下部分则提供了该系列其他图片的缩览图，吸引用户继续点击。

提供相临的多张图片缩览图

5. 成员与访客头像

网站成员与访客头像本身也是图片，不同于用户所展示的图片，头像更多展示的是历史互动信息，并可以进行延伸互动。头像悬停时可以显示更多信息及功能按钮，或显示更大尺寸的头像。

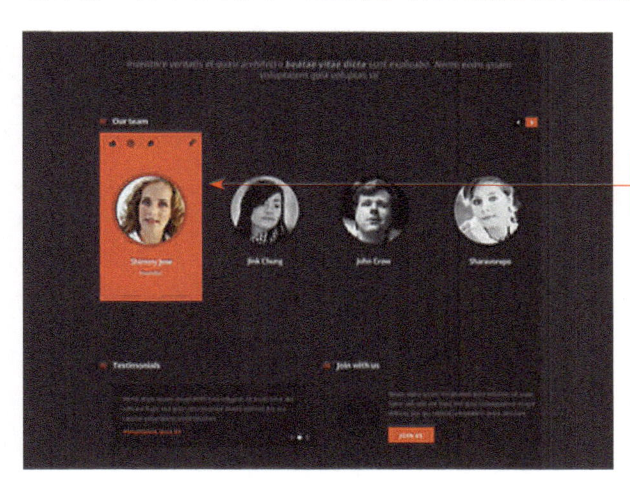

以交互方式改变背景色块，突出显示当前的头像

在页面中当鼠标悬停在某一个头像上时，使用高亮的背景色突出该头像的显示，同时显示相应的交互功能按钮，用户可以在头像区域进行相关交互操作。

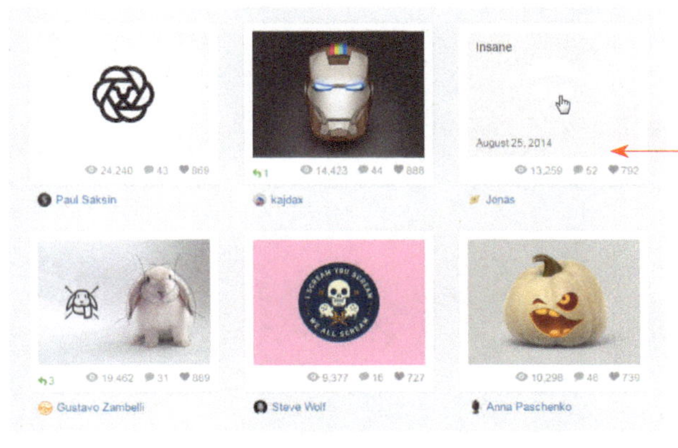

以交互方式显示图片的相关信息

在页面中，当鼠标悬停在图片上方时，图片淡去，在该图片上方以半透明的白色背景显示该图片的相关信息。

图片展示技巧

网页中的视觉元素，诸如照片和视频，会让用户感到最亲切，因为它们和我们的生活最为接近，我们感同身受。当设计师为网站配图的时候，添加的并不是一堆美丽的像素块。实际上，每一幅图片，都可以看作现实生活的缩影，而用户喜欢这种熟悉感，所以能够营造良好的用户体验。

1. 图片与页面整体协调

可用性至上！因此网站中所使用的图片必须与页面的整体相协调，并且与文字产生对比。要想产生鲜明的对比，就要学会观察，图片比较亮，那么文字可以使用较深的颜色，反之亦然。如果想要使用白色字体和亮色背景，那么最好使用一些黑色元素作为过渡，例如为文字添加投影。

该网站页面使用大幅的图片作为页面的满屏背景，并且将图片进行去色和压暗处理，使图片表现出很强的复古感，在页面中搭配少量的白色文字，在灰暗的图片衬托下非常清晰、易读，整个页面简洁、协调。

2. 使用高质量的清晰图片

网页中所使用的图片最基本的要求就是一定要有较高的清晰度，比如一个美食网站，页面中的食品图片都是比较模糊的图片，你觉得这样的图片能够吸引用户吗？

如果你的客户不能够提供专业的摄影作品，那么赶快去劝劝他们，赶紧拍摄点高清大图吧。如果客户很顽固，说"就不！"，那赶紧换个思路，建议采用字体设计、布局新颖、极简主义等风格，宁缺毋滥，即使一张图也不配，也不能配上一堆质量低劣的图片。

该美食网站页面，运用高质量的清晰美食照片搭配简洁的文字，使整个网站显得非常精致。彩用深灰色的背景，更加凸显美食的精致与诱人。

3. 图片与网站内容的关联性

一图胜千言，但是有时候以文字内容为主的页面，搭配的图片一定要与文字内容具有关联性，这是常识。如果网页中的内容比较灵活，比如说卖保险的，那么配图可以符号化一点，但是还是要和产品/服务相关。而且符号象征意义一定要强，这样就便于辨认。而且需要注意的是，不同国家、不同文化的符号象征意义不同。

该旅游网站页面的主题是“彩云之南”，介绍的是云南的旅游景点，搭配与之相关的云南特色风景摄影图片，使浏览者仿佛置身于景色之中，保持了图片与内容的关联性。

4. 大图很受欢迎

这条原则再明显不过了，图像越大，视觉冲击力也越大。目前很多企业网站都使用大图作为整个页面的满屏背景，但这种情况需要注意的是，图片背景一定不能影响页面中内容的清晰表达，否则就没有意义了。

该汽车宣传网站页面运用大幅的汽车广告图片作为页面的满屏背景，给人很强的视觉冲击力。在页面中搭配少量的文字介绍内容，图片与文字相辅相成，使页面的表现效果强烈而直观。

5. 攫取注意力

当文章和页面中有吸引眼球的图像时，爱屋及乌，用户会对内容高度敏感。当用户在网页中面临大段的文本时，人们的大脑便倾向于“略过这片内容”吧，很少有人会保持注意力，继续阅读细节。

图像能够打破视觉的单调性，帮助用户聚集注意力于文章、链接、故事。简而言之，图像让用户集中注意力。

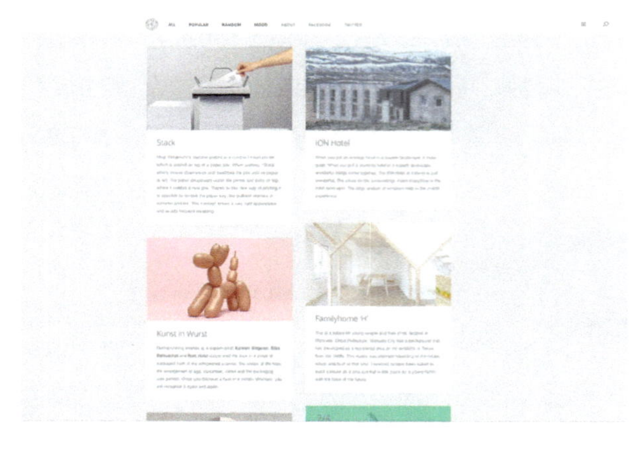

该网站页面的设计非常简洁，浅灰色与白色的搭配使页面显得素雅而纯净。页面中每部分内容都搭配了一个相关联的图片，使得图片在页面中的表现非常突出，吸引人们对内容进行关注。

技巧点拨

即便是内容主导的网站，也需要图像作为润色，良好的图片运用能够成就优秀的设计。人都是视觉动物，在浏览网页时，对于图像有一种渴望，因此添加图片非常重要。而且，一定要是合适的、相关的图片。

观点总结

一组漂亮的图片能让网站看起来更加戏剧化、更加随性有趣。不过在选择图片、裁剪尺寸和分组的问题上，需要稍微费心一点。以图片为主的页面，如产品列表页面，其表现的核心内容是图片，过多的修饰其实会将用户的注意力从图片上转移走，使用简约的风格能让用户更加专注于图片内容。

无论网站选取怎样的设计风格和审美取向，确保背景和图片之间的对比，让浏览者足以分辨出图片信息及背景内容，这是极为必要的。优质的图片和优雅的布局让用户流连忘返，合理的布局架构为内容呈现提供了稳固的基础。

图标

图标是一种非常小的可视控件，是网页中的指示路牌，它以最便捷、简单的方式去指引浏览者获取其想要的信息资源。用户通过图标上的指示不用仔细地浏览文字信息就可以很快地找到自己需要的信息或者完成某项任务，从而节省大量宝贵的时间和精力。

知识点分析

图标是具有指代意义的具有标识性质的图形，更是一种标识，它具有高度浓缩并快捷传达信息、便于记忆的特性。图标的应用范围极为广泛，可以说它无所不在。一个国家的图标是国旗；一件商品的图标是注册商标；军队的图标是军旗；学校的图标是校徽等。而网页中的图标也会以不同的形式显示在网页中。

网页中所使用的图标最基本的要求是能够与网页的整体风格相统一，简洁、明了、易懂、准确。关于图标元素在网站中的应用，将通过以下两个方面分别进行讲解。

1．图标的应用

2．图标的设计原则

图标的应用

图标在网页中占据的面积很小，不会阻碍网页信息的宣传，另外设计精美的图标还可以为网页增添色彩。由于图标本身具备的种种优势，几乎每一个网页的界面中都会使用图标来为用户指路，从而大大提高了用户浏览网站的速度和效率。

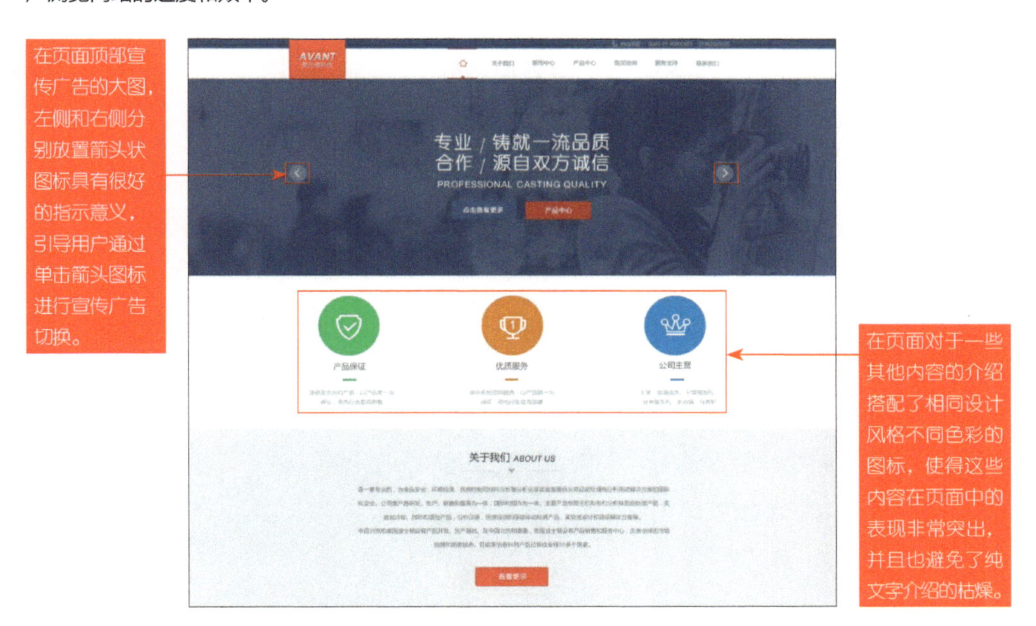

网页图标就是用图像的方式来标识一个栏目、功能或命令等，例如，在网页中看到一个日记本图标，很容易就能辨别出这个栏目与日记或留言有关，这时就不需要再标注一长串文字了，也避免了各个国家之间不同文字所带来的麻烦。

在该网页页面中充分运用图形创建将页面设计成一个日记本的形态，在页面顶部使用统一风格的图标设计来表现导航菜单，与页面整体风格相搭配，表现效果富有个性。

在网站页面的设计中，会根据不同的需要来设计不同类型的图标，最常见到的是用于导航菜单的导航图标，以及用于链接其他网站的友情链接图标。

该产品宣传页面的设计非常简洁，使用浅灰色的背景来搭配色彩艳丽的饮料产品，并且左侧导航菜单文字也搭配了不同色彩的图标设计，使得导航的效果更加突出，也更易于识别。

当网站中的信息过多，而又想将重要的信息显示在网站首页时，除了以导航菜单的形式显示外，还可以以内容主题的方式显示。网站首页的内容主题既可以是链接文字，也可以是相关的图标，而使用图标的表现方式，可以更好地突出主题内容的显示。

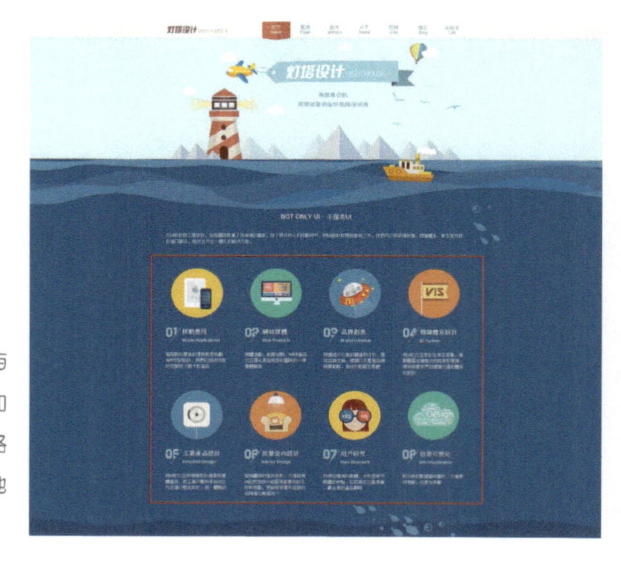

在该网页中，将网站所提供的服务使用图标与简介文字相结合的方式体现出来，使用户更加容易关注到该部分内容，并且图标的设计风格也与网站整体的设计风格保持了一致，更好地突出了该部分内容的表现。

图标的设计原则

网站设计趋向于简洁、细致，设计精良的图标可以使网站页面脱颖而出，这样的网站设计更加连贯、富有整体感、交互性更强。在网站图标的设计过程中需要遵循一定的设计原则，这样才能使所设计的图标更加实用和美观，有效增强网站页面的用户体验。

1. 易识别

图标是具有指代功能的图像，存在的目的就是为了帮助用户快速识别和找到网站中相应的内容，所以必须要保证每个图标都可以很容易地和其他图标区分开，即使是同一种风格也应该如此。

试想一下，如果网站界面中有几十个图标，其形状、样式和颜色全都一模一样，那么该网站浏览起来一定会很不便。

在该连锁快餐网站中，因每个选项的文字描述内容较多，所以将其搭配统一风格的图标设计，使各选项更容易区分。虽然图标颜色是一样的，但形状差异很明显，具有很高的辨识性。

2. 风格统一

网页中所应用的图像设计应该与页面的整体风格保持统一，设计和制作一套风格一致的图标会使用户从视觉上感觉网站页面的完整和专业。

该网站界面采用了卡通涂鸦的设计风格，导航栏上的各菜单选项搭配相应风格的图标设计，网站界面的整体风格统一，并且导航菜单的表现效果更加形象。

3. 与网页协调

独立存在的图标是没有意义的，只有被真正应用到界面中才能实现自身的价值，这就要考虑图标与整个网页风格的协调性。

在该网站页面的设计中，将产品设计为卡通图标的形式，与卡通漫画风格的网站页面相结合，自然的表现方式使人们更容易接受。

4. 富有创意

随着网络的不断发展，近几年 UI 设计快速崛起，网站中各种图标的设计更是层出不穷，要想让浏览者注意到网页的内容，对图标设计者提出了更高的要求，即在保证图标实用性的基础上，提高图标的创意性，只有这样才能和其他图标相区别，给浏览者留下深刻的印象。

在移动端的界面设计中，要在有限的屏幕空间中体现页面的内容和功能操作，图标必不可少，而简约的线性图标是移动端界面最常用的图标。

观点总结

图标应该能尽快地表达对象、想法或行动。太多的小细节将会变得复杂，这会让图标缺乏识别性，特别是小图标。一个单独的图标或一整套图标的细节处理水平对视觉的一致性和识别性都是很重要的方面。

记住，为了设计更好的图标，从图标的表现形式开始着手，然后再到图标中的细节处理，让你的图标保持内部的一致性，同样在整套图标中也要保持一致性。另外，还需要考虑所设计的图标与所应用的网页的整体设计风格需要统一，这样就能够使你的图标脱颖而出。

广告位

布局合理、设计精美的广告不仅可以提升网站的视觉效果，还能够有效吸引用户的点击。一个劣质的广告不仅无人点击，更会让浏览者对网站产生厌恶感。所以在网页设计的过程中一定要充分考虑广告的放置方式和在网页中的位置。

知识点分析

网站已经成为企业形象和产品宣传的重要方式之一，而广告则是大多数网站页面中不可或缺的元素，但是如何合理地在网站页面中设置广告位，使广告得到最优的展示效果，但又不影响网站页面中其他元素的表现，这也是设计师需要考虑的问题。

网页中的广告最基本的要求就是广告的设计需要符合网站的整体风格，避免干扰用户的视线，更要注意避免喧宾夺主。

关于广告元素在网站中的应用，将通过以下几个方面分别进行讲解。

1. 网站常见广告形式
2. 广告应该放置在页面中哪些位置
3. 需要什么样式的广告
4. 网页广告需要注意的问题

网站常见广告形式

网站广告的形式多种多样，形形色色，也经常会出现一些新的广告形式。就目前来看，网站广告的主要形式有以下几种。

1. 文字广告

文字广告是最早出现，也是最为常见的网站广告形式。网站文字广告的优点是直观、易懂、表达意思清晰。缺点是太过于死板，不容易引起人们的注意，没有视觉冲击力。

在网站中还有一种文字广告形式，就是在搜索引擎中进行搜索时，在搜索页的右侧会出现相应的文字链接广告。这种广告是根据浏览者输入的搜索关键词而变化的，这种广告的好处就是可以根据浏览者的喜好提供相应的广告信息，这是其他广告形式所难以做到的。

2. Banner 广告

Banner 广告主要是以 JPG、Gif 或 Flash 格式建立的图像或动画文件，在网页中大多数用来表现广告内容。目前以使用 HTML5、CSS 样式和 JavaScript 相结合所实现的交互性广告最为流行。

该汽车宣传网站页面的顶部放置通栏的 Banner 广告，并且将该 Banner 广告与顶部导航菜单相结合，使用户进入该网站就能够被精美的 Banner 广告所吸引，这也是目前大多数网站所采用的宣传广告形式。

3. 对联式浮动广告

这种形式的网站广告一般应用在门户类网站中，普通的企业网站中很少运用。这种广告的特点是可以跟随浏览者对网页的浏览，自动上下浮动，但不会左右移动，因为这种广告一般都是在网站界面的左右成对出现的，所以称为对联式浮动广告。

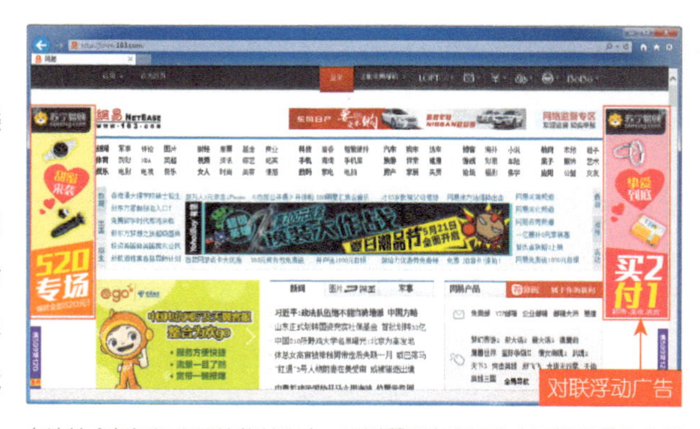

在该综合新闻门户网站的首页中，可以看到在页面左右两侧所悬挂的浮动对联广告，这种广告形式通常出现在综合门户网站中，当然它也提供了“关闭”按钮，用户可以将其关闭，以免影响正常浏览。

4. 网页漂浮广告

漂浮广告也是随着浏览者对网页的浏览而移动位置，这种广告在网页屏幕上做不规则的漂浮，很多时候会妨碍浏览者对网页的正常浏览，优点是可以吸引浏览者的注意。目前，在网站界面中这种广告形式已经很少使用。

5. 弹出广告

弹出广告是一种强制性的广告，不论浏览者喜欢或不喜欢看，广告都会自动弹出来。目前大多数商业网站都有这种形式的广告，有些是纯商业广告，而有些则是发布的一些重要的消息或公告等。当然，这种广告通常会在弹出持续数秒之后自动消失，从而不影响用户对网站内容的阅读。

这种弹出式广告通常出现在综合门户类网站中，通常是刚打开该网站首页时弹出，这种广告通常会在弹出持续数秒之后自动消失，从而不影响用户对网站内容的阅读。

广告应该放置在页面中哪些位置

在确定网页中广告位的位置之前，最先考虑的是，从普通浏览者的角度出发，来考虑网站的用户关注点究竟是什么。网页中的最佳关注位置会有哪些呢？

（1）一般来说，网站首页第一屏中间偏下方的通栏区域是吸引浏览者眼球的核心地带；其次是通栏左边的区域，在页面中的这个位置放置定向推广广告，会带来最好的浏览效果。

目前，在很多企业宣传网站中都会在第一屏导航菜单的下方放置横向通栏的大幅宣传广告，该位置在网页中非常醒目，当用户刚打开网站页面时第一眼就能够看到商品或服务的宣传广告，该位置也是最有效的广告宣传位置。

（2）导航栏、搜索框附近都是浏览者习惯性会注意到，并且停留时间较长的区域，所以千万不可小看这些位置的广告效果，简洁、直观的广告是不错的投放选择。

在一些综合性的门户网站中，广告位较多且面积大多比较小。位于导航菜单或者是搜索栏附近的广告位相对于页面中其他的广告位来说，更加容易被浏览者注意到，所以在综合性门户网站中投放广告可以考虑该位置。

（3）根据网站的具体情况，在热点区域可以放置尺寸较小的广告，并根据网页的整体风格来搭配广告，将广告制作成与网页相同的风格会获得很好的效果。

（4）在页面中用户容易关注的热点区域附近，适当地添加一些简洁的推广广告，将会吸引浏览者的注意，产生点击行为。

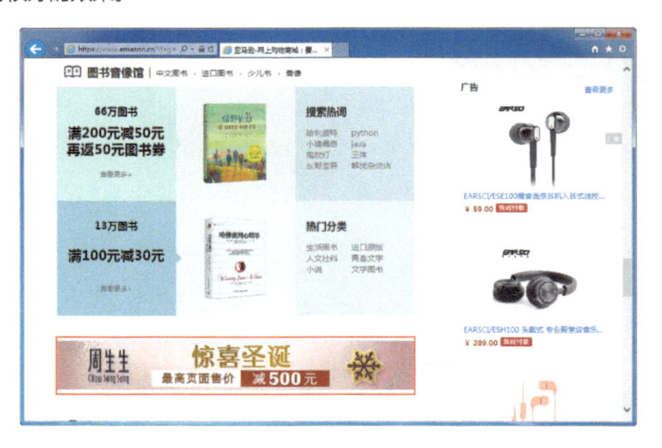

在该电子商务类网站页面中，在首页的不同商品分类展示之间放置了横向的 Banner 广告，这样的广告也比较容易被浏览者注意到，因为当用户查找商品分类时，一眼就能够看到。

专家支招

关于网站广告的尺寸设计标准，由于每个人的设计理念不尽相同，因而很难去划分广告的具体尺寸设计标准。所以，目前对于广告尺寸并没有一个统一的标准，设计师在设计整体网站时，需要综合考虑网站页面的排版及位置，一旦确定了广告在网页中的位置和大小，以后在更换广告时就需要根据确定好的广告尺寸进行设计制作。

需要什么样式的广告

网站广告和传统广告一样，同样有一些制作的标准和设计的流程。网站广告在设计制作之前，需要根据客户的意图和要求，将前期的调查信息加以综合分析，整理成完整的策划资料，它是网站广告设计制作的基础，是广告具体实施的依据。

1. 为广告选择合适的排版方式

选择好广告在网页中的投放区域后，尽量选择投放适合阅读习惯的横向广告，这样的广告效果较好。采用较为宽松的横向排版方式，浏览者可以非常方便地在一行内获取更多的广告文字信息，而不用像阅读较窄的广告那样每隔几个词就得跳转一行。

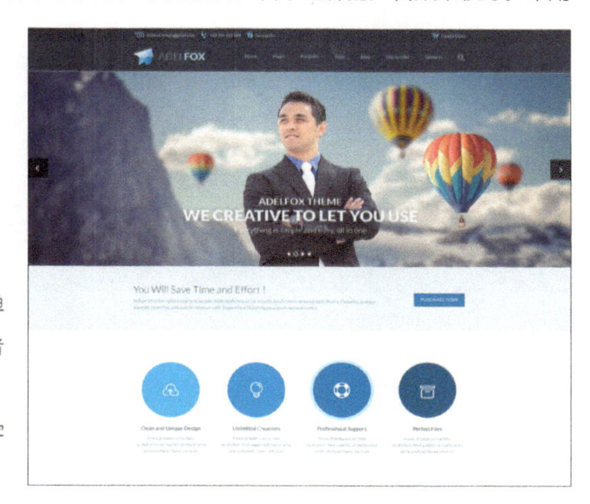

网页中广告的位置与排版需要适合用户的阅读方式，在商业类网站的首页面中大多都会在顶部的导航菜单下方放置横向的通栏广告，用于宣传网站的商品或者服务，而广告中的排版方式，多采用横向的排版方式，运用简洁的广告文字与图像相结合，并且要突出文字的易读性。

2. 为广告选择合适的配色

颜色的选择会直接影响到广告的表现效果，合适的广告配色有助于用户关注并点击广告。反之，用户则可能直接跳过去。因为浏览者通常只注网站的主要内容，而忽略其余的一切。

网页中广告的配色需要与整个页面的设计风格相符，在该网站首页面中，导航栏下方的通栏广告运用了木纹色的背景纹理搭配人物形象与文字，给人一种舒适、自然的感受，并且木纹色也与导航菜单中当前选中选项的色彩相呼应。

3. 融合、补充或对比

融合是指让广告的背景和边框与网页的背景颜色一致。如果网站采用白色背景，建议使用白色或其他浅色的广告背景颜色。一般来说，黑色的广告标题、黑色或灰色的简洁字体、白色的背景是一个不错的选择。

在该产品宣传网站页面中，将产品形象自然地融入到整个页面中，成为页面构图的一部分，并且网站页面的色彩搭配也取自于该商品的包装色彩，使用接近黑色的深灰色作为主色调，在页面中搭配金色的标题文字和白色的内容文字，表现效果简洁而醒目，网站内容与商品广告有效地融合在一起。

补充是指广告可以使用网页中已经采用的配色方案，但这个配色方案与该广告的具体投放位置的背景和边框可以不完全一致。

对比是指广告的色彩与网站的背景形成鲜明的反差，建议在网页比较素净或者页面广告比较多的情况下，为了突出广告的视觉效果的时候使用这种方式。

在该产品宣传网站页面中，在顶部的导航菜单下方放置通栏的产品宣传广告，广告的色彩搭配采用强对比的方式，左半部分为蓝色调，与整个页面的色彩统一，而右半部分则运用洋红色调，不仅广告栏的左右部分形成强烈对比，也与整个页面形成对比，使广告效果更加突出。

网页广告需要注意的问题

1. 弹窗广告

弹窗广告是目前很普遍的一种广告形式。但是弹窗广告会影响用户体验，如果一定要投放，可以设置成注册会员登录后不会有弹窗广告，并且在醒目的位置提示用户，这样用户也会理解网站的苦衷。

2. 第一屏广告

用户打开网站页面首先看到的内容就叫作第一屏，比较常见的第一屏广告布局就是在导航栏下面放置广告，一般这里的广告位是展示率最高的。但是，设计者有没有考虑过，这个位置的广告如果太多往往会严重地影响用户体验，有的用户打开页面不会往下拖动，一看没有自己要找的东西，直接就会关闭页面。所以第一屏的广告建议少放，最好不要占满整屏。

3. 内容页中广告

很多网站为了增加广告的数量，在内容页面的多个地方都放置了广告位，这种行为其实很没有长远性，你想想看，网站的目的是什么？是为了宣传产品或服务，这些都需要网站内容来体现，现在你将自己的内容整个插入广告，导致用户体验大大降低，长期下去网站只会走下坡路，同时内容页的广告对于跳出率的影响很大。

4. 不要把网站的空白处都填满广告

很多网站为了不让网页侧栏部分留白，会在页面的空白部分强行塞入许多广告，这样的方式是不提倡的。适当留白不会对浏览者造成视觉上的压抑，反而通过留白会更突出页面内容的表现。

观点总结

其实网页广告位布局只要遵循几个基本原则就可以了，首先广告要和网站主题相关，一定不要影响用户的正常阅读，在第一屏的位置，放广告尽量用文字的形式，这样不会影响到用户的正常阅读。如果是图文的广告，就放在右侧的边栏中，这样在用户看内容的同时也会注意到你的广告。正确的广告位布局能够有效提升用户体验。

声音与视频

网站页面构成中的多媒体元素主要包括动画、声音和视频，这些元素都是网站页面构成中最吸引人的元素，但是网页界面还是应该坚持以内容为主，任何技术都应该以信息的更好传达为中心，不能一味地追求视觉化的效果。

知识点分析

声音与视频元素互补可以更好地传达界面信息，但需要注意的是，网站中所加入的声音或视频元素都需要与网站的主题相统一，不能够干扰用户对网站内容的正常阅读，并且尽可能使用较小的声音或视频文件，提高网页的加载速度。

关于声音与视频元素在网站中的应用，将通过以下两个方面分别进行讲解。

1. 音频元素的应用
2. 视频元素的应用

音频元素的应用

互动设计中声音可能以背景音乐、语音、音效等方式出现。语音可以替代文字，帮助一些有阅读障碍或者视觉障碍的用户识别信息，音乐用来塑造互动产品所表达的情绪，音效则用于吸引用户的注意力或者对用户的操作进行反馈。针对界面中不同的声音类型，设计中也应该遵循不同的原则。

1. 背景音乐的应用

通常背景音乐不宜过大，而且在网页刚打开时，音乐最好能够以渐强的方式出现，避免开始时过强的声音和节奏对人耳造成伤害，也给人心理造成负担。如果音乐默认为循环播放，还应该为用户提供开关按钮或音量大小调整选项，保证用户可以随时将其关掉。

这是一个演出活动的宣传网站，运用动画的方式展现出奇幻的演出场景，并且在页面中添加了相应的背景音乐，更能够使浏览者有一种身临其境的感受。在页面右下角提供了控制音乐开关和调整音量大小的选项，给用户带来很好的体验。

2. 音效的应用

音效通常会伴随着图标或者按钮的操作出现，在一定程度上起到提醒用户的作用，但是音量不宜过大，持续时间不宜过长，而且不同操作的音效应该不同，否则会造成理解的混乱。

在该卡通插画风格的网站页面中，内容非常少，通过卡通插画的形式让用户感受童趣。为页面顶部的各导航菜单项添加音效，当鼠标移至某个导航菜单项上时，即播放音效，使整个网页的体验更加有趣。

技巧点拨

如果某个音效的设计是为了吸引用户的注意力，除非特别需要，应该减少使用的次数，以免造成用户的操作惯性，习惯性忽略这个音效，反而起不到应有的作用。

3. 语音的应用

语音也逐渐广泛应用在互动艺术中，例如在网站注册时需要输入验证码，有时验证码难于辨识，就可以使用语音技术读出这些字母或数字，方便输入，尤其为视觉障碍的用户提供便利。这时的语音设计就要以清晰可辨为目标，最好以真人的声音为宜，一些电子声音通常会难以听清，且给人冷冰冰的感觉，缺少亲和力。

视频元素的应用

随着互联网与 HTML5 的发展，视频在网页中的应用也越来越多，主要表现为两种形式，一种是使用视频作为动态背景，给浏览者带来全新的视觉体验。

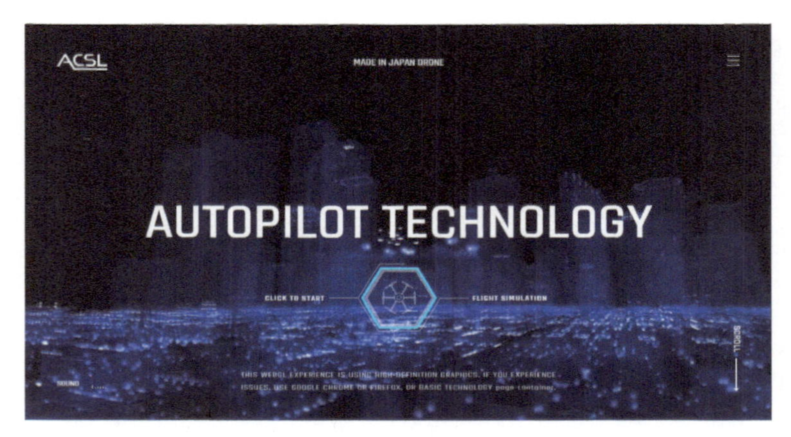

将视频作为网站首页面的背景，当用户打开网站时给用户带来一种强烈的视频动态，具有很好的体验效果。需要注意页面中的文字内容不能过多，并且需要使用大号以及与视频颜色形成对比的色调体现。

另一种是在网页中嵌入视频播放，更好地表现产品宣传广告。

很多品牌或产品中会嵌入广告视频，视频宣传广告总是能够更吸引用户的关注。需要注意的是，需要提供视频控制的相关按钮，如关闭视频、调整视频音量等。

技巧点拨

在网页中应用视频需要注意，视频效果是为网页内容服务的，需要与网站的主题相统一，并且尽可能应用较小的视频文件，减少用户等待的时间，而且视频在网页中的位置不能够干扰用户的正常阅读。

观点总结

与传统媒体不同，网页界面中除了文字和图像以外，还包含动画、声音和视频等新兴多媒体元素，更有由代码语言编程实现的各种交互式效果，这极大地增加了网页界面的生动性和复杂性。

在网站页面中合理地应用与网站主题风格相统一的声音或视频元素，可以极大地丰富网站页面的视听效果，但还是要为用户提供控制声音或视频的开关，将选择权交给用户，避免对用户造成困扰。

2

交互体验要素

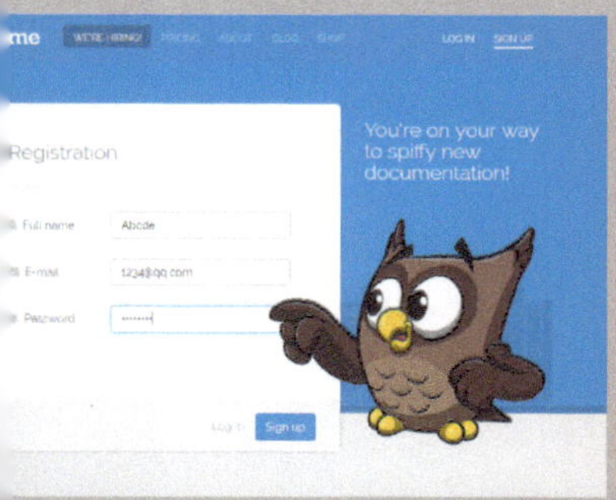

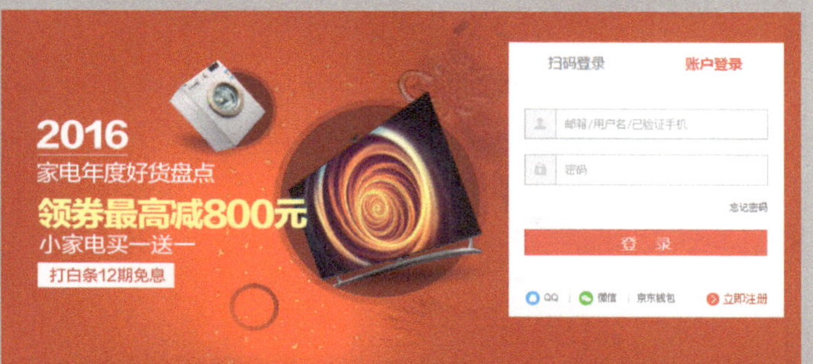

在互联网时代，品牌的需求是这样的：品牌希望做的不仅仅是展示（这是互联网初期的形态），它们更希望通过交互方式和终端用户做一对一沟通，传递给用户品牌价值、品牌主张、品牌定位及活动资讯，或者更深切地了解目标用户以便进一步针对目标用户发起新一轮的营销。

用户和网站的交互以及用户之间的互动，不仅能够推动网站的快速发展，更是未来互联网营销的基础。网站的交互体验更多地表现为呈现给用户在网站操作上的体验，重点是强调网站的易用性和可用性。

关于会员

内容是网站的根本，会员才是网站的核心，有了会员才能产生互动。我们在网站上呈现内容（不仅是文字）不是目的，它是手段，最终都是为了吸引会员。有了会员，网站才会有商业价值。

知识点分析

让一个用户加入成为网站的会员并不是那么容易的事（这更多关乎推广的问题），而当一个用户希望注册成为网站的会员时，网站必须给出清晰而便捷的方式，并且在网站中需要清晰地介绍会员的权责，并提示用户阅读相关的条款。

关于网站中会员的交互体验，将通过以下两个方面分别进行讲解。

1. 如何吸引用户成为网站会员
2. 提升用户体验的会员登录细节

如何吸引用户成为网站会员

设计师必须要注意的是，网站中要提供足够多的入口可以让用户注册成为会员或者登录网站。网站的设计中一定要每个页面都有机会让用户点击"注册"或"登录"。千万不要让用户希望登录或注册的时候，还需要返回到网站首页。

聪明的用户体验除了在每个页面设计让用户登录和注册的按钮之外，更会在具体的服务提供之前弹出"查看更多内容需要注册成为网站会员"或者是"注册成为网站会员，您会享受更多的尊贵服务"，这样不经意就能够让用户转变成为网站的会员。

很多网站都会在页面的顶部右侧放置“登录”和“注册”的链接，并且网站中所有页面都会保持统一的效果，这样无论用户当前位于网站中的哪一个页面，都可以便捷地进行登录和注册操作。登录成功的会员，则会在此处显示会员名称或头像，便于用户识别和进入会员中心。

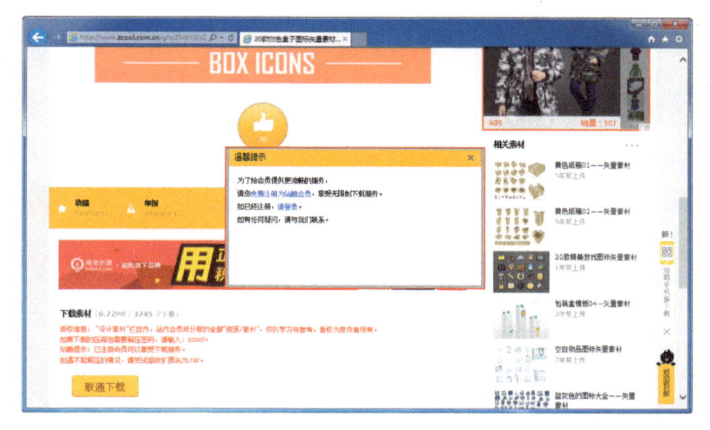

在该素材网站中，如果不是该网站会员，当下载素材时就会弹出提示框，提示注册成为网站会员可以免费无限下载素材，并且在弹出窗口中提供“登录”和“注册”的文字链接，这样就能够有效地吸引用户注册成为该网站的会员。

在很多电商网站的设计中，在商品详情页面中对于商品价格的设计，只显示了普通购买价格，而将会员价格隐藏，并给出提示“请登录查看”，通过这样的方式来吸引用户登录或注册成为会员，查看是否能够以更低的价格来购买商品。

在该商品详情页面中，提供了“价格”和“促销价”，而“促销价”后面给出提示文字“登录后确认是否享受此优惠（店铺 Vip）”，这样也是为了吸引用户加入会员，享受更加优惠的价格。

显然，这里是玩了一个心理游戏。大多数的电商网站都是将市场价与会员价格都显示出来，希望通过两个价格的对比，吸引用户登录或注册成为会员进行购买。但是因为到处看到的都是相同的刺激方式，往往并不能吸引用户登录或注册购买。

而现在故意隐藏会员价格，反而会刺激用户动手登录或注册成为会员，因为我们相信真心想购买该商品的用户一定会登录或注册成为会员看看会员价究竟是多少。

当然，当用户决定注册成为网站会员的时候，网站一定要告知用户，成为网站会员之后的责任和义务，以及网站的责任和义务。这就是我们在用户体验设计中必须告知会员的责权利。

这可以让用户知道他在网站上能够干什么，不能干什么，同时还能够规避一些法律风险。

提升用户体验的会员登录细节

提升用户体验最好的方向，就是尽力让用户切实地体会到整个操作流程的简单顺畅。要提升登录流程的用户体验，有很多方面的因素是需要设计师考虑的。

目前，网站中采用的登录类型主要有两种，一种是通过网站自身的登录功能，另一种是使用第三方社交网络账号进行登录，例如新浪微博、QQ 等。虽然两种登录方式各有优劣，但在这里我们主要探讨的是传统登录方式的优化。

1. 支持电子邮件登录

传统的网站会员注册流程中，电子邮件地址通常是必填项目，而不设置用户名的情况也是很正常的，当然，两者都需要设置是比较常见的。那么在会员登录窗口中，允许输入用户名的地方也应该支持电子邮件地址的输入。

这是“京东”网站的登录页面设计，我们可以看到同时支持 3 种方式进行登录，分别是注册的用户名、邮箱或者已验证手机，并且在文本框中给出了提示，这就大大地方便了会员的登录操作。

专家支招

在不同的网站，用户通常会使用同一个电子邮件地址进行注册，但是用户名却各不相同。如果仅仅只能使用用户名登录，那么用户体验明显不够方便。目前，许多网站的登录框都支持用户名和电子邮件地址登录。

2. 给出明确的错误提示

当用户进行登录操作时，系统监测和反馈信息的方式也是交互体验中不可或缺的因素。当用户输入错误的时候，系统如果反馈的信息太多可能会给黑客盗号的机会，而反馈的信息太少，则会让用户感到迷惑。

当用户在登录过程中输入错误的时候，系统返回给用户的信息是"输入错误"肯定没有多大的意义，必须使用更通俗的语言来告诉用户，他们的输入有错误。

如果想要网站能够有更好的用户体验，可以使用 JavaScript 脚本代码来帮助用户验证信息，提供用户纠错的机会。当用户输入错误以及因为输入错误再次输入的时候，不妨提供准确的说明信息，合理引导用户。这不仅让用户更轻松，也能节省时间。

这是"京东"网站的登录页面设计，我们随便输入一个不存在的账户名和密码，系统会自动判断并给出"账户名不存在，请重新输入"的准确提示；如果我们输入正确的账户名，而密码是错误的，系统会自动判断并给出"账户名与密码不匹配，请重新输入"的提示，这样用户能够准确地判断是哪一项填写错误，有效提升用户登录的操作体验。

技巧点拨

目前，大多数网站都采用 JavaScript 脚本代码来验证用户登录信息，这样做最完美的例子就是手机输入法的纠错功能，当用户输入".con"的时候，输入法会自动纠正为".com"。

3. 添加"忘记密码"的链接

很多人认为在登录页面加上"忘记密码"的功能是一件理所当然的功能，但是确实有些网站忽略了它。"忘记密码"链接和登录框一样非常重要，让它时刻为用户准备着，并不需要放在非常显眼的位置，但是它应该紧靠着用户登录表单，使用户一眼就能够找到该功能，以备不时之需。

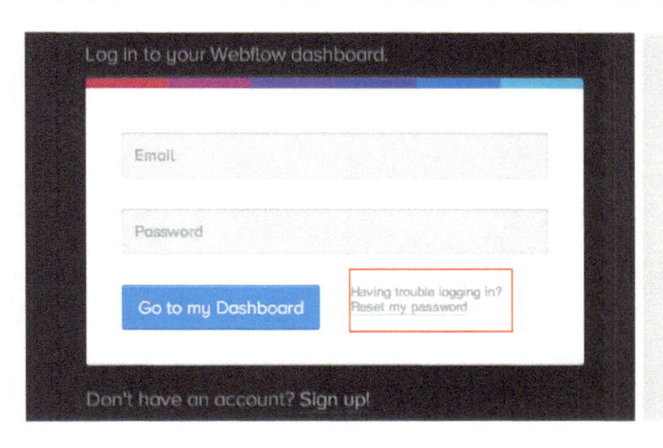

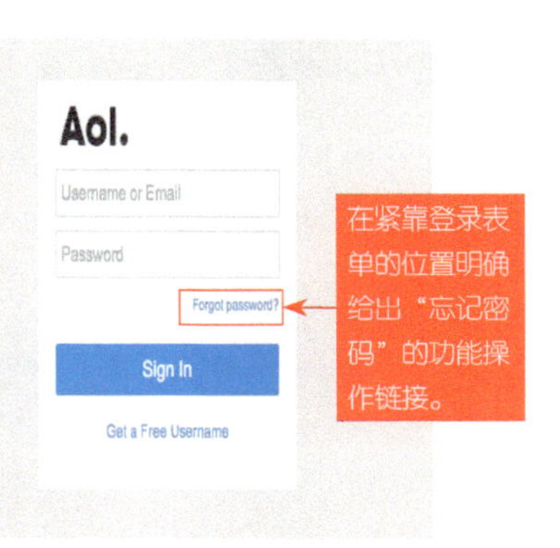

在紧靠登录表单的位置明确给出"忘记密码"的功能操作链接。

4. 让用户专注于登录

当用户进行注册、结账的时候，通常都是单独页面，让用户专注做一件事情，那么这种设定理所应当延伸到网站登录页面，相对于复杂的网站内容页面，登录页面应该只呈现与用户登录相关的选项，使用户专注于登录操作，这样登录页面的内容更少，加载也会更快，这也是登录页面的优势。

这是“亚马逊”网站的会员登录页面，页面的表现效果非常简洁，以纯白色作为背景，在页面中间位置放置与用户登录相关的表单选项，并且将表单选项使用灰色线框进行包围，使用户专注于登录操作，不会受到其他因素的影响。

专家支招

通常，用户登录操作会以单独的登录页面或者弹出窗口的形式存在。无须跳转页面就完成登录确实有其优势，但是如果考虑到页面中其他元素对于用户的干扰，就应该清楚单独登录页面的必要性。

技巧点拨

许多网站的登录页面还会设计精美的背景图片或者放置网站最新的促销宣传广告（例如京东、苏宁等电商网站），但需要注意的是，无论是精美的背景图片还是促销宣传广告都不能影响登录选项的表现，否则就会大大影响用户体验。

5. 标识很重要

在登录页面中，不管什么时候都不要将提交信息的按钮上标注“提交”或“完成”字样，而应该使用“登录”字样，对于用户而言，这样会让用户明白他们的操作和预期是一致的，尽管对于系统而言这种按钮上标注任何文字起到的效果都是一样的。

不仅如此，在登录页面的文本输入框中给出相应的文字提示，避免使用占位符或者其他的容易让用户迷惑的标识，这些都是增强用户体验的重要组成部分。

观点总结

我们都明白，好的设计能让用户感到愉悦，但是好的网页设计只是吸引用户的第一步而已。现实总是骨感的，在你网站上线的那一刻，就意味着你的网站将会面临着数百万甚至更多的竞争者，你不仅需要想办法让正在浏览你网站的用户停留更久，还需要让已经离开的用户成为你的回头客。

你需要让用户有参与感，这也是进行用户体验设计的时候最难的一点，因为实现参与感就意味着你需要为用户提供高质量的内容，还需要通过绝妙而令人兴奋的方式来呈现出这些内容。

注册

网站会员的注册流程一定要清晰简洁，最好有流程图来配合，让用户知道自己进行到哪一步了，还剩几步能够完成注册。

知识点分析

为什么越来越多网站的用户注册流程越来越简单，那是因为网站为了降低用户在网站的"受益门槛"，促进用户更多地去注册。为了能够快速将会员黏住，目前网站中比较流行的做法是先收集"用户名""密码"和"电子邮箱"等基础注册信息，然后用户可以自主决定何时填写详细的完整资料。

关于网站中用户注册的交互体验，将通过以下两个方面分别进行讲解。

1．如何提升注册表单的用户体验

2．登录 / 注册页面需要注意的常见问题

如何提升注册表单的用户体验

在用户体验设计中，我们将只需要填写用户名、密码、电子邮箱等基础信息的注册方式称为"预注册"，它

介于普通浏览者与正式会员的中间状态。只需要提交唯一的身份标志和口令就可以完成预注册。

作为普通访客与正式会员的中间状态，预注册通过一个精简的注册表单先留下用户，让用户体验网站功能和相关服务。只有遇到那些用户必须提供更详尽信息才能使用的功能时，才提醒用户进行其他信息的填写。

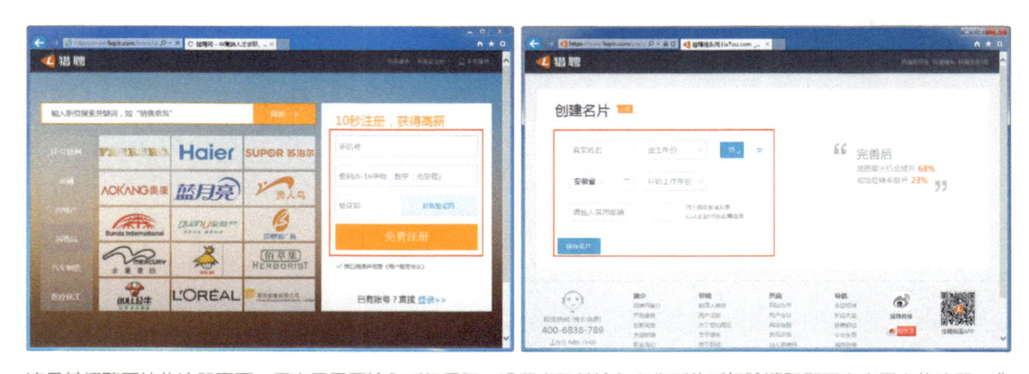

这是某招聘网站的注册页面，用户只需要输入手机号码、设置密码并输入所收到的手机验证码即可完成用户的注册，非常简洁。但用户注册成功后会自动跳转至“创建名片”的页面中引导用户填写相关的个人信息，完成个人信息填写后再跳转至“创建简历”页面。当然用户也可以在注册完成后返回到网站首页浏览企业的招聘信息，但是如果需要向企业投递简历时，就必须要填写个人信息以及创建简历。这样就能够一步步引导用户完善其个人资料。

需要每一个用户体验设计师记住的一句话是“让用户感觉不到注册的存在，那么这个注册才是成功的”。预注册的目的正在于此。

基于预注册的考虑，我们越来越多地看到只需要填写用户名、密码以及邮箱地址就可以注册成为会员的网站。下面需要考虑的是，如何让用户从预注册到完善资料。

这可以通过两种方式来实现：一是权限设置，必须完善相应的资料才可以使用网站中的某些功能；二是利益诱导，完善用户资料，就可以获得网站的某些奖励。

在注册信息的表单填写方面，尽量采用下拉选择，需要填写部分需注明要填写的内容，并对必填字段做出限制（如手机位数、邮编等）避免无效信息。

表单提交前，一般可以设置验证码的功能，防止恶意注册。

技巧点拨

必须强调一下关于网站的"错误提示"的问题：如果表单填写错误，应该指明填写错误之处，并保存原有填写内容，减少用户的重复填写。

登录 / 注册页面需要注意的常见问题

现如今，绝大多数的网站已经放弃了复杂、繁复的注册流程，将用户可能会遭遇障碍、引起用户反感和烦躁的部分去除，尽可能简单地让用户完成注册和登录流程。

当用户完成注册之后，可以选择性地提供额外的信息，而这些信息可能会给用户带来更加定制化的用户体验。为了安全起见，绝大多数的网站还是提供了邮箱验证甚至电话验证的环节，甚至提供备用安全邮箱的验证机制。

1. 登录与注册混淆

随着注册流程的优化和简化，登录和注册页面现在很容易被混淆，造成这种混淆的原因不止是简化。首先许多网站会选择将登录和注册页面设计得非常相似，甚至将其直接容纳到同一个页面当中去。

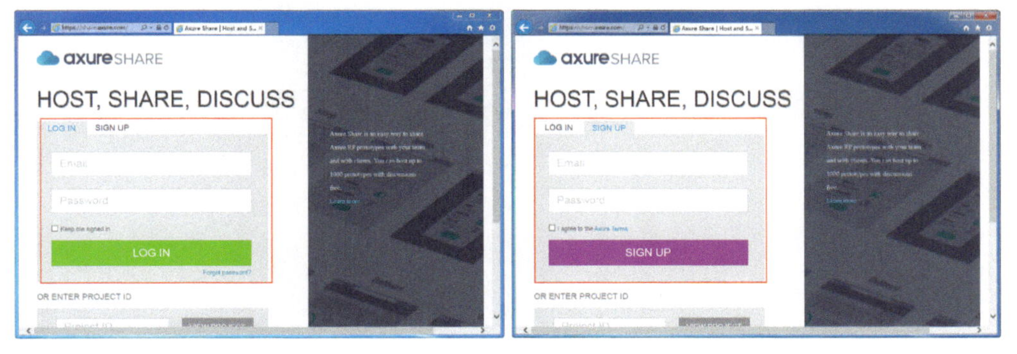

在该网站中我们可以看到，将登录与用户注册功能制作在同一个页面中，以选项卡的方式进行区分，并且登录与用户注册的选项几乎完全相同，仅仅是提交按钮的颜色不同，这样很容易给用户造成混淆，带来不好的用户体验。

专家支招

在中文中，"登录"和"注册"两个词在视觉上有很明显的差异，但是英文中，Sign In 和 Sign Up 也是很容易引起混淆的，所以英文常使用 Login In 和 Sign Up 来表示登录与注册。

2. 使用邮箱地址或手机号

在注册环节，还有一个需要注意的问题就是用户名和注册电子邮件地址的问题。当用户注册时，最好不要让用户设置用户名，并且将用户名作为唯一的登录凭证。最好的方式是让用户使用注册的电子邮件地址进行登录，注册用户可以在登录之后修改相应的信息，例如添加用户名等。

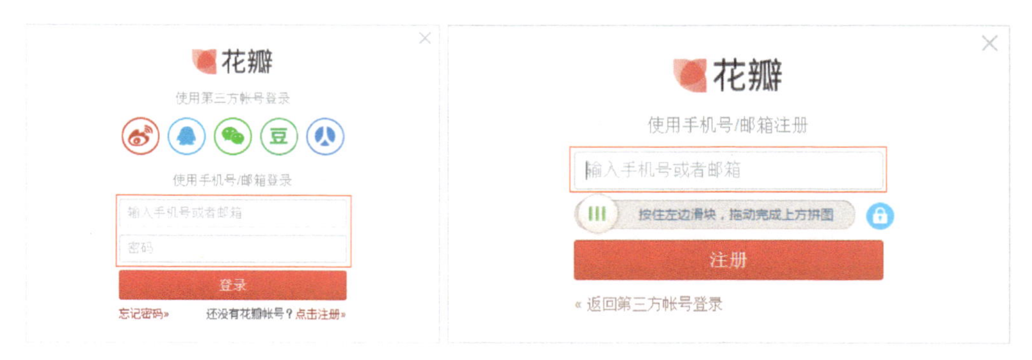

这里是“花瓣”网站的登录和注册页面，可以看到该网站只可以使用邮箱地址或者手机号进行用户注册。在该网站的登录页面中，只可以使用注册的邮箱地址或者是手机号进行登录，而不再支持用户名登录。因为通常人们常用的邮箱和手机号数量有限，所以更加便于用户记忆和使用。用户名只是作为辅助选项，而不是登录、注册的必要选项。

另外，在移动端发展迅猛的今天，让用户使用手机号登录也是非常不错的方案。首先手机号具有独特性，作为登录账号拥有便捷性和易于记忆的特征，作为常用账号存在，更易于用户的使用。

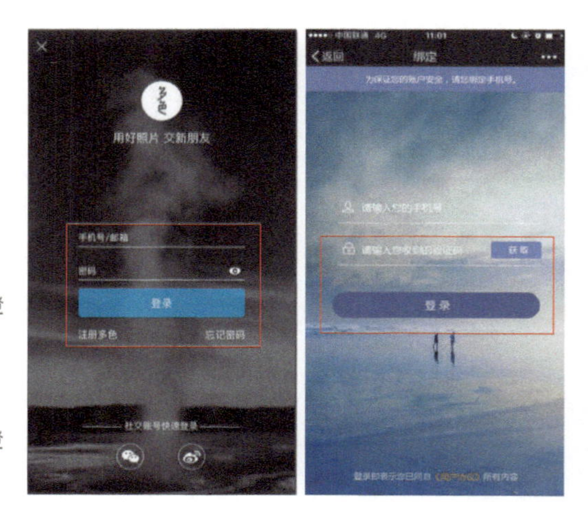

在移动端的登录页面中，使用注册邮箱或手机号进行登录更加普遍，因为邮箱或手机号比较常用，更容易记忆。所以在注册时，应该将邮箱地址和手机号作为必填项目，而用户名只是辅助选项，尽量提供使用邮箱或手机号登录功能。

技巧点拨

手机号还符合目前流行的两步验证安全机制，系统可以更加便捷地为用户发送验证码，这样就使得用户的登录、注册更加方便、快捷。

3. 体现注册流程

进度条是用户界面中最重要的元素之一，它能够为用户呈现当前的操作进度，设定目标，并将信息反馈给用户。进度条让用户可以清晰地了解他已经完成多少，还有多少有待完成。也正是有了进度条，复杂的用户注册环节才得以分割、简化，并且显得更加清晰。

这是“苏宁易购”的用户注册页面，在该页面中可以清晰地看到将注册分为3个步骤进行，并且使用不同的颜色清晰地标示出当前正在进行的步骤。页面的风格非常简洁，注册选项的设置也十分简洁，只需要用户填充必要的选项即可，给用户清晰的指引，有效提升用户体验。

4. 动态效果

动态效果是目前网站中最常用也是最实用的元素之一。使用动态效果来告诉用户如何填写表单，将动态效果与行为触发等设计结合在一起，可以让用户更清楚地明白下一步的操作流程。

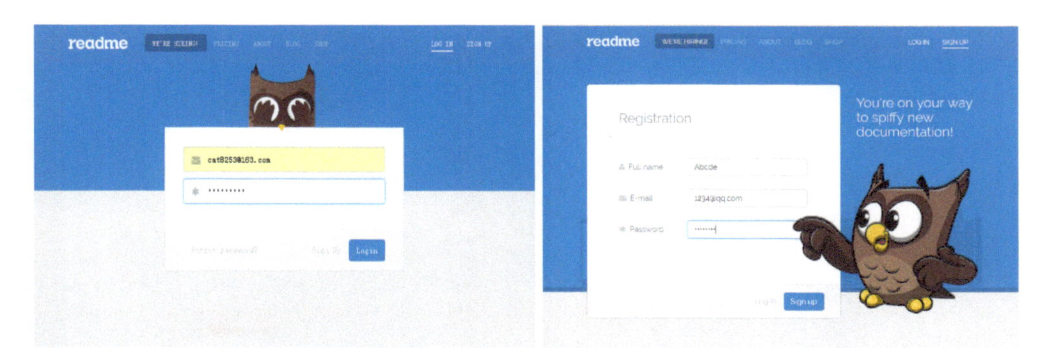

在该网站的登录与注册页面中，猫头鹰会随着用户的操作而变化。当用户在登录页面中输入密码时，会非常可爱地遮住自己的眼睛。在注册页面中，会根据用户当前所填写的选项，将手指向该选项。

交互动态效果的加入让页面无形中加入了更多的互动，显得更加引人入胜。

5. 第三方登录 / 注册

虽然并不是每个用户都会使用第三方的账号（QQ、微博、微信等）来登录 / 注册网站服务，但是预留第三方账号登录 / 注册的选项是很有必要的，这样的登录 / 注册方式更加便捷。

6. 显示密码

越来越多的网站和 APP 的注册流程中，密码不再是输入两次，这样的情景下，注册时密码输入错误几乎是致命的，所以为用户提供密码显示的功能可以有效地避免这个问题。要知道，目前许多注册都是在移动端上完成的，在屏幕上输入密码比在键盘上输入的失误率高很多。

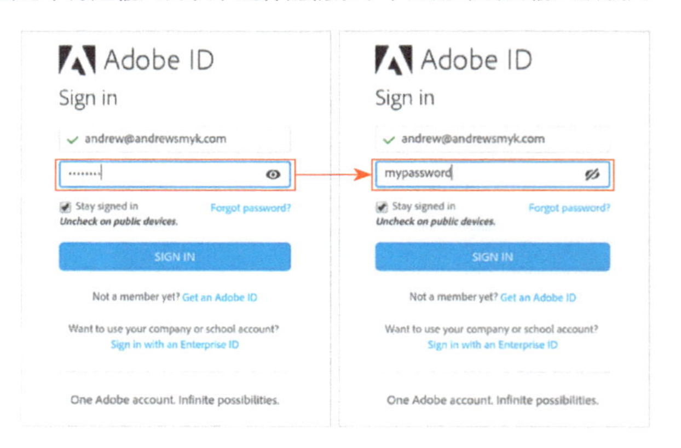

这是 Adobe 官方网站移动端的登录页面，完成密码的输入后，用户可以单击密码框后的眼睛图标，显示出所输入的密码。提供这样一个功能，可以有效避免用户输错密码的概率。

7. 提醒大写锁定

当用户输入密码时，提醒他们键盘是否有大写锁定，这也是需要注意的地方。为用户提供文本提醒或者视觉提醒都有助于避免多次输入错误，降低用户登录或注册受挫的概率。

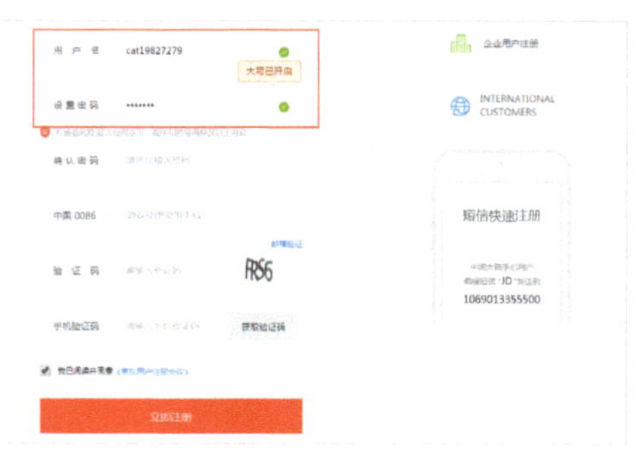

这是“京东”网站的登录框，用户在密码框中输入登录密码时，如果键盘中的大写锁定键已开启，则在输入密码的过程中始终会在密码框的下方显示醒目的提示信息。该网站的注册页面同样也在设置密码的表单元素中添加了该功能，从而给用户清晰的提醒。

大多数的浏览器已经集成了大写锁定提醒，只需要稍加注意就可以看到。不过，用户在输入密码的时候注意力大都集中在输入的内容上，所以大写锁定提醒必须优雅又醒目。

8. 尽量不使用验证码

移除验证码可以有效地提高转化率。虽然验证码可以很好地避免注册机，但是验证码对于用户而言的挫折更多，12306 网站堪称反人类的验证码就是个很好的反例。据统计，有 38% 的用户会在第一次输入验证码的时候输错，15% 的用户会一直输错，而这类用户在第五次输错之后就会彻底放弃注册。

当然，注册页面中的反注册机和机器人还是很有必要的，如果情况比较严重可以选择比较人性化的验证机制来规避。

观点总结

让用户注册只是一个让用户获取我们网站更多推广信息的过程，随时为用户提供最有价值的产品和信息才是目的，这也是网站未来发展的动力。

想要提升用户注册的转化率，绝大多数要应对的都是用户体验方面的问题，除了要考虑传统的桌面端用户的问题外，还要应用移动端用户的新需求。在好的用户体验与安全性之间把握好平衡点，这也是用户注册环节最难两全的问题。

填写表单

填写互联网表单几乎是每个用户经常都需要经历的事情，如用户进行网站注册和登录、购物等，都需要填写各种表单。用户为了从网站获得需要的信息或服务，表单成了用户完成需求和网站系统需要数据之间的互动形式。那么表单设计的首要目标也更加清晰，那就是让用户能够迅速、高效、快捷并且轻松地完成表单选项的填写。

知识点分析

我们几乎每天都会接触形形色色的表单，然而填写表单的过程往往不是特别愉悦，我们需要消耗时间输入信息，点击提交，可能还需要等待审核；尤其是碰到较为复杂、流程长的表单，如果用户体验较差，很容易让人产生挫败感，在中途选择放弃。

如何提高用户填写表单的效率，防止他们出错或中途流失，提升愉悦度及转化率呢？关于表单填写的交互体验，将通过以下两个方面分别进行讲解。

1．表单设计元素

2．提高表单可用性

表单设计元素

使用户能够在网站中高效、便捷、轻松地完成表单内容的填写，最重要的是提高表单的可用性。在研究如何提高表单可用性之前，我们先通过下图简要了解一下通常表单中都包含哪些元素。

表单元素	作用
标签	标签用于告诉用户各表单项的问题是什么。在上图的表单中，各表单项输入框左侧的文字就是各表单项相应的标签。
输入框	输入框供用户填写各表单项问题的答案信息。
帮助信息	用于为如何填写表单提供必要的帮助。通常情况下，帮助信息都处于隐藏状态，当用户在某个输入框中单击时，可以在该输入框右侧或下方显示相应的帮助信息，有助于用户更加轻松地填写该表单项内容。
输入反馈	针对用户在该表单项输入框中输入的内容给出相应的反馈信息，输入正确还是错误。如果错误，则显示具体的错误提示。在上图的表单中，各表单选项后的上图标也是输入反馈的形式。
动作	用户提交表单，即当用户单击表单中相应的按钮或链接时，执行相应的动作操作。在上图的表单中，“立即注册”按钮赋予的就是提交表单信息的动作。

提高表单可用性

表单的设计目标已经清晰，那么如何才能够设计出好的表单页面呢，以下从表单的内容、组织方式、流程、表单元素控制以及交互等方面进行详细介绍。

1. 合理组织表单内容

考虑用户填写表单的目的，去除没有必要的表单项，哪些表单是必须填写的，确定表单内容。表单项并不是一个个从上至下无序罗列的，确定表单内容后，如何将这些表单内容组织起来呢？

根据表单内容，按照一定的逻辑，经过有序的组织，分成不同的内容组或不同的主题。同时各个逻辑组和同一个主题中的表单项，也是按照逻辑顺序或者用户熟悉的模式顺序进行排列的，使用户浏览和填写表单时更加自如。

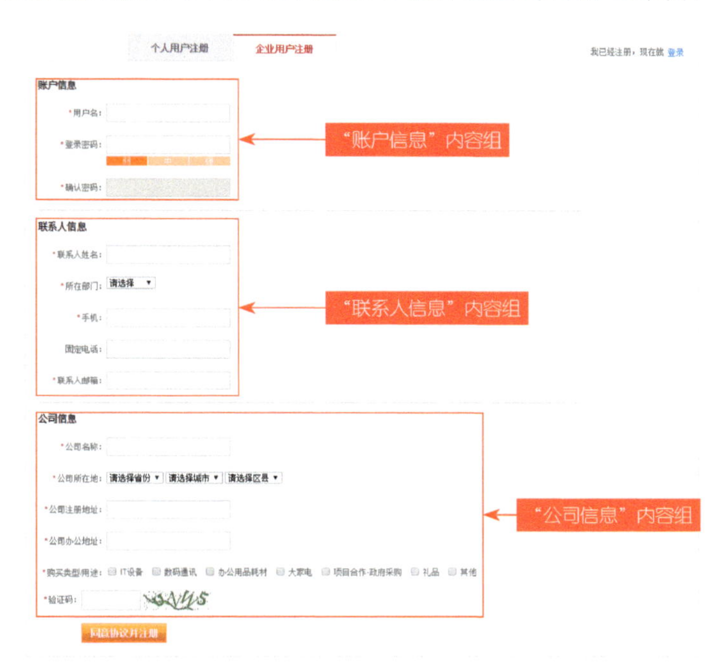

该网站的企业用户注册需要填写的表单项目较多，将该部分表单选项划分为三个内容组：“账户信息”“联系人信息”和“公司信息”，通过分割线区分内容组，结构清晰，非常方便用户浏览。考虑区分内容组时，应当考虑采用较少的视觉信息，过多的视觉信息可能会导致用户注意力分散，给用户填写表单的过程中带来大量的视觉干扰。

如果需要用户填写的表单项较多，表单页面过长时，也可以拆解成不同的页面，类似于任务拆解，引导用户一步步填写表单内容。

这是“百度联盟”的注册表单，因为需要用户填写的表单信息比较多，同时拥有若干个主题，如果把所有需要填写的表单选项都放置在一个页面中会导致该页面表单信息太多，页面过长，所以采用 3 个表单页面来分别组织相应的表单内容，分步骤提供给用户进行填写，并且在顶部显示了清晰的路径步骤，使得整个注册过程既清晰又简洁。

2. 简化表单选项，突出重点

根据用户使用的数据，在表单填写页面中适当地将使用频次不高、非必需的或者提供给专业用户的高级表单选项隐藏起来，从而保持表单页面的简洁、有序，让绝大多数的用户能够快速地完成重要表单选项的填写，避免页面中大量的表单选项给用户造成焦虑感。将一些不常用的表单选项隐藏起来，少部分用户需要填写时可以手动展开进行填写，也满足了少部分用户的需求。

这是一个招聘网站创建简历的页面，在该页面中似乎好像并没有看到表单选项，实际上是将相关的表单选项进行了隐藏。在页面上方显示的是用户在注册网站时所留下的基本信息，用户单击该区域右上角的图标，即可显示出该部分的表单选项，可以对基本信息进行修改。而下方的“工作经历”“教育经历”和“求职意向”3 个主题区域内也没有显示相应的表单填写选项。因为表单项过多，为了减少用户填写表单的痛苦，将各部分进行了隐藏，单击各主题区域下方的蓝色链接文字，即可在该区域展开相应的表单选项供用户填写。完成该部分表单选项的填写后，单击“保存”按钮，还可以单击保存该部分所填写的表单信息，十分方便，也便于用户依次填写相关的信息内容。

3. 选择合适的标签对齐方式

“在表单页面中，输入框相应的标签文字应该采用顶对齐、右对齐、左对齐还是输入框内标签的形式呢？”这是我们在设计表单页面时最常见的问题。其实业界有很多针对此问题的实验和研究，表明每种对齐方式有不同的优缺点，需要根据具体目标等因素具体考虑。

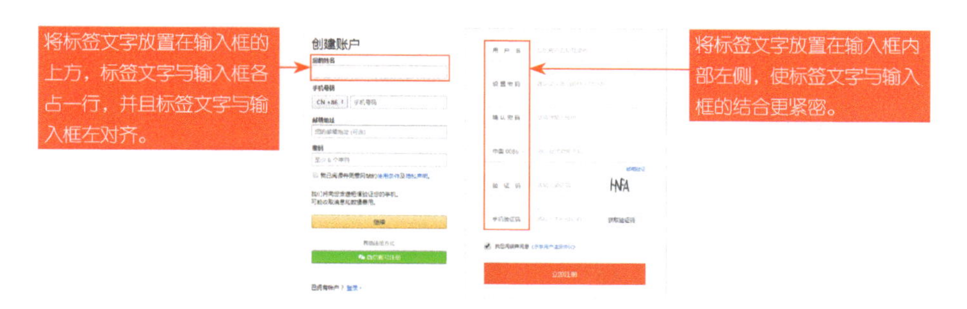

根据国外的实验研究发现，顶部标签方式，人眼从标签移至输入框只需要 50 毫秒的时间，比左对齐标签方式（500 毫秒）快了 10 倍，比右对齐标签方式（240 毫秒）快了 5 倍左右。

根据实验研究结果，可以得到以下的结论。

	标签顶对齐	标签右对齐	标签左对齐
从标签移至输入框时间（毫秒）	50	240	500
完成表单速度	最快	中等	最慢
用户眼球运动	向下	下右下右	下左下左
占用空间	横向最少、纵向最多	一般	一般
适用场景	减少表单时间，标签长度多变	减少表单时间，所占用的页面垂直空间较少	复杂表单，要求用户仔细浏览标签

技巧点拨

总之，顶部采用顶部标签方式，用户填写表单的时间最短，但是如果表单选项较多，则页面垂直高度较长。如果需要尽量减少表单页面的垂直高度，可以考虑使用右对齐的标签方式。如果希望用户在填写表单中对标签内容认真浏览，仔细考虑每个表单输入框时，可以采用左对齐的标签方式。

4. 清晰的浏览线

在思考如何设计表单结构和路径时，需要有个基本原则：由始至终为用户提供清晰的浏览线。标签的对齐方式、输入框的布局等都影响着用户的浏览线。当提供了垂直单一路径，使用户减少注意力分散，可以迅速对问题做出回答，完成表单填写所花的时间也最少。

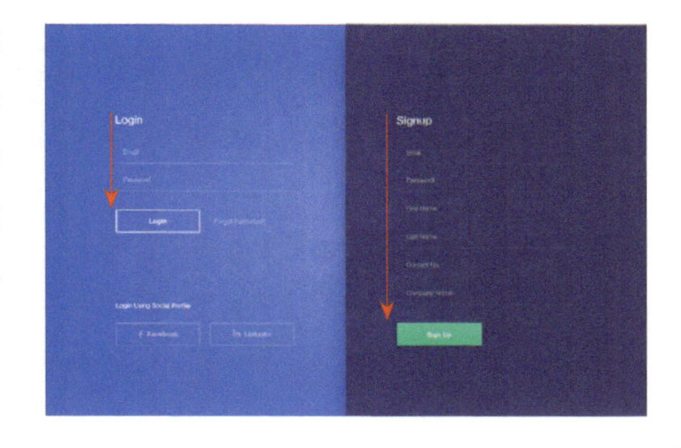

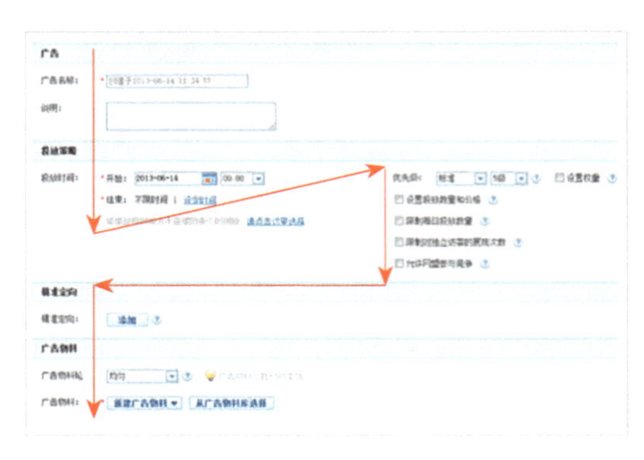

该移动端的登录和注册页面采用了常规的单一垂直路径的表单项排列方式，为用户提供了非常清晰的浏览线，便于用户快速地填写表单。

该表单页面中的表单项较多，其排列方式也并不是单一的垂直方式，这样就容易打乱用户的浏览线，给用户填写表单造成困扰。

5. 提供有效帮助

为了能够帮助用户快速、轻松地填写表单，一般在难以理解的表单项增加帮助信息，引导用户成功填写表单。常见的帮助信息主要有以下几种方式。

一直显示：即帮助信息一直显示在表单输入框的右侧、下方或输入框内。

即时帮助：即当用户激活输入框时，在表单输入框的右侧或下方出现相应的帮助信息。

用户激活的即时帮助：即帮助信息默认不显示，利用鼠标悬浮触发帮助图标来显示相应的帮助信息。

区域帮助：即将表单的所有帮助信息统一放置在某一个位置。

这是某信用卡支付的表单页面，当用户激活输入框时，右侧会出现可视化的帮助信息，更加简洁直观，使用户能够更好地理解并填写表单选项。

6. 即时反馈表单验证信息

虽然在表单设计过程中，保证表单项的结构清晰，并且为各表单项提供有意义的输入帮助很重要，但是在某些表单项中所需要的正确信息肯定不止一个。所以，我们还需要为表单项添加即时校验功能，通过该功能可以实时向用户反馈在表单项中所填写的内容是否符合需要。

即时验证分为多种类型的反馈：确认输入合适、建议有效回答、校对输入信息，通过实时更新设计以帮助用户控制在必要的限制范围内。这种类型的反馈通常发生在用户在输入框开始、继续输入或者停止输入的时候。

例如，在设置密码时，要求用户输入字符数的限制、字符类型的限制等，利用即时验证，告诉用户输入的密码是否有效、是否合格，而不是填写完所有表单，提交表单信息后才告诉用户密码需要修改，同时还可以即时反馈用户所输入的密码的安全级别，采用高度可视化的方式让用户衡量所输入密码的质量。

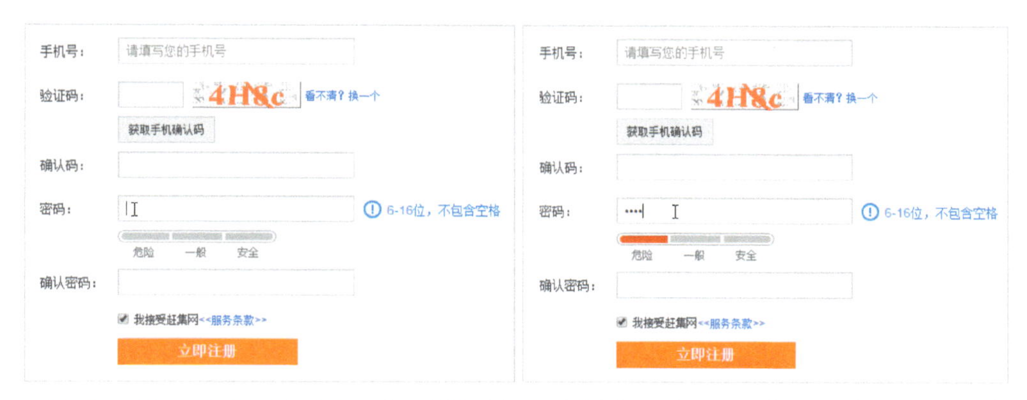

这是某网站的用户注册页面，可以看到其中的“密码”文本框，当用户在该文本框中单击激活时，可以在该文本框右侧显示相应的填写提示信息，当用户在该文本框中输入内容时，其下方会即时地反馈出所输入密码的安全级别。页面中的其他表单元素也同样应用了相应的即时反馈信息，通过这样的即时反馈，用户能够更加顺畅地填写表单。

专家支招

即时反馈不仅局限于确认用户所输入的答案，还可以为用户提供输入建议。例如用户在搜索时，搜索框能够在输入过程中自动补全、提供相关联的搜索建议，这样既可以避免用户输入出错，又可以节约用户的输入时间，这一点在移动端更加便捷。

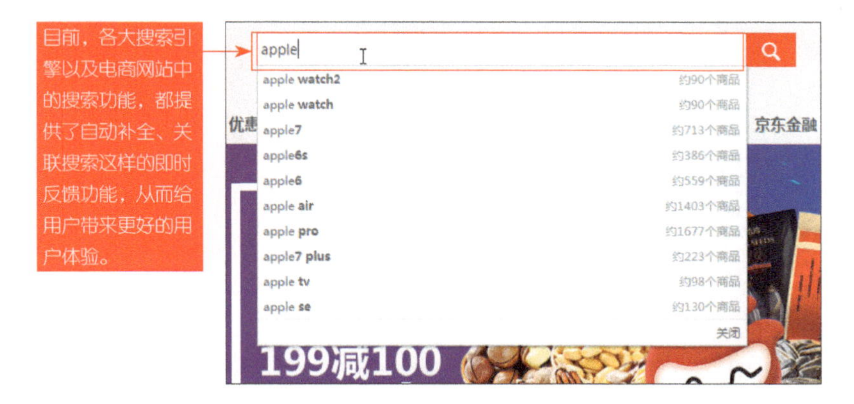

7. 智能默认

在用户日常处理的网格表单中有很多地方都可以使用智能默认来减少用户必要的选择和输入次数，帮助用户能够快速处理表单。一般通过恰当设置满足大多数人需要的默认选择和数值，推送默认每个人都相同。还有个性化默认方式，它与表单对象相关。

例如，在许多电商网站中购物，生成的商品订单信息会智能默认与个人相关，不需要表单输入，默认之前的收货地址信息、支付配送方式、发票信息等内容，符合用户的需求习惯，同时避免了让用户重复输入。

这是“京东”网站的订单结算页面，按照传统的方式在该页面中应该有许多的表单项让用户填写相应的内容等，但是该页面智能默认与用户相关的收货人信息、支付方式、发票信息等内容，基本不需要用户进行任何表单的填写就可以直接提交订单。当然，在页面中还为用户提供了对相关信息进行修改的链接方式。例如，如果用户需要修改收货人信息，可以单击该内容区域右上角的“新增收货地址”链接，即可在表单中填写新的收货地址。

专家支招

当用户填写表单时，他们希望尽可能快地完成表单的填写，因此在表单设计过程中需要将重点信息或者难以理解的信息可视化，清晰有效地传达信息，形成高效的功能，使用户能够高效地完成表单内容的填写。

观点总结

一个好的表单设计，不仅需要考虑用户填写前的引导、填写时的即时校验与帮助，还需要考虑填写后的整个流程体验。思考用户填写表单的初衷是什么，让他在填写完表单后能够最快地得到他最想要的东西。即便他暂时无法得到，也需要告诉他相应的原因和能够进行的替代操作。

提交表单

在设计上，提交表单按钮必须看上去像个按钮，并且让用户知道那个区域是可以点击的，还得让用户知道提交表单按钮的作用。提示元素可以是文字或者图形，例如“登录”“注册”“提交”“下一步”或者箭头“→”等。

知识点分析

提交表单作为表单页面交互的最后一个步骤，提交按钮的作用是提交表单中所填写的信息内容至所设置的服务器进行处理。所以提交按钮设计的最基本要求是：暗示用户提交表单按钮可点击，并且在视觉上提交表单按钮需要让用户有点击的欲望。

关于提交表单的交互体验，将通过以下两个方面分别进行讲解。

1．提交表单按钮的视觉层次

2．区分一级动作和二级动作

提交表单按钮的视觉层次

在表单页面中我们一直认为提交表单是用户填写表单流程的最后一步操作，所以从表层意义来说，提交表单按钮的视觉层次应该排在文本框的后面，但事实恰恰相反，很多表单页面的提交表单按钮都赋予了最显眼的视觉层次。

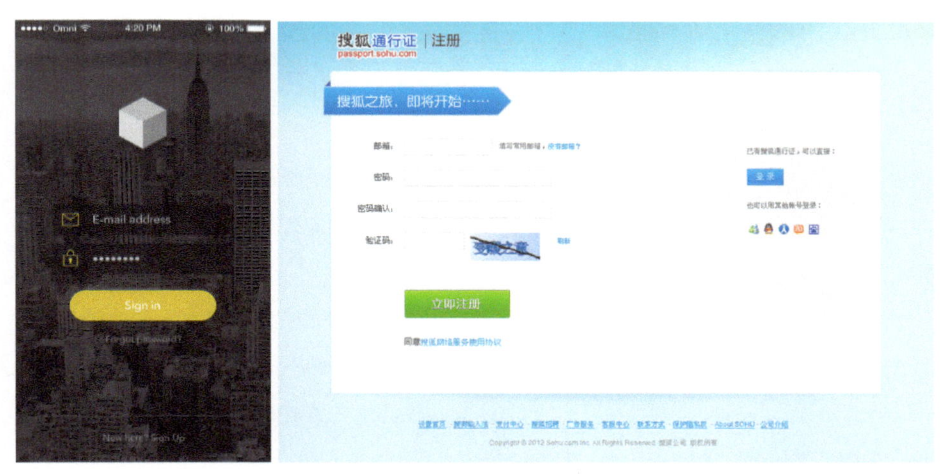

此处的两个截图，一个是移动端的登录页面，另一个是 PC 端的用户注册页面。这两个表单页面第一眼看上去最突出的是表单的提交按钮，都使用了与页面呈现对比效果的鲜艳色彩进行突出表现。也就是说表单提交按钮作为第一视觉层次，第一时间告诉用户该表单页面的作用是什么，然后用户才开始填写表单信息。

接下来我们通过一个移动端注册页面的设计对比，来研究为什么需要把提交表单按钮作为第一视觉层次进行突出。

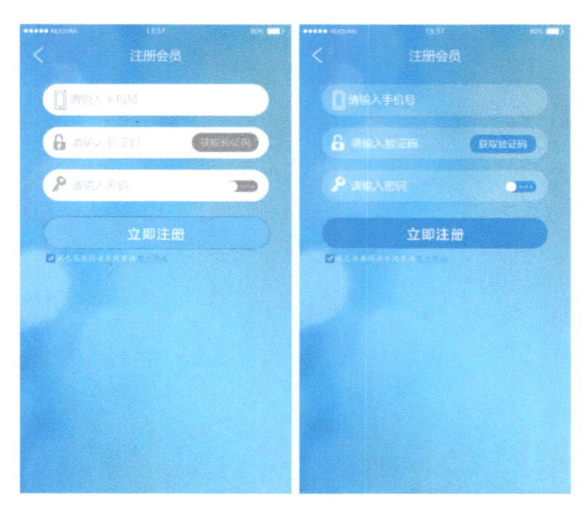

原设计稿中，第一视觉层次为 3 个输入框，细看上去这样的设计无可厚非，但从交互和用户体验上却未必适用。第一视觉层次是 3 个同样的输入框，用户感受到的信息是“这是填写信息的地方”，却未必知道该页面的目的是什么。

修改后的表单页面中，虽然输入框并不是第一视觉层次，但是高亮鲜艳色彩的注册提交按钮成为第一视觉层次，使用户进入到该页面的瞬间就知道该页面的目的是什么，然后用户才会基于该目的填写页面中的表单。

技巧点拨

基于页面交互的唯一性，应该将表单页面中的表单提交按钮设置为第一视觉层次，使用户进入表单页面就明白该页面的目的，这样会给用户留下目的明确、清晰的印象，因此很多出色的表单设计都采用了将提交表单按钮设置为高亮鲜艳色调的做法。

区分一级动作和二级动作

在表单页面中填写完表单内容后，通常是单击提交表单信息的按钮来向服务器提交所填写的表单信息，但有时也需要提供给用户“反悔”的操作链接，在这种情况下我们就需要明确区分什么是一级动作，什么是二级动作。

在设计表单页面时，首先需要明确所设计的表单页面的目的是什么。表单页面都需要有一个明确的目的，例如，登录页面的目的是会员登录，注册页面的目的是用户注册等。用于实现该表单页面目的的提交按钮应该赋予一级动作。而在该表单页面中用于实现其他辅助功能和目的的表单按钮应该赋予二级动作。

在表单页面中区分一级动作和二级动作，常用的方法是使用大色块按钮来定义一级动作，使用文字链接来定义二级动作，或者一级动作和二级动作都使用按钮来定义，但赋予一级动作按钮更为明显、突出的风格。

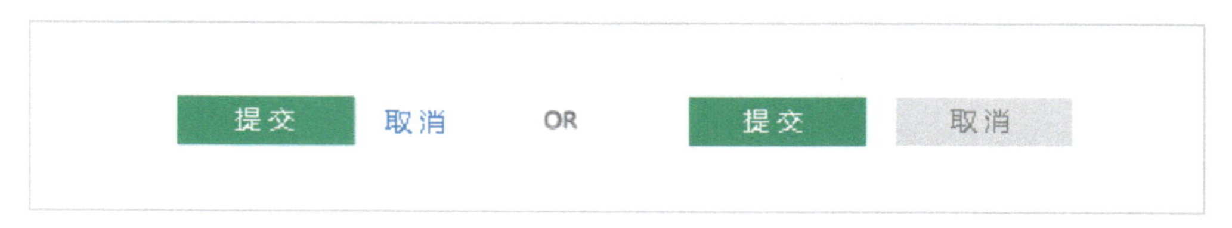

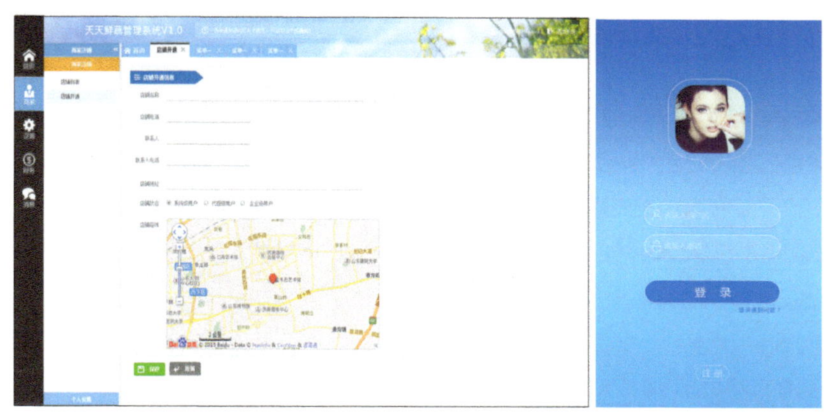

该表单页面的目的是保存用户的店铺信息，所以将提交该表单信息的按钮使用鲜艳的黄绿色调进行突出表现，而旁边的“重置”按钮，主要是为了清空表单项中所填写的信息，其作为二级动作，将其设置为灰色的按钮，视觉效果明显低一个级别。该移动端登录界面的目的是会员登录，所以页面中的登录按钮使用了鲜艳的大色块按钮进行突出表现，而页面下方的“注册”按钮则使用了较小的半透明按钮表现，无论色彩、面积以及所占据的位置都与赋予一级动作的表单提交按钮进行了区别。

专家支招

表单信息提交成功后，应该显示相应的提示信息以及选择下一步：可以是跳到起始页，或者是网站首页，或者是个人中心等。

观点总结

清晰的表单提交按钮可以使用户更加明确该表单页面的目的。在表单页面中需要将表单提交按钮占据最高的视觉层次，暗示整个表单页面的唯一目的和操作，并且需要暗示表单提交按钮的可点击性，必须让用户一眼就能够看出是个可点击的交互元素。

提示错误

当用户在填写网站中的表单选项时，错误难免会发生。有时候是因为用户遗漏了某个表单项未填写，有时候是用户在表单项中填写的内容不符合要求。无论什么原因，出现的错误以及对其处理的方式，都对用户体验产生巨大的影响。糟糕的错误处理方式以及无用的报错信息会让用户感到万分沮丧，甚至会导致用户放弃继续使用该网站。

知识点分析

任何在用户体验上所做的努力，目的都是为了提高效率。这基本上是以两种主要形式体现出来的："帮助人们工作得更快"和"减少人们犯错的概率"。

网站中容易出现错误的地方主要是用户在填写表单的过程中出现错误，如果是在表单填写过程中出错，则应该即时、明确地指出错误，并且需要保存原有填写内容，减少用户的重复工作。关于提示错误的交互体验，将通过以下几个方面分别进行讲解。

1．如何预防错误的发生

2．表单的错误提示

3．其他错误提示信息

如何预防错误的发生

在网站页面的设计开发过程中，设计师需要熟悉网站中最容易造成错误状态的那些交互操作（易出错条件）。例如，第一次填写表单的时候很难一次性正确填写所有信息，那么在设计时就需要将这些情况考虑在内，尽可能降低出错的可能性。换言之，最好能够通过提供建议、运用约束和灵活性，在一开始就避免用户做出错误的操作。

举个例子，如果网站中提供了酒店搜索预订的表单，通常都是只能让用户选择今天和未来的日期。如果过去的日期也可以选择，等到用户选择过去的日期的时候再去显示相应的错误信息，岂不是给用户带来非常糟糕的体验。

航空公司促销

在“去哪儿”网站的机票预订表单中，用户可以直接在填写城市的表单中输入城市名称，在该表单中单击还可以在该表单项的下方显示出城市列表，可以直接选择所需要的城市，这样就避免了输入错误的情况。在预定日期的表单元素中单击可以在该表单元素的下方显示日期选择器，可以让用户选择今天或未来的日期，而过去的日期显示为灰色无法选择，这样就迫使用户在正确的日期范围内进行选择，并且还对相应的节假日进行了标注，使用户的选择更加方便、快捷。

表单的错误提示

表单验证应该与用户进行对话，并引导用户顺利地避免出错和度过不确定的艰难时期。如果使用得当，表单验证可以将一个不明确的交互操作变得清晰。一般而言，良好的表单验证包括以下 4 个方面的因素。

1. 在适当的时间提示错误

表单的错误验证是非常有必要的功能，它是用户数据输入过程中的一个自然的组成部分。用户不喜欢在填写完整个表单页面之后，当提交表单数据时才提示他们填写错误，有时候连有哪些错误，错误发生在哪里都不清楚。

在用户提交数据之后，验证系统应该立即告知用户他们所填写内容的正确性。良好验证的首要原则是：“跟用户说话，告诉他们哪里错了！”表单中的实时验证可以立即告知用户他们所输入内容的正确性。这个方法可以让用户更快地改正错误，而不用等到单击了提交按钮之后才看到报错。

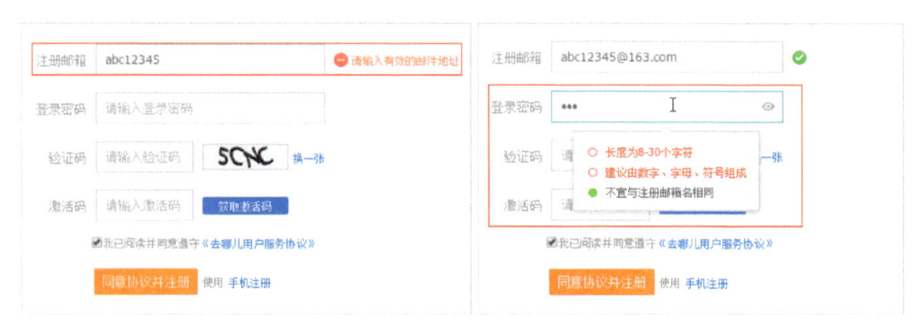

在该网站的注册页面中，用户在“注册邮箱”的表单项中完成内容的填写，当鼠标在页面中的空白位置或下个表单项中单击时，系统会自动对刚填写的表单项进行检查并及时给出相应的错误提示，这样用户就能够及时地发现错误并进行修改。当用户在“登录密码”的表单项中单击并输入内容时，在该表单项的下方会即时显示相应的设置提示和建议，这样就能够有效地避免用户填写错误。

有些网站是在用户输入内容的过程中就对输入的内容进行验证，这种验证方式是没有必要的。因为在大多数情况下，在用户输入完整的内容之前，根本无法判断用户输入的内容是否符合要求。

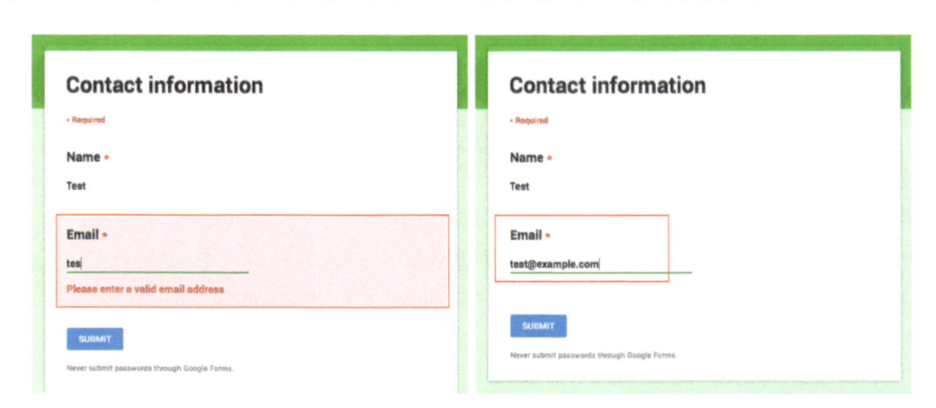

该网站的表单采用了即时验证的方式，当用户在表单项中单击并开始输入内容时就开始实时验证用户所输入的内容是否符合要求，但往往用户还没有完成内容的填写，这样也会给用户造成一种心理上的挫败感。

2. 在适当的位置提示错误

当你考虑在哪里显示错误提示信息的时候，可以遵循这样一个原则：始终在操作情景中放置消息。如果你想告知用户某个表单项的填写有错，就应该把相应的错误提示信息放置在该表单项的旁边，最好是将错误提示信息放置在表单项的右侧，如果右侧放不了就直接放置在该表单项的下方。

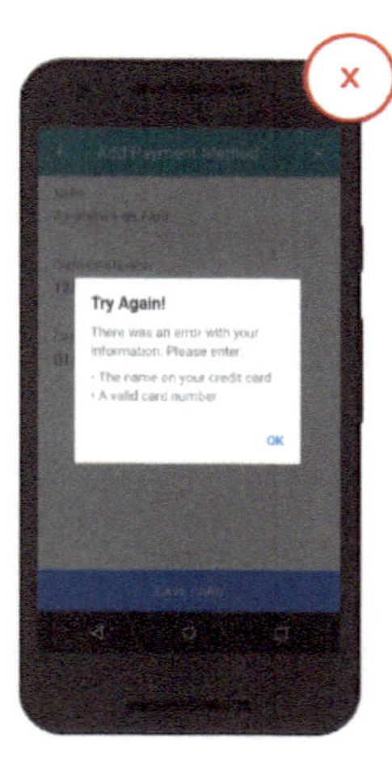

完成表单内容的填写，直到提交表单数据时才对所填写的表单内容进行验证，并且所有的错误提示信息显示在一起，这种方式与页面的各表单项的联系较弱，不便于进行辨识和及时修改。

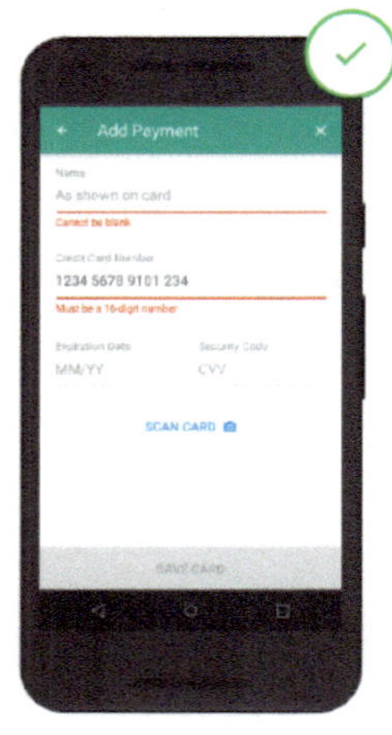

在用户填写表单内容的过程中，实时对所填写的表单内容进行验证，并且将错误信息实时显示在表单项的上下文中，便于用户及时发现错误并及时修改。

3. 使用适当的颜色显示错误信息

颜色是设计验证时的最佳工具之一，因为颜色作用于人的本能层级。通常情况下，将错误提示信息设置为红色，将警告提示信息设置为黄色，将填写正确的提示信息设置为绿色。但是，要确保网页中这些颜色对于用户是易于理解的，这是良好视觉设计的一个重要方面。

在该注册表单页面中，当用户在表单项中的内容填写错误时，会在表单项的右侧显示红色的错误图标以及红色的错误提示信息，警示效果不错，并且填写错误的表单文本框的外观也会变为红色的边框，提示效果更加显著。当用户在表单项中填写的内容正确时，则会在该表单项的右侧显示绿色的正确图标并显示“验证通过”提示信息，而密码选项填写成功后会在其右侧显示所设置密码的强度，具有很好的提示作用。

4. 使用清晰、简洁的语言显示错误信息

在表单验证的错误提示信息中，一个典型的错误提示信息可能仅仅是指出用户名无效”,是因为不符合要求？还是该用户名已经被占用？并没有明确、清晰地告诉用户为什么它是无效的，这样的错误提示信息是不应该出现的。

正确的错误提示信息应该能够简单明了地说明错误在哪里或者给用户清晰的指引，当用户看到错误提示信息时不需要有任何的猜测，也不会产生混淆。

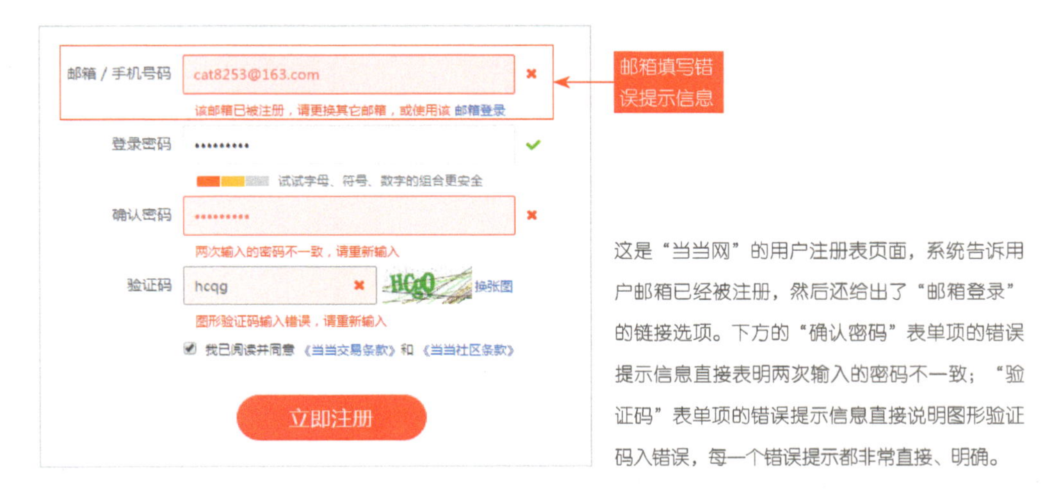

这是“当当网”的用户注册表页面，系统告诉用户邮箱已经被注册，然后还给出了“邮箱登录”的链接选项。下方的“确认密码”表单项的错误提示信息直接表明两次输入的密码不一致；“验证码”表单项的错误提示信息直接说明图形验证码入错误，每一个错误提示都非常直接、明确。

要使错误提示信息对用户有帮助，并且可读性强，给出的错误提示信息必须包含简洁、礼貌、指导性的文案，并且清晰地指出：1. 出了什么问题，可能是由于什么原因。2. 用户下一步可以采取什么措施来修复这个错误。

技巧点拨

不要使用专业性的术语来描述错误信息，或者以为用户的技术足够娴熟，能够自己解决问题。相反，应该使用通俗易懂的语言告诉用户哪里出现了错误。要做到这一点，需要避免使用技术术语，而使用用户的语言来描述错误提示信息。

其他错误提示信息

在网站页面中主要的错误提示信息都是关于表单选项填写错误的验证提示信息，这些错误提示信息的处理方法在前面已经进行了介绍。除了关于表单选项填写的错误提示信息外，在网站中还有一些其他的错误提示信息。

404 找不到页面

网站出错页面又称为 404 页面，主要目的是引导用户尽快地跳转到他们寻找的页面。网站中的 404 页面应该列出一些关键链接和指南，以供用户选择。一个保险的做法就是在 404 页面提供一个"主页"链接作为主要操作元素，这是一种让用户返回首页重新浏览快速而友好的方式。在该页面中还可以放置一个"报告此页"的链接来汇报出错页面，不过要确保主要操作元素（"主页"链接）占据更大的视觉重量。

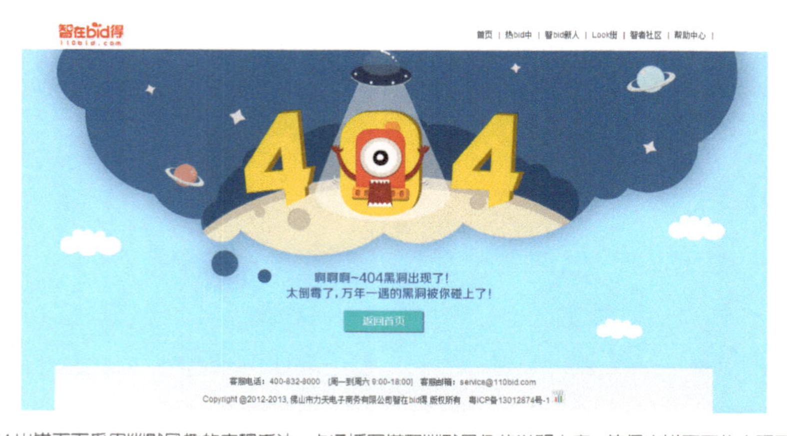

该网站的 404 出错页面采用幽默风趣的表现手法，卡通插图搭配幽默风趣的说明文字，使得出错页面的表现更加人性化。人们对视觉信息的回应往往比纯文本要好一些，这样也会对网站的用户体验更加有益。并且在 404 页面中以按钮的表现形式提供"返回首页"的链接，使用户能够轻松地返回到网站首页继续浏览网站。

专家支招

在任何情况下，能够提前引导用户进行正确的操作，并在第一时间就预防错误的发生，总是更好的做法。但是，当错误确实出现的时候，精心设计的错误提示信息不仅可以引导用户获取正确的处理方法，还可以避免用户产生一无所知的感觉。合理的错误提示信息设计，可以带来更好的用户体验。

观点总结

网站中完美的错误提示应该向用户伸出援助之手，并且应该具备以下 6 个特质。

（1）正如问题是不断变化的一样，网站中的错误提示信息也是动态出现的，要能够及时地提示用户所出现的错误。

（2）保证所有用户输入信息的安全。在发生错误的情况下，不该撤销或删除任何用户所输入或上传的数据，以便用户进行修改。

（3）使用通俗易懂的语言。错误提示信息应该清楚地表达什么地方出了错，可能的原因是什么，用户下一步应该如何来修正错误。

（4）不要迷惑用户。错误提示信息应该直接、明确，不要使用专业术语迷惑用户。

（5）不要抢夺控制权。如果不是危险性的问题，应该尽可能地让用户能够和网站中的其他部分进行交互。

（6）为错误提示加入一些幽默感，使错误信息表现得更加具有人情味。

按钮

不论是在 PC 端还是在移动端，用户在使用网站时都是通过单击相应的按钮顺着设计师的想法进行的，如果能够在页面中合理地使用按钮，用户会得到很好的用户体验，如果所设计的页面中用户连按钮都需要找半天，或者是单击按钮出现误操作之类的，用户会直接放弃该网站。

知识点分析

在网页中按钮是一个非常重要的元素，按钮的美观性与创意是很重要的。设计有特点的按钮不仅能给浏览者以一个新的视觉冲击，还能够给网站页面增值加分。网页中的按钮主要具有两个作用：第一是提示性作用，通过提示性的文本或者图形告诉用户单击后会有什么结果；第二是动态响应作用，即当浏览者在进行不同的操作时，按钮能够呈现出不同的效果。

关于网站页面中按钮的交互体验，将通过以下几个方面分别进行讲解。

1．网页按钮的功能与表现

2．关于幽灵按钮

3．如何设计出色的交互按钮

网页按钮的功能与表现

目前在网站中普遍出现的按钮可以分为两大类：一种是具有表单数据提交功能的按钮，这种我们可以称为真正意义上的按钮；另一种是仅仅表示链接的按钮，也可以将其称为“伪按钮”。

1. 真正的按钮

当用户在网页中的搜索文本框中输入关键字时，单击“搜索”按钮后网页中将出现搜索结果；当用户在登录页面中填写用户名和密码后，单击登录”按钮，即可以会员身份登录网站。这里的“搜索”按钮和“登录”按钮都是用来实现提交表单功能的，按钮上的文字说明了整个表单区域的目的。比如，“搜索”按钮的区域显然标明这一区域内的文本输入框和按钮都是为了搜索功能服务的，不需要再另外添加标题进行说明了，这也是设计师为提高网页可用性而普遍采用的一种方式。

通过以上的分析我们可以得出，真正的按钮是指具有明确的操作目的性，并且能够实现表单提交功能的。

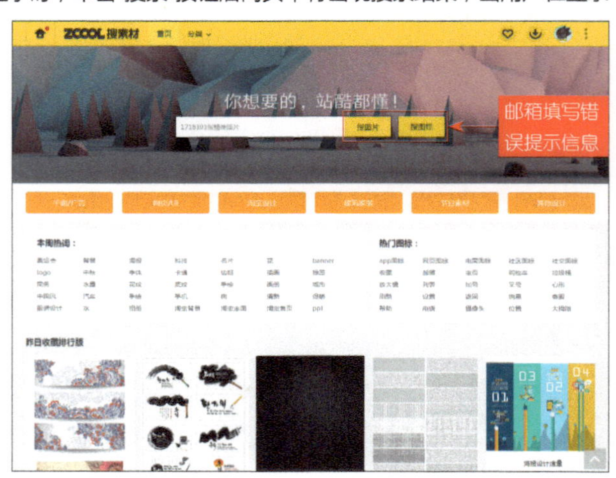

在该设计素材网站页面中，既包含了真正的按钮，同时也包含伪按钮。在页面上方 Banner 图像上搜索文本框后的两个搜索按钮就是真正的按钮，它们的作用主要用来提交搜索表单中的信息到服务器进行处理。而在 Banner 图像下方横向排列的多个按钮都是伪按钮，主要是为了突出素材分类，便于用户快速选择素材类别。

专家支招

实现表单提交功能的按钮的表现形式可以大致分为系统标准按钮和使用图片自制的按钮两种类型，系统标准按钮的设计起源是模拟真实的按钮，无论是真实生活中的按钮还是网页上的系统标准按钮都具有很好的用户反馈。

2. 标准按钮的优势

（1）易识别。与各式各样的图片按钮相比，在网页中标准按钮更容易被用户识别，这降低了用户识别上的负担。

（2）操作反馈好。标准按钮具备多种状态，"正常状态" "鼠标经过状态" "点击状态"等，多种状态标准按钮能够传达更丰富的信息。

标准按钮也存在相应的问题：样式过于单一、呆板，无法满足多种不同设计风格的网页的需求。目前，大多数情况下设计师都会通过 CSS 样式对网页中的标准按钮风格进行设置，包括按钮的颜色、立体效果、文字大小、文字颜色等，使得按钮与网页的整体设计风格相统一。

在该招聘网站首页面中，可以看到页面中有两个表单功能区域，一个是位于 Banner 图像上方右侧的注册表单，一个是位于 Banner 图像下方的搜索表单，根据页面的设计风格，分别通过 CSS 样式对表单提交按钮的样式效果进行了设置，使其看上去更加美观，并符合网页设计风格。

3. 伪按钮

在网页中为了突出某些重要的文字链接而将其设计为与网页风格相统一的按钮形式，使其在网页中的表现更加突出，吸引用户的注意，这样的按钮称为伪按钮。在网页大量存在这样的按钮，从表现上看是一个按钮而实际上只提供了一个链接。

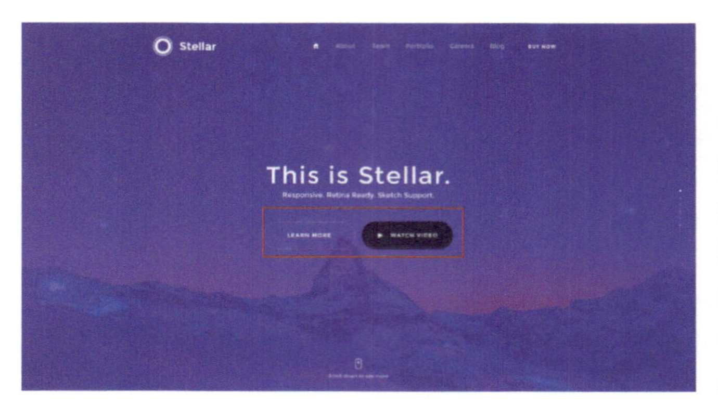

该网站页面的设计风格非常简洁，在页面中间部分使用伪按钮的形式来突出表现两个重要的选项，引起用户的注意，而实色背景的按钮比线框背景的按钮具有更加强烈的视觉比重，这样就能够有效突出重点信息，并引导用户进行点击操作。

造成伪按钮泛滥的最根本原因还在于相当多的设计师还没有意识到伪按钮与真正按钮的区别，在设计过程中随意地使用按钮这种表现形式。伪按钮最好不要使用按钮的表现形式，这样容易造成用户的误解，降低用户的使用效率。

技巧点拨

如果想要使网页中的某个链接更为突出，也可以将网页中某一两个重要的链接设计成伪按钮的效果，但一定要与真正按钮的表现效果相区别，并且不能在网页中出现过多的伪按钮，否则会给用户带来困扰。

关于幽灵按钮

幽灵按钮有着最简单的扁平化几何形状图形，如正方形、矩形、圆形、菱形，没有填充色，只有一条浅浅的轮廓线条。除了线框和文字之外，它完全（或者说几乎）是透明的。这些按钮通常比网页上传统的可点击按钮要大得多，也被置于页面中显著的位置，例如屏幕的正中央。

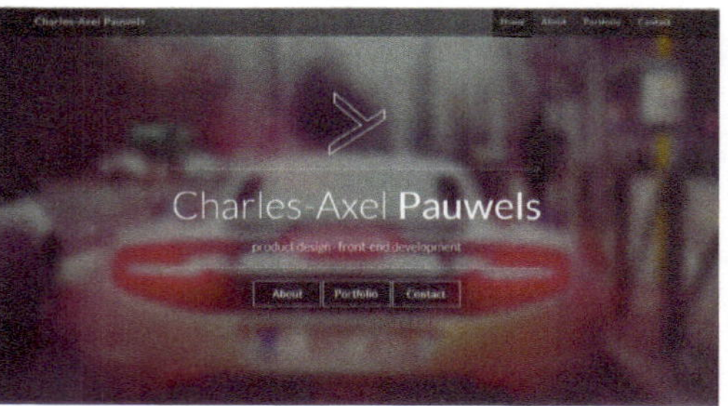

专家支招

各种类型的网站（特别是移动端）中都能够发现幽灵按钮的身影，它有着多种设计风格，却几乎都与单页网站有关联，还有那些极简风格或扁平风格的设计方案。这种风格的按钮在全屏照片背景的网站中也大受欢迎，不像传统按钮那样，这种简洁的样式，是出于不干扰图片的考虑。

“薄”和“透”是幽灵按钮的最大特点。不设置背景色、不添加纹理，按钮仅通过简洁的线框标明边界，确保它作为按钮的功能性，又达成了“纤薄”的视觉美感。置于按钮之后的背景往往相对素雅，或加以纯色，或高斯模糊，或色调沉郁，这使得即使有按钮也不影响观看全图，背景得以呈现又不影响按钮的视觉表达，双方相互映衬而达成微妙的平衡。

在该网站页面中不仅有多种线框按钮，而且配以多个使用线条勾勒出的简约线框图标，极大地丰富了网页设计效果。虚化的远景和凝实清晰的近景相得益彰，也使得按钮和图标在页面中格外突出。同时，左侧的导航栏还使用了交互动画效果，使得整个页面活起来。

1. 幽灵按钮的优势

幽灵按钮的外观和感觉极为简洁。简单自然的按钮，使得页面的主体设计更加突出，尤其是在大幅图片上的表现效果更好。

因为幽灵按钮是透明的，所以几乎可以搭配任何设计方案，使得按钮可以从根本上承接整个页面的设计特征。

幽灵按钮提供了一种带有视觉惊喜的元素，因为这个按钮和用户传统印象中的有很大不同，给用户带来新奇的感受。

幽灵按钮无须过分扎眼就足以创造出有感召力的视觉焦点。在众多网页设计中，幽灵按钮是屏幕上唯一的大型元素。正因为如此，它容易抓住用户的眼球，诱使用户点击按钮。这也是优秀的用户界面特征。

技巧点拨

幽灵按钮的设计切记保持简约的风格，应该精细微妙，而非浮华炫目。幽灵按钮有利于打造高端的设计风格。在设计中，简单往往给人一种高雅的感受。

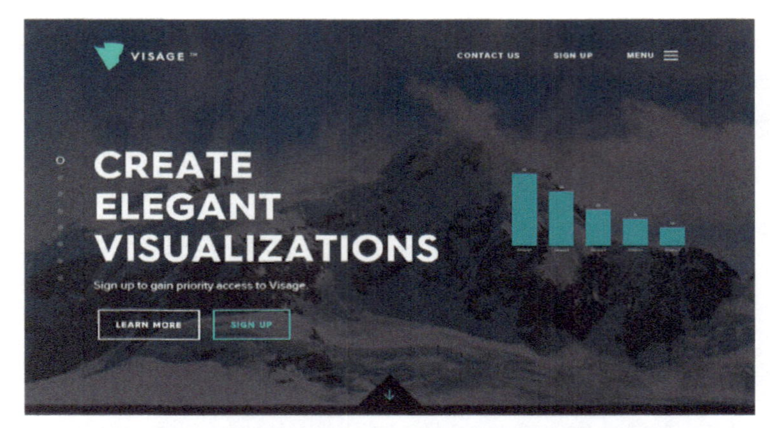

在该网页的设计中遵循了简约的设计风格，并且为网页中的幽灵按钮应用了交互动画效果，当鼠标移至按钮上方时，按钮会自动放大并且填充上相应的色彩，并且文字颜色出现反转，吸引用户的眼球，使其在页面中非常突出，促使用户点击。

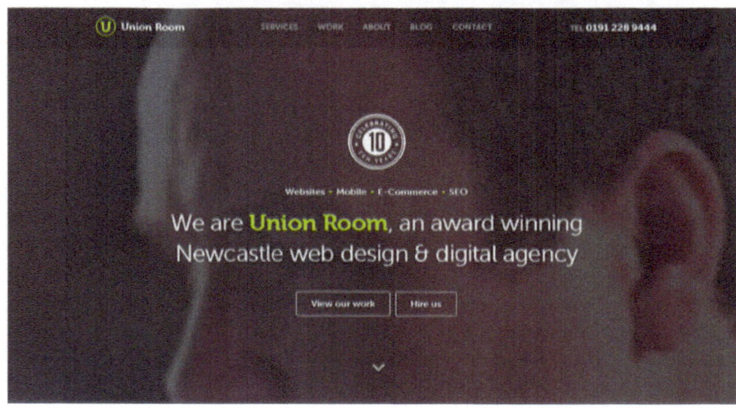

该网站页面使用满版的视频作为页面背景，浏览者只需要通过变化的背景就可以明白组织的工作流程。经过调色的背景视频并不影响前景的 Logo、文字和透明按钮的表现效果，整个网站页面显得巧妙而优雅。

2. 幽灵按钮的劣势

虽然幽灵按钮在设计上体现出诸多的优势，但同时有些劣势也需要考虑。使用任何新的设计趋势之前，都需要平衡其优势与劣势，然后决定是否在项目中使用。

幽灵按钮可能太融于背景中，使用户产生困惑。并非所有用户都了解新的设计趋势，有些用户难以识别非传统样式的按钮，也不会知道它是做什么的。

幽灵按钮在高对比度或者颜色丰富的图片上很难处理。这些按钮往往不是黑色就是白色，如果页面所使用的背景图是黑白交替的，幽灵按钮的辨识度会非常差，也不便于阅读。

为了便于用户使用，幽灵按钮依赖特定的尺寸和位置。在网页中放置按钮时要格外注意，让用户容易发现它，并且不能遮盖背景中的关键部分。

幽灵按钮上的文案比普通按钮上的文案要复杂许多，幽灵按钮上的文字需要有足够清晰的构思与文案，并置于页面中其余部分的上下文语境中。

该网站页面的背景图片被浓厚的半透明灰色遮盖着，背景图片中的实物仅可以辨识轮廓，整个背景都用来突出页面中的前景文字。文字内容和透明的幽灵按钮的尺寸相比相对较大，内容为王的设计在该页面设计中体现得淋漓尽致。

在该网站页面设计中，在导航栏下方的焦点轮换图上放置标题文字和幽灵按钮，稀疏的大写标题文字和纤细的幽灵按钮在高饱和度背景图片上相互辉映，拥有别样的美感。

如何设计出色的交互按钮

用户每天都会接触各种按钮，从现实世界到虚拟的界面，从移动端到桌面端，它是如今界面设计中最小的元素之一，同时也是最关键的控件。当我们在设计按钮的时候，是否想过用户会在什么情况下与该按钮进行交互操作？按钮在与用户的交互操作过程中如何为用户提供反馈信息？

接下来我们就深入到设计细节当中，讲解如何才能够设计出出色的交互按钮。

1. 按钮需要看起来可点击

用户看到页面中可点击的按钮会有点击的冲动。虽然按钮在屏幕上会以各种各样的尺寸出现，并且通常都具备良好的可点击性，但是在移动端设备上按钮本身的尺寸和按钮周围的间隙尺寸都是非常有讲究的。

技巧点拨

普通用户的指尖尺寸通常为 8 ~ 10mm，所以在移动端的交互按钮尺寸最少也需要设置在 10mm×10mm，这样才能够便于用户触摸点击，这也算是移动端约定俗成的规则了。

想要使页面中所设计的按钮看起来可点击，注意下面的技巧：

（1）增加按钮的内边距，使按钮看起来更加容易点击，引导用户点击。

（2）为按钮添加微妙的阴影效果，使按钮看起来"浮"出页面，更接近用户。

（3）为按钮添加鼠标悬浮或点击操作的交互效果，例如色彩的变化等，提示用户。

在该旅游网站页面中为下载功能应用按钮的表现方式，并且为下载不同类型的文件设置了不同的按钮颜色进行区分，因为该网站页面使用了图像作为页面背景，为了使按钮能够从背景中凸显出来，还为按钮添加了阴影效果，按钮在页面的视觉效果鲜明，功能明确，能够很好地引导用户。

2. 按钮的色彩很重要

按钮作为用户交互操作的核心，在页面中适合使用特定的色彩进行突出强调，但是按钮色彩的选择需要根据整个网站的配色来进行搭配。

网页中按钮的色彩应该是明亮而迷人的，这也是为什么那么多 UI 设计都喜欢采用明亮的黄色、绿色和蓝色的按钮设计的原因。想要按钮在页面中具有突出的视觉效果，最好选择与背景色相对比的色彩作为按钮的色彩进行设计。

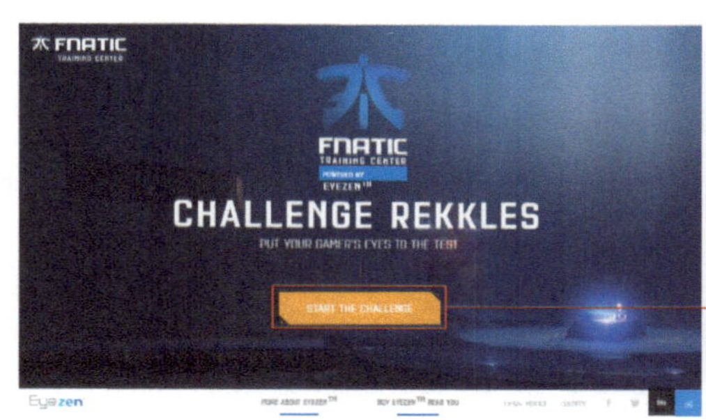

该网站页面使用深灰蓝色的三维动态场景作为页面的整体背景，在页面中间位置放置简洁的白色主题文字和明亮的黄色按钮，黄色的按钮与深灰蓝色的页面背景形成鲜明的视觉对比，在页面中的效果非常突出。并且该按钮还添加了交互动画效果，当鼠标移至该按钮上方时，按钮放大并变为白色的背景与黄色的按钮文字，无论是在视觉效果上还是在交互上都给用户很好的体验。

专家支招

按钮的色彩还需要注意品牌的用色，设计师需要为按钮选取一个与页面品牌配色方案相匹配的色彩，它不仅需要有较高的识别度，还需要与品牌有关联性。无论页面的配色方案如何调整，按钮首先要与页面的主色调保持关联和一致。

3. 按钮的尺寸

只有当按钮尺寸够大的时候，用户才能在刚进入页面的时候就被它所吸引。虽然幽灵按钮可以占据足够大的面积，但是幽灵按钮在视觉重量上的不足，使得它并不是最好的选择。所以，我们所说的大不仅仅是尺寸上的大，在视觉重量上同样要"大"。

专家支招

按钮的大小尺寸也是一个相对值。有的时候，同样尺寸的按钮，在一个页面中是完美的大小，在另外一个页面中可能就是过大了。很大程度上，按钮的大小取决于周围元素的大小比例。

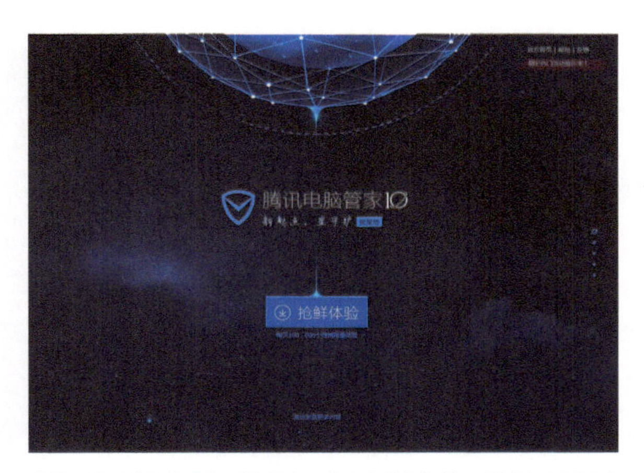

该网页的最终目的是为了使用户下载所宣传的软件，所以在该页面中软件的下载按钮才是视觉重点，在页面中间位置放置较大尺寸的按钮，并且按钮的周围运用了充分的留白，使按钮的效果非常突出，引导用户点击。

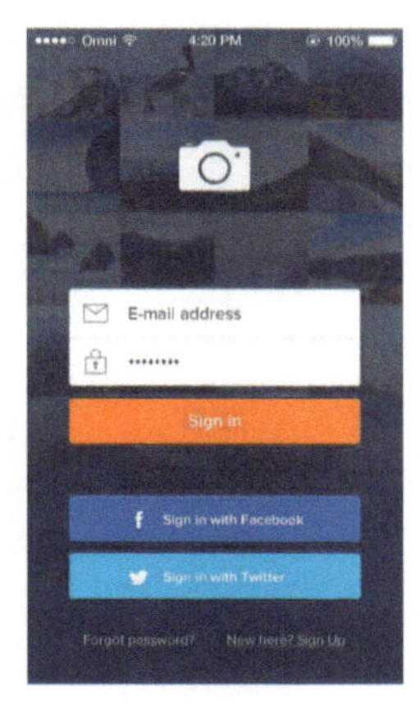

在移动端页面的设计中，按钮的尺寸需要稍大一些，这样更便于用户使用手指进行触摸操作。在该移动端页面中，根据按钮的功能进行分组，登录按钮更加靠近表单元素，使用户更容易理解。

4. 按钮的位置

按钮应该放置在页面的哪些位置呢？页面中的哪些地方能够为网站带来更多的点击量？

绝大多数情况下，应该将按钮放置在一些特定的位置，例如表单的底部、在触发行为操作的信息附近、在页面或者屏幕的底部、在信息的正下方。因为无论是 PC 端还是移动端的页面中，这些位置都遵循了用户的习惯和自然的交互路径，使得用户的操作更加方便、自然。

在该页面中将统一风格的按钮放置在屏幕的底部，用户在查看网页内容时，视线自然向下流动到按钮上，并且 3 个按钮应用了统一的设计风格，用户可以通过按钮上的描述文字来区分按钮功能。

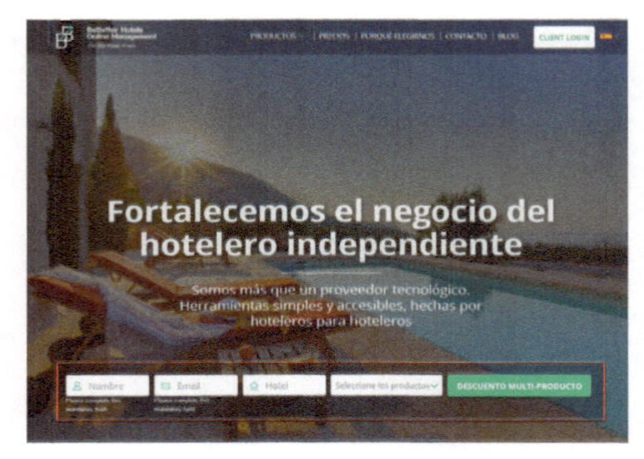

在该网站页面中，在搜索表单元素之后放置明亮色的表单提交按钮，使该搜索功能在页面中凸显出来，并且通过半透明的黑色矩形背景，使搜索表单元素与按钮表现为一个整体。

5. 良好的对比效果

几乎所有类型的设计都会要求对比度，在进行按钮设计的时候，不仅要让按钮的内容（图标、文本）与按钮本身形成良好的对比，而且和背景以及周围元素也要形成对比效果，这样才能够使按钮在页面中凸显出来。

在该网站页面的设计中，可以明确地看到网页中两个功能操作按钮的色彩搭配都具有很强的对比性。在顶部的导航栏右侧为按钮设置鲜明的黄色搭配黑色文字，与背景的黑色形成明显的强对比效果，并且与页面中的主色调相呼应。而在宣传广告部分的按钮设置黑色背景搭配白色的文字，同样具有很好的视觉对比效果。

6. 使用标准形状

当我们在考虑页面中的按钮形状时，尽量选择使用标准形状的按钮。

矩形按钮（包括方形和圆角矩形）是最常见的按钮形状，也是大家认知中按钮的默认形状，它符合用户的认知习惯。当用户看到它的时候，立刻会明白应该如何与之进行交互。至于是使用圆角矩形还是直角矩形，需要根据页面的整体设计风格来决定。

圆形按钮广泛适用于时下流行的扁平化设计风格，目前也能够被大多数的用户所接受。

矩形和圆角矩形按钮在网页中的应用最为常见。在该网站页面中使用图片作为页面的满屏背景，在页面中间位置放置简洁的粗体大号白色文字和红色的矩形按钮，鲜艳的红色使按钮非常突出，并且能够与页面中的 Logo 形成呼应的效果。

在该页面中使用楼盘的宣传效果图作为网页的满屏背景，在页面中间位置放置了 4 个圆形黑色按钮，用于突出表现该楼盘的 4 个突出特点，黑色的按钮并没有像其他色彩那样非常突出，但是该页面中内容较少，并且按钮尺寸较大，并不会影响黑色按钮的视觉表现。

7. 明确告诉用户按钮的功能

每个按钮会都会包含按钮文本，它会告诉用户该按钮的功能。所以，按钮上的文本要尽量简洁、直观，并且要符合整个网站的风格。

当用户单击按钮的时候，按钮所指示的内容和结果应该合理、迅速地呈现在用户眼前，无论提交表单，还是跳转到新的页面，用户通过单击该按钮即可获得他所预期的结果。

该网站页面的设计简洁、清晰，使用灰暗的图片作为页面的背景，在页面中间放置白色的主题文字和蓝色的按钮，并且在按钮上明确地标注该按钮的功能和目的，使得按钮的视觉效果清晰，表达目的明确，不会给用户造成困扰。

8. 赋予按钮更高的视觉优先级

几乎每个页面中都会包含众多不同的元素，按钮应该是整个页面中独一无二的控件，它在形状、色彩和视觉重量上，都应该与页面中的其他元素区分开。试想一下，如果在页面中所设计的按钮比其他控件都要大，色彩在整个页面中也是鲜艳突出的，它绝对是页面中最显眼的那一个元素。

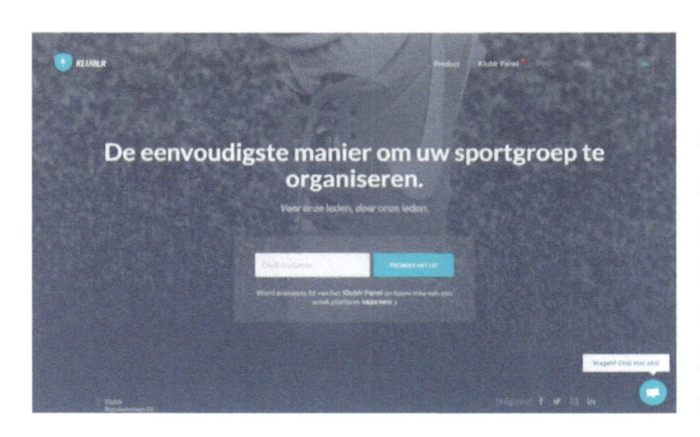

在该网站页面中，页面背景采用明度和纯度较低的灰蓝色，而页面中用于实现重要功能的按钮则采用了鲜艳亮丽的蓝色，使其在页面中的表现效果非常突出，在页面中拥有最高的视觉级别。一个用于实现表单数据的提交，另一个则用于实现在线沟通功能。

观点总结

按钮的设计是扁平化设计流行当下被人们关注最多的一个设计元素，它在很大程度上决定了用户的点击欲望。按钮以其易于识别和理解的特性，能对网站的用户转化率产生极大影响。当我们在设计这些按钮时，有必要考虑许多因素，包括颜色、对比度、按钮文字，甚至包括是否在按钮旁设置方向引导信号。所以，我们在设计过程中需要不断改进按钮设计，从而有效地激发用户的点击欲望。

文字点击提示

网页中的提示信息本身是一种基于辅助用户访问网站，发挥网页功能的必要设计，这是一种实现网页功能的交互环节中的一种补充设计，在内容上需要尽可能简洁高效地进行表达。

知识点分析

在网页设计中，如果网站主页色彩处理得好，能让整个网站锦上添花。而一些交互效果的巧妙使用，不仅让网页瞬间亮起来，甚至在提升用户感知度和感官体验上可以起到无可替代的作用。

文字点击提示是指页面中点击浏览过的信息颜色需要显示为不同的颜色，从而区分已阅读和未阅读内容，避免重复阅读。关于网站页面中文字点击提示的交互体验，将通过以下几个方面分别进行讲解。

关于文字交互

用户在浏览网站时，注意到某些文字，当他使用鼠标悬停、滑过、单击、拖动与文字进行互动时，看到文字发生了变化。其中，悬停、滑过、单击、拖动可以认为是交互行为，文字可以认为是交互对象，而文字发生变化则是交互反馈。

这些变化可以是字体大小、颜色发生改变，也可能是一些动态效果。好的交互效果能够引起用户的好奇心，增加用户浏览网站的时间，加深用户对网站的印象。

说到网页文字颜色的变化，这里分享 3 个关于网页文字颜色的小规范。

（1）同一个网站需要确定出文字主色调，特殊情况可以有 2 种左右的辅助文字颜色。

（2）正文的文字颜色为深灰色，建议选用 #333333 至 #666666 之间的颜色，如果选用其他文字颜色作为正文主色调，安全起见可以采用明度不大于 30% 的颜色。

（3）蓝色的文字一般会在绝大多数超链接的位置使用，其他地方应该谨慎使用。

最重要的一点是规范可以灵活应用，但是一定要考虑网页的整体配色风格。下面推荐一些网页中常用文字颜色供读者参考。

	文字颜色	适用范围
价格文字	#CC0000	标示价格文字
重要文字	#CC6600	提示性文字，需要用户特别注意
常规文字	#333333	普通信息、标题
次级文字	#666666	帮助信息、说明性文字
辅助文字	#999999	页面中的一些辅助性文字

常见的文字交互方式

常见的文字交互方式主要有以下 4 种。

1. 文字颜色变化和下画线

鼠标悬停时，文字颜色发生变化和出现下画线很多时候用于网页中的超链接，虽然大部分网站会将超链接文字颜色设置成蓝色带下画线的样式（常规、传统、用户习惯、易读性高），但这并不是唯一的样式。

专家支招

超链接除了需要在大段文字中脱颖而出外，还应该考虑用户的阅读体验。很多网站的超链接设计在提升用户体验上不断优化创新。

在新闻类的网站中，通常将新闻标题链接文字设置为链接默认的蓝色，这种方式符合用户的认知习惯，当鼠标移至新闻标题文字上方时，文字颜色发生变化，并且为超链接文字添加下画线，用户能明确这是一个链接。这样能够让用户体验到和网站的互动，同时能够暗示用户进行点击。

在苹果官方网站中，将超链接文字设置为传统链接文字的蓝色，当鼠标悬停在超链接文字上方时，超链接文字出现下画线。虽然没有特别改变文字的颜色，但超链接文字右侧的小箭头有一个引导作用，让用户明白这里可以点击。当用户把鼠标放置在超链接文字上方时，文字底部出现一条和文字相同颜色的下画线，强化了超链接的特征。

2. 出现新信息

出现新信息是指当用户将鼠标悬停在页面中某个元素上方时，会在指定的位置以交互的方式出现新的文字信息。这样的方式可以使网站页面看起来更具动感，还为用户提供了一种选择方式。

在该网站页面设计中使用尺寸相同的图片与文字相结合展示了各分类的名称，当鼠标移至某个分类上方时，分类名称文字向上移动，向用户展示出该分类的热门程度。当用户第一眼看到页面时，版块内容干净清晰，可以直接点击进入自己感兴趣的分类，而当鼠标移至分类上方时触发交互效果，为用户带来交互体验。

3. 按钮效果

在一些网站页面中为了突出某个文字链接的表现，会将该文字链接设计为按钮的外观样式，当用户将鼠标移至该按钮文字上时，整个按钮的颜色以及按钮上的文字颜色同样会发生交互变化，这种设计小细节，用户不经意发现后，可以感受到一种独特的交互体验。

将文字链接设计成简约的线框按钮的形式，能够有效地突出该文字链接的表现，吸引用户进行点击操作，当用户将鼠标移至该按钮形式的链接文字上方时，原本透明线框样式链接文字变成红色背景白色加粗文字的样式，并且伴随着样式过渡动画，给用户带来很好的交互体验。

4. 文字悬停的动态效果

文字悬停的动态效果是指当鼠标悬停在文字上方时，触发文字动态效果的表现，这种方式主要用于网站页面中一些特定文字，例如 Logo 文字或网站名称文字等，增强网站的交互动感。交互体验好的网站一定会越来越受到用户青睐，也将会成为网页设计的发展趋势。

该网站的设计非常个性，在页面中间位置使用大号的粗体文字表现网站的主题，并且为主题中的每个字母都添加了交互动画效果，当用户将鼠标移至某个字母上时，即可触发该字母动画效果的播放，鼠标移开后恢复默认效果，并且每个字母的动画效果都不相同，给人带来很强的交互感，充满新意的交互设计方式能够给用户留下深刻印象。

技巧点拨

文字悬停出现动态效果这种方式不适合信息内容较多的网站页面使用，只适合一些个性特征较强的网站，通过这样的交互方式来提升页面的用户交互体验。其他 3 种文本交互方式在网站页面中使用较多，特别是文字颜色变化和出现下画线的方式，这种方式是最基础也是最常见的文字交互方式。

超链接文字交互

超链接文字的样式一般在搜索引擎的网站呈现蓝色字样，大多会在下面加上下画线以便识别，不过现如今考虑到不影响文本的可读性与用户体验，逐渐取消了下画线。而一些其他的网站考虑到界面设计风格各方面的因素而不用蓝色。

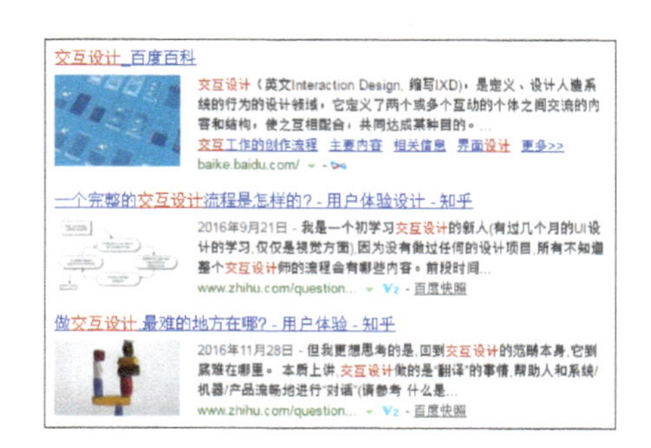

百度搜索结果页面中，所有的文字链接都采用了传统的蓝色和下画线的样式，搜索关键字则显示为红色，有效突出文字超链接。

网易新闻页面中，文字超链接并没有设置为传统的蓝色和下画线的效果，而是统一使用了灰色的文字来表现超链接文字，当鼠标移至超链接文字上方时，文字颜色变为红色。

链接在交互上一般会呈现出 4 种状态，即默认状态、鼠标悬停状态、点击时状态和点击后状态。例如下图的网站中为链接设置了 4 种状态的不同效果。

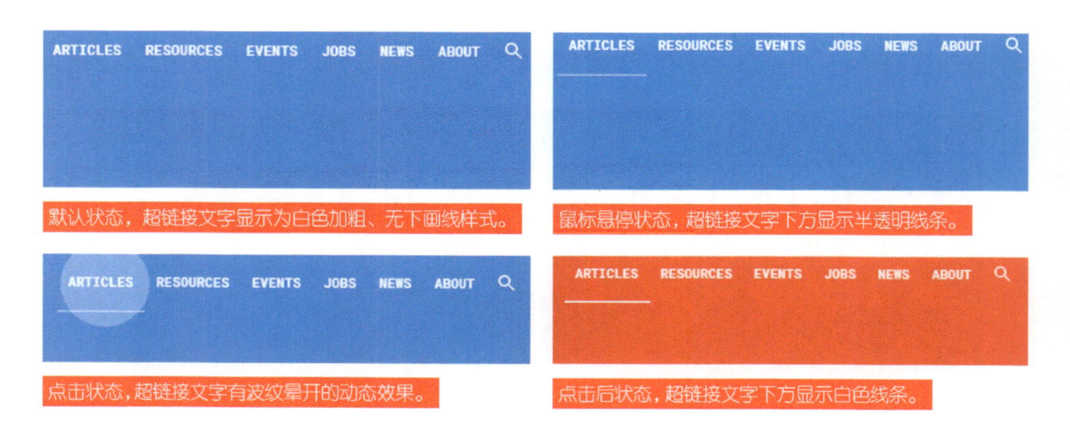

默认状态，超链接文字显示为白色加粗、无下画线样式。

鼠标悬停状态，超链接文字下方显示半透明线条。

点击状态，超链接文字有波纹晕开的动态效果。

点击后状态，超链接文字下方显示白色线条。

有些网站只使用链接的默认状态、鼠标悬停状态和点击后状态这 3 种状态，因为点击状态发生的速度非常快，用户不留意都很难注意到，所以这 3 种状态也是新闻网站中文字链接常用的 3 种状态。

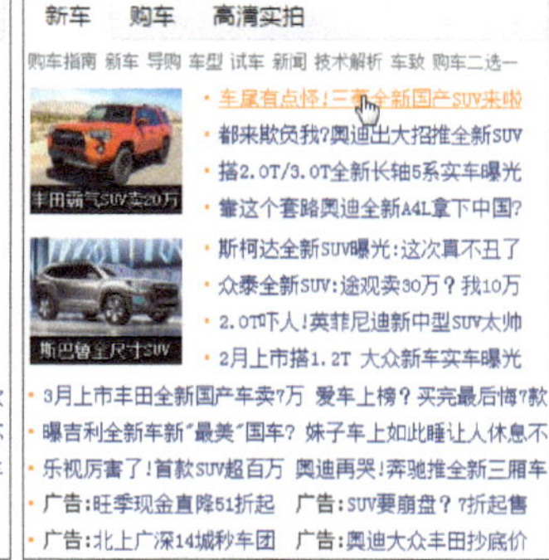

在新浪新闻网站中为文字超链接设置了 3 种状态，默认状态，新闻标题超链接文字显示为蓝色无下画线的效果；鼠标悬停和点击状态，新闻标题超链接文字显示为橙色有下画线效果；点击后状态，新闻标题超链接显示为灰蓝色无下画线效果。这样用户能够轻松地分辨出哪些信息已经阅读，哪些信息还没有阅读。

专家支招

之所以点击过后状态与默认状态的超链接文字颜色比较相似，主要是从页面的整体视觉风格来考虑的，如果将点击过后状态的超链接文字设置为其他颜色，那么在这种文字链接较多的新闻网站中，就会破坏整个页面的视觉效果。

还有一些网站只使用链接的默认状态和鼠标悬停状态这两种状态，主要是提醒用户该文字是可点击的超链接文字，通常应用于文字链接较少的网站页面中。

技巧点拨

移动端页面中，超链接文字有些时候只有一种状态，也可以称为静态链接。在不同的使用场景会因为当时的情况选择合适的交互体验设计。有的情况下还会加上音效，使用户体验更畅快，这在移动端使用得多一些。

观点总结

在文字的交互体验设计中，最重要和最基础的就是超链接文字的交互设计，通过对不同状态下的超链接文字进行设置，使点击浏览过的信息颜色显示为不同的颜色，从而区分已阅读内容和未阅读内容，避免用户重复阅读。

在线咨询

在线咨询是一种网页即时通信的统称，也可以称为在线问答、在线客服等。相比较其他即时通信软件（如QQ、淘宝旺旺等），它能够与网站实现无缝结合，为网站提供和访客对话的平台，网站访客无须安装任何软件，即可通过网页进行对话。

知识点分析

网络营销手段层出不穷的今天，如何实实在在地留住网站访问者才是根本所在，发掘潜在用户，维护现有用户，才能实现网络营销的最终目的。

在网站中提供在线咨询功能，是希望当用户在浏览网站的过程中遇到问题时，可以及时地进行咨询并得到反馈，这样能够及时消除用户在浏览网站过程中的疑惑和问题，为用户提供更加良好的用户体验。

关于网站页面中在线咨询功能的交互体验，将通过以下两个方面分别进行讲解。

1．在线咨询的形式

2．在线咨询对提高网站交互性的作用

在线咨询的形式

1. 主动邀约式

相信大家都会碰到这样的问题，正在看网页的时候，突然弹出一个对话框，然后提示你需不需要帮助，要不要在线咨询。当时的你是什么感觉？是不是有一种被强迫的感觉？

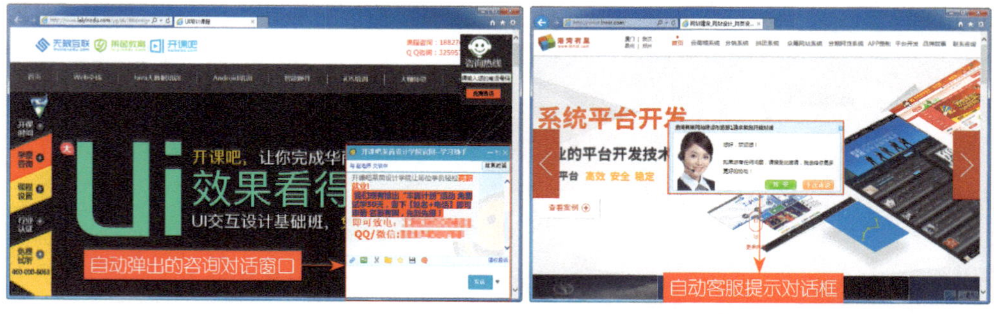

在以上的两个网站截图中可以看到，当用户刚进入网站页面时，就会自动弹出咨询对话框或者是咨询提示窗口，这种主动邀约的方式不但促进不了与用户之间的有效沟通，反而打断用户的正常浏览，使用户反感，非常不推荐使用这种方式。

这种主动弹出的咨询提示框就属于主动邀约式，但用户真的喜欢这种形式吗？

事实上这种感觉就和大家去超市购物一个道理，本身超市商品罗列已经有了一定的规则，而我们在购物时也习惯自己先做判断，如果有需要再看看说明来决定要不要买。聪明的导购会在你选择为难时帮你选择，这个时候你也会很欣慰有人能帮你。但是，如果你刚走进超市的大门，就冲上来一群导购拉着你问你有什么需要，你又作何感想？

2. 用户触发式

网站存在的意义，就是希望用户可以自行查看内容，然后做出自己的选择判断，从而降低客服人员成本。但是网站需要为用户提供明确的在线咨询入口，当用户在浏览网站的过程中，有不清楚或感到困扰的地方能够第一时间找到咨询入口，并得到满意的答复，这样才能够为用户提供更好的用户体验，而不是强迫用户接受咨询服务。

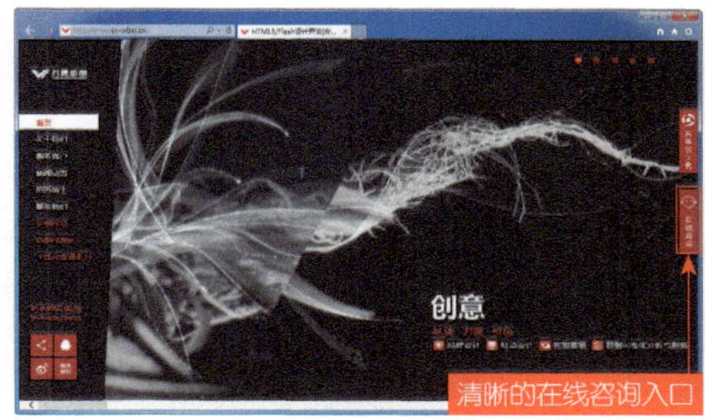

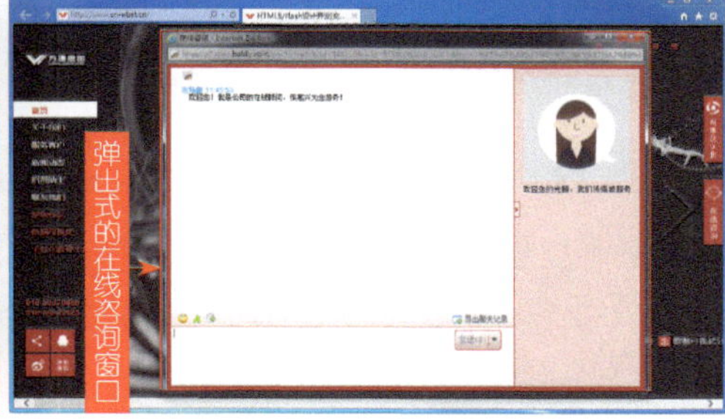

在该提供设计服务的网站设计中，在页面右侧使用红色图标清晰地展现在线咨询的入口，并且无论用户当前浏览到网站中的什么页面，都可以在网站的右侧同一位置找到该在线咨询入口，当用户对网站的服务信息感兴趣时，就可以单击该在线咨询图标，以弹出窗口的方式表现在线咨询。这是用户比较容易接受的一种方式，将选择权和决定权交给用户自己。

目前，在网站中设计在线咨询功能的网站大多是电商网站，因为用户在商品的购买、支付、送货、售后等各方面都有可能会遇到各种各样的问题，为了便于用户能够享受到更加完善的服务，在线客服的功能是非常有必要的，这也是完善用户体验非常重要的一个方面。

在“京东”网站页面中，在网站界面的右侧悬挂一系列快捷功能图标，这些功能图标会随着页面的滚动而滚动。其中有一个图标就是在线咨询，当用户单击该图标时，会在网站界面的右侧展开在线咨询窗口。在咨询窗口的上方使用不同的色块分别标注“在线客服”“电话客服”和“服务建议”3个分类选项，便于用户快速选择相应的咨询方式，非常方便，不需要使用时可以将其关闭，不会对用户的浏览进程造成干扰。

在“苏宁易购”网站页面的右侧使用灰色背景色块来突出一系列快捷功能图标的表现，其中同样包含了“在线咨询”的入口图标，方便用户在网站浏览过程中可以随时随地进行咨询服务。当用户单击右侧的“在线咨询”入口图标时，会以新开窗口的方式显示相关的咨询问题种类，网站精心地将用户在购买商品以及网站服务方面的相关咨询进行分类，使用户能够有针对性地选择相应的咨询服务。

3. 专业问答平台

近年来，互联网上陆续出现了各种互动问答平台，用户可以通过平台提出问题，等待其他用户为他们解答问题，同时也可以为其他用户提供意见以及帮助，例如百度知道、知乎等平台。这样的平台主要是为用户提供一个相互交流、提问的平台，而并非是为了促进销售等其他目的。

“百度知道”网站就是一个专业的交互式在线知识问答平台，用户根据需要具有针对性地提出问题，通过积分奖励机制发动其他用户来解决该问题。这种属于专业问答平台，与网站中所提供的在线咨询问答功能有所不同。

在线咨询对提高网站交互性的作用

在网站中提供在线咨询功能对于提高网站的交互性和用户体验具有很强的实用意义。运用得当的话，可以很好地实现网站运营者的意图，从一定意义上来说确实是一种不错的与用户进行沟通和解决用户在网站上遇到问题的方法。

专家支招

当下流行的在线咨询功能的核心是拥有实时通信功能，能够实现在线洽谈，实现网站与用户的互动。通过网页对话、主动邀请、流量分析、数据管理、内部管理、文件传输、访客阻止、系统设定、历史记录等功能来实施网络整合营销。

对于国内大多数电子商务网站来说，提供 7×24 小时不间断地在线咨询服务支持，可以解决很多日常运营中常见的用户问题反馈。运营者能够更好地了解客户的信息和反馈评价，从而及时对网站中的内容和服务做出调整，也可以就具体的交易及时进行洽谈，为网站创造更多与意向客户"面对面"的交流机会，以求促成更多的交易。客户在浏览网站的时候，就其感兴趣的商品或者服务及时地与网站运营方取得联系并获得所需要的信息，意见、建议等反馈也可以获得及时的回应和解决，这在客户心目中是大大加分的。在这个过程中，网站的可信度、美誉度大幅度提升，逐渐树立起自己的品牌形象。

观点总结

在线咨询是网络营销的基础，企业网站首先要做的就是网络营销，然后通过在线问答来实现与用户的实时沟通与交流。需要注意的是，用户在提出问题后，网站需要能够对提出的问题给予及时反馈，这样才能够构建良好的互动服务。

意见反馈

在很多网站中都会设计"意见反馈"的功能，只是在不同的网站中会把它叫作不同的名字，例如：反馈、意见反馈、帮助与反馈、支持与帮助等。意见反馈功能在网站中的作用是不能忽视的，它是用户意见收集的入口。

知识点分析

一个网站如果没有用户热心地来反馈问题，这是比较可怕的，因为这就等于关闭了与用户交流的一扇窗，不得不靠闭门造车来解决问题。虽然说得有点夸张，但也说明了这个小功能的重要性。

网站中的意见反馈功能需要为用户提供明确、清晰的入口，使用户能够随时提供反馈意见，并且反馈意见的表单填写选项要尽可能简洁、清晰，方便用户能够更加轻松、快捷地填写反馈意见。

关于网站页面中意见反馈功能的交互体验，将通过以下两个方面分别进行讲解。

1．意见反馈的作用

2．如何设计合理的意见反馈功能

意见反馈的作用

意见反馈的功能往往在设计的时候容易忽略，使网站在上线之后没有渠道供用户去反馈，造成用户意见收集出现障碍。或者是这个功能设计得太过随意，让用户在使用的时候非常不顺畅，用户体验很差，这样就造成用户反馈问题积极性的下降，也降低了用户的参与度。

1. 从网站管理者的角度来看

从网站管理者的角度来看，意见反馈可以达到以下 4 个目的。

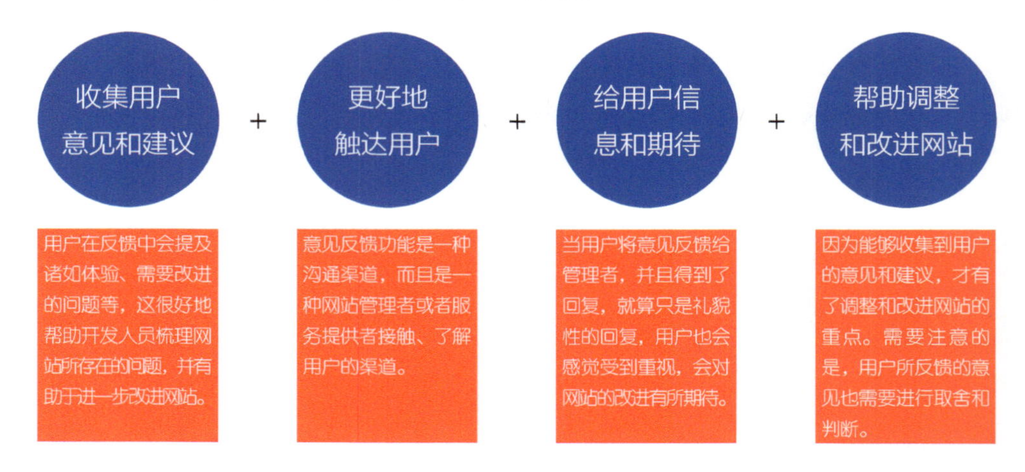

2. 从用户的角度来看

从用户的角度来看，意见反馈功能的作用主要是给用户一个发表意见和建议的渠道。不过，为什么用户会去使用意见反馈功能呢？大多数情况下都是我们所提供的服务或者用户体验不好。

如何设计合理的意见反馈功能

意见反馈的主要功能就是在页面中提供一个入口让用户来填写所要反馈的信息，既然是要让用户填写的，就要求这个入口第一要显眼，能一下子就找到；第二要易操作，用户通过简单的打开、输入、提交操作即可完成；第三是要友好，即用户体验要好，可以有答复，让用户看到我们的用心，给用户一个愉悦的感受，激发他们来使用意见反馈的热情。

技巧点拨

简单来说，意见反馈功能要显而易见、方便快捷，然后配合友好的设计、用心的服务，来发挥意见反馈功能真正的效用。

1. 显而易见

首先需要明确的是，意见反馈功能肯定不会是网站的核心功能，所以注定了其只能够在网页中占据很小的一块位置，有时候甚至不会出现在首页而是内页中，我们还是建议能够在首页放置意见反馈功能的入口。以前最常见的是将意见反馈功能的入口放置在页头或页尾，目前也还有许多网站采用这样的形式。而在移动端，为了节省有限的屏幕空间，通常会将意见反馈功能的入口放置在侧边栏的导航菜单中。

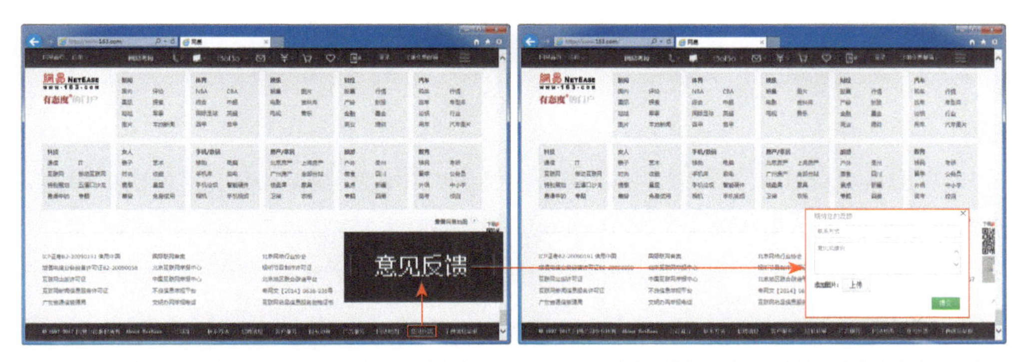

在“网易”网站首页面中将意见反馈功能的入口放置在页面版底的导航栏中，虽然网站页面中的信息内容较多，但用户还是能够很容易找到意见反馈的入口，并且无论用户浏览到网站中的哪个页面，都可以在版底固定的位置找到该意见反馈的入口。单击该意见反馈链接文字，该网站是通过弹出窗口的方式来展现意见反馈表单的，用户可以快速填写意见内容。

但是现在也有很多网站将意见反馈功能入口设计成悬浮在页面右下方位置，并且可以跟随着用户在页面中的浏览位置而移动，这样放置也是为了方便用户能够轻易地找到意见反馈功能的入口。

“腾讯视频”网站中的意见反馈入口采用了图标与文字相结合的方式，并且以悬浮的形式放置在浏览器窗口的右下角位置，无论页面如何拖动，它始终位于浏览器窗口右下角。还为意见反馈入口的图标和文字制作了交互效果，默认情况下显示为灰色的图标和文字，当鼠标移至该对象上方时，图标和文字的颜色都变成鲜艳的橙色，特别醒目。

专家支招

其实，意见反馈功能是我们有求于用户的，所以最好能够让用户直接看到，而不需要用户再去寻找，这样用户体验才好。

还有一种比较好的方法就是引导式的意见反馈，即通过产品本身的程序去控制，引导用户主动去找到意见反馈的入口并填写。比如当产品出现异常的时候，可以询问用户是否需要发送错误，很多软件里面就有类似的功能，最常见的两种就是 QQ 崩溃后的反馈提醒和杀病毒软件的隔离文件信息反馈；再例如当用户卸载某个软件的时候，当卸载完成时直接出现意见反馈的填写窗口，引导用户告知哪些方面不满意。这种方式的好处是产品主动要求用户反馈，而选择权还是在用户手上，能比较显著地提升效果。

2. 方便快捷

有了显而易见的意见反馈功能入口，接下来要做的就是如何让用户能够快速地填写好意见并将意见提交给系统。

用户顺利进入意见反馈页面之后就是填写操作了，意见反馈页面一定要尽量简洁方便，减少用户的填写量。页面中的提示引导信息也要尽量准确，不要造成误解。能够帮助用户完成的部分尽量帮用户自动完成，剩下要靠用户填写的部分就只能靠用户来完成了，我们所能做的就是期待用户认真填写并提交成功。

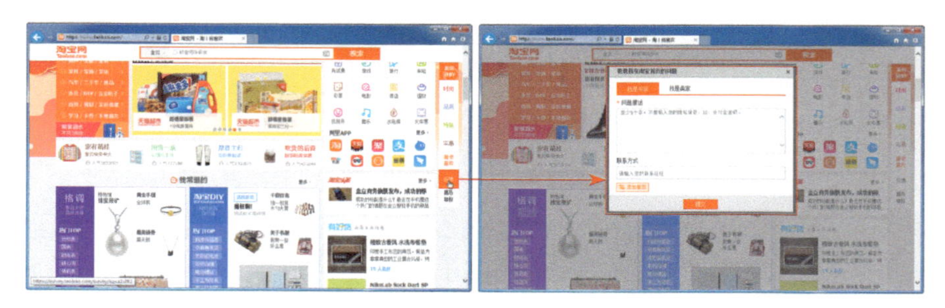

“淘宝”网站的意见反馈入口放置在页面右侧，与其他一些功能选项组成快捷导航栏，并且应用了交互效果，当用户将鼠标移至“反馈”文字上方时，以红橙色背景方块的形式突出显示。单击意见反馈入口，以弹出窗口的形式提供了简洁的反馈选项，用户只需要填写问题描述信息，并留下联系方式即可。当用户提交反馈意见后会自动关闭反馈窗口，不会打断用户的浏览。

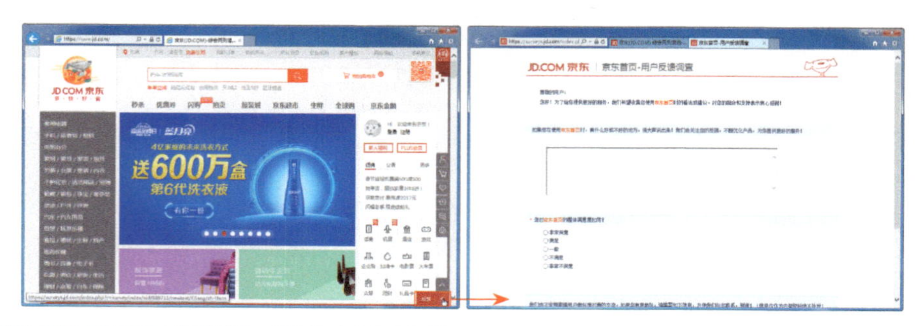

“京东”网站在其页面右侧提供了一系列快速功能操作图标，并且这些操作图标会根随着页面的滚动而滚动，其中最下方为“意见反馈”图标，当用户将鼠标移至该图标上方时，图标变为红色并显示“反馈”文字，具有很好的辨识度。单击意见反馈入口，以新开标签页面的形式来安排意见反馈选项，需要用户填写的表单选项并不多，主要是意见内容以及选择满意度，最后留下联系方式。每个选项都提供了清晰的说明，很好地引导用户来完成反馈意见的填写。

当用户完成意见反馈信息的填写并提交之后，一定要能够自动返回到原来用户所在的页面，否则很影响用户体验。

技巧点拨

当用户在页面中单击意见反馈功能入口进入到意见反馈界面时，还需要注意一个权限验证的问题，不需要用户再次登录注册显得很重要，如果无法实现单点登录，也会影响到用户体验。

专家支招

前面所说的当软件出现错误时的反馈提醒，一般都是填写好了所有的信息，用户只要点击是否提交按钮就可以了，这个应该是极致了。这里为什么要提醒而不是直接在程序后台发送，跟设计师是否尊重用户有关系，莫名抓取用户的使用信息会让用户产生反感，而主动权交还给用户，用户欣然接受的可能性是很大的。

3. 友好和答复

很多时候完成前面两个步骤的操作就基本上完成了意见反馈功能的使命，但是为了能够让用户积极反馈，适当地提升意见反馈的用户体验是很有必要的。例如，在意见提交成功时给用户一个笑脸的提示，鼓励用户积极反馈，再例如设置一些小的奖励等，这些都能够促使用户积极反馈意见。

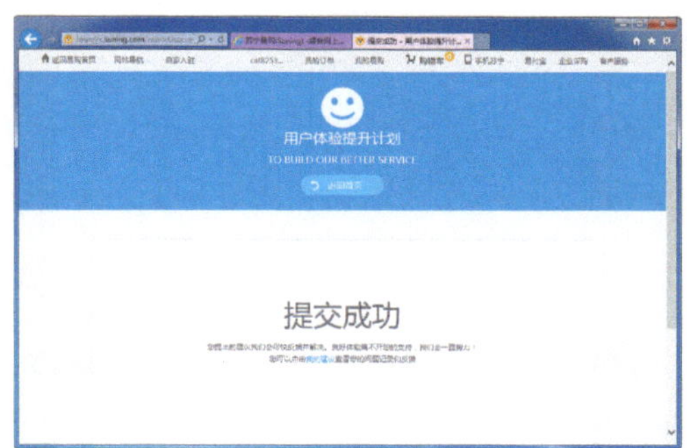

“苏宁易购”网站的意见反馈提交成功后，会显示笑脸图标以及提交成功的提示信息。用户可以单击提示信息中的“我的建议”文字查看所提交的意见的处理情况。并且在该意见反馈成功页面的上方还放置了一个“返回首页”的按钮，单击该按钮可以返回到“用户体验提升计划”的首页。可以看到苏宁易购会通过奖励代金券的形式来鼓励有效的用户意见反馈，这样会提升用户反馈意见的积极性。

是否对用户反馈的意见进行答复可以由网站的开发团队来决定，有些反馈意见的解决方案会直接体现在后期的改版中，有些反馈意见在经过评估后认为不应该采纳的，也需要向用户回复一下，可以通过电子邮件的形式进行处理，这样一是能够安抚用户，二是让用户感觉受到重视，这样能够有效增进用户对网站的好感。

观点总结

如果网站需要收集用户的实际使用感受，意见反馈绝对是一个非常实用的功能，开发成本很低，却能够获得比较显著的效果。并不是说我们要一味地遵循用户的意见，但意见反馈功能绝对是一个非常好的参考来源。

在线调查

在线调查是用户研究或市场研究中非常常用的一种方法，通过让用户填写问卷的形式去了解目标用户的行为习惯和兴趣偏好，从而帮助网站做好市场定位。

知识点分析

在线调查借助网络传播，调研成本较低，所以得到广泛使用，但是似乎有些人认为在线调查就是设计若干问题然后发给用户填写就行了，其实越是简单的调查方法越是有需要注意的地方，这样才能真正发挥该方法的优势。

在网站中可以不定期推出用户所关注问题的在线调查，并显示调查统计的结果，从而有效地提高用户的参与度。关于网站中在线调查功能的交互体验，将通过以下两个方面分别进行讲解。

1．如何设计在线调查

2．提高用户参与的积极性

如何设计在线调查

看似简单的在线调查，要能做好且让它发挥最大价值，确实有很多细致的、值得推敲之处，下面向大家介绍如何设计网站的在线调查。

1. 明确调查的目的

在网站中安排在线调查之前，首先必须明确在线调查的目的。这决定了在线调查表的结构、问题的设计等。如果是网站运营等其他部门提出的需求，一定要和能最终拍板的人沟通调查目的，不然很多人都希望加入自己想调查的题目，会造成结构不清晰，题量过多的问题。

这是“国美在线”网站的在线调查页面，在该页面中使用大标题明确表明调查的目的是“新版服务中心满意度调查”，并且下方所设置的问题都是围绕着这一目的进行设置的，并且采用了问题与截图相结合的方式，用户在回答调查问题时更加一目了然。

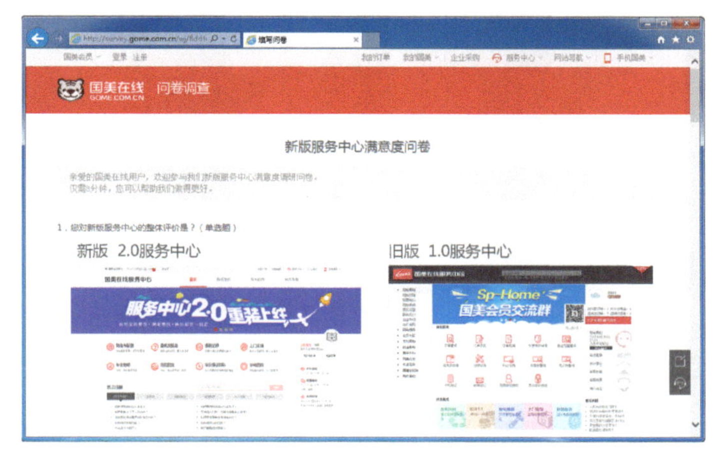

专家支招

考虑到在线调查的题量不宜过多，因此在线调查的目的不宜过于宏大，一次集中精力调查一至两个主要问题为宜。

2. 围绕调查目的设置题目

题目的设计要围绕在线调查目的展开，以电子商务网站满意度调查为例，首先分解影响满意度的因素，可以参看有关理论或者其他部门同事的意见，得到网站、服务、购物流程和物流四个因素，每个因素还可以根据需要进一步分解，得到更多指标。如果前期题目设计时结构比较清晰，则能够得到更加严谨细致的调查结果。

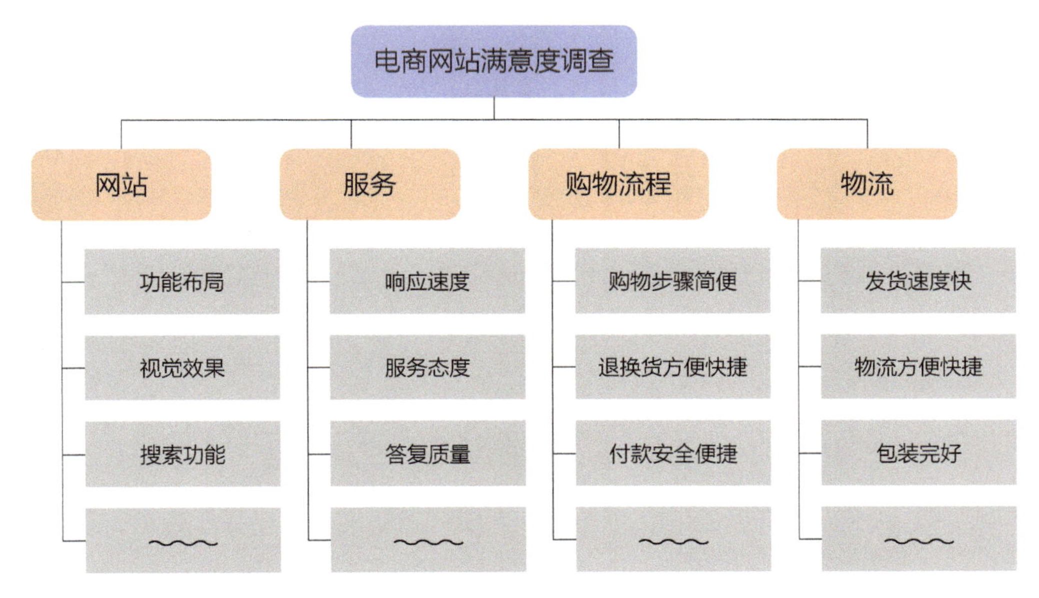

表述要尽量简洁易懂，避免歧义。

技巧点拨

虽然很多在线调查中，多选题和单选题的选项按钮是不一样的，但是我们还是建议在多选题的标题中提示“可多选”，从而尽量减少用户的误解造成调查结果的误差。

3. 选项内容设计

调查题目的设计非常重要，这决定了调查目的的实现度，但是回复质量往往由选项内容而定，因为用户的态度、习惯、爱好等是通过选择我们提供的选项而得到的，所以选项内容是否全面、合理就非常重要。这个也要根据具体情况而定，但需要注意的是，选项要尽量全面，彼此不包含。

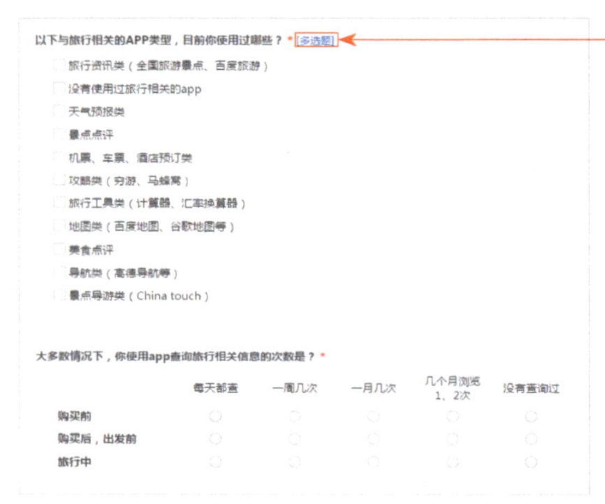

这是某网站在线调查中的问题设置，虽然单选按钮与多选按钮非常容易识别，但设计师依然在问题名称的右侧使用特殊颜色标注出“多选题”，给用户以清晰、明确的指引。各问题内容的设置也非常符合用户的阅读习惯，使用户能够更加快速地理解并做出选择。

提高用户参与的积极性

在线调查可以大大降低传统调查过程中所耗费的人力和物力，但是网站的用户一般都并不太喜欢接受在线调查问卷，担心问卷不够安全等，因此丧失了调查的积极性，所以合理地调动用户的积极性是非常重要的。

1. 给予奖励激发用户的积极性

为参与调查的用户提供奖励可以有效地提高调查问卷的回收率，主要可以采取物质奖励和向参与调查的用户提供调查结果两种方式。

技巧点拨

物质奖励的方式可以是提供网站的优惠券、线上折扣、抽奖或小礼品等多种形式，物质奖励已经发展成为在线调查问卷最需要重视的一个环节。

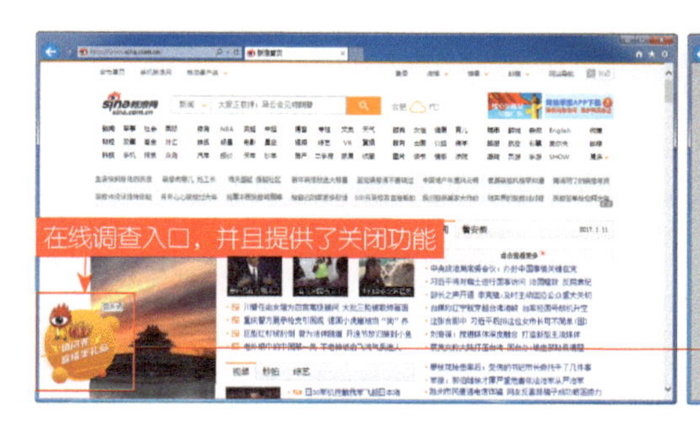

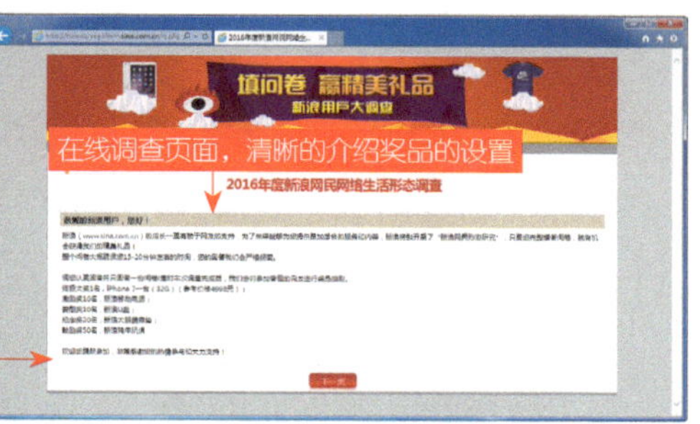

在“新浪”网站的首页左下角位置，使用浮动的方式清晰地提供在线调查的入口，并且该在线调查图片中使用清晰的大号字体表明“填问卷赢精美礼品”，直接表明可以获得相应的礼品，这样就能够吸引用户参与到该调查中来。单击该在线调查入口图片，进入到在线调查页面，在该页面中并没有直接列出调查选项，而是先通过简洁的文字说明调查的目的，以及奖品的设置，从而更加有效地吸引用户积极参与到该在线调查活动中来。

2. 给用户安全的保证

安全是在线调查一个十分重要的关键问题，一方面应该加强安全措施，采用最新的技术手段来防止黑客窃取网站的信息资料。同时，网站也应该向用户提供保证，以便用户放心大胆地填写自己的个人信息。

3. 强调调查的重要性

一定要在调查问卷的开始强调该调查的重要性，强调该在线调查对网站和用户都有着至关重要的作用。用户感到自己所做调查的影响力，会产生一种被重视感，这样会对用户的参与积极性起到推动作用。

4. 科学设计在线调查问卷

一个成功的在线调查问卷应具备两个功能：一是能通过网站将所调查的问题明确地传达给访问者；二是设法取得网站用户的合作，使用户能够给予真实、准确的回复。这就要求认真编辑调查问卷，拟定调查问卷主题后，对本次在线调查做简要介绍；同时，要合理设计问卷长度、问题项目及回答项目。

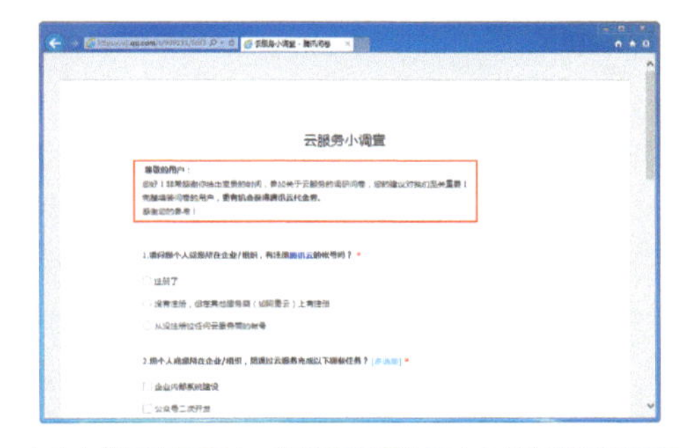

在该在线调查页面中，在调查标题的下方会首先强调该调查的重要性，以及用户参加该调查可以获得的奖励，从而使用户有一种受到重视的心理感受，并愿意完成该在线调查。

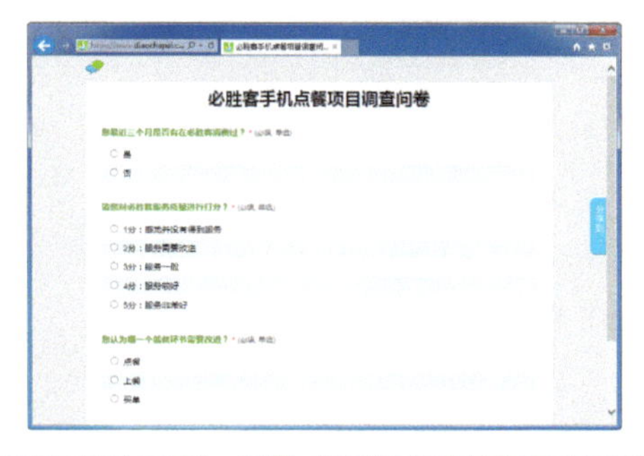

在该在线调查页面中，问题与相应的选项使用了不同的颜色进行区分，使用户对页面中的问题结构一目了然，并且对问题选项隔行使用了不同的背景颜色，视觉效果上更加清晰、易于识别。

观点总结

在线调查是一项有目的的研究实践活动，无论在线调查设计的水平高低与否，其背后必然存在着特定的研究目标。通过在网站中不定期推出在线调查问卷，可以有针对性地收集和了解网站用户对某一问题的看法与建议，从而更好地对网站的用户体验进行改进。

在线搜索

在内容为主的网站中，在线搜索往往是最常用的设计元素之一。从可用性的角度来看，当用户有了明确需要查找的内容或商品后，搜索功能是网站页面中最需要使用的功能。如果一个网站没有足够合理的信息架构体系，那么搜索不仅仅是有帮助性的，甚至是至关重要的设计功能，有可能比网站的导航对用户更有帮助。

知识点分析

在线搜索能够帮助用户快速精确地找到想要的结果，其中两个重要目标是提高搜索结果的相关性，降低搜索结果的延迟性。用户使用在线搜索功能来满足其信息获取的需求，其搜索目的是在搜索结果中进行内容消费。

当用户在网站中提交了搜索关键字后，需要在搜索结果页面中以清晰的列表来体现搜索结果内容，并且对搜索结果中的相关字符以不同的颜色加以区分显示。

关于网站中在线搜索功能的交互体验，将通过以下几个方面分别进行讲解。

1．创建完美的搜索功能

2．用户需求的起点——搜索入口

3．满足用户潜在需求——搜索提示

4．用户操作便捷化与简洁化——搜索过程

5．用户的终极目标——搜索结果

创建完美的搜索功能

根据设计师的实际设计过程与思考，结合产品和前端开发的模块划分，一般将整个搜索流程分为搜索入口、搜索提示、搜索过程和搜索结果页四个部分，这也与用户进行搜索操作的流程相一致。而在搜索的整个流程中，如何让用户实现快捷搜索同时获取更多的相关信息，以及搜索提示的呈现方式，无疑是影响用户体验的关键所在。

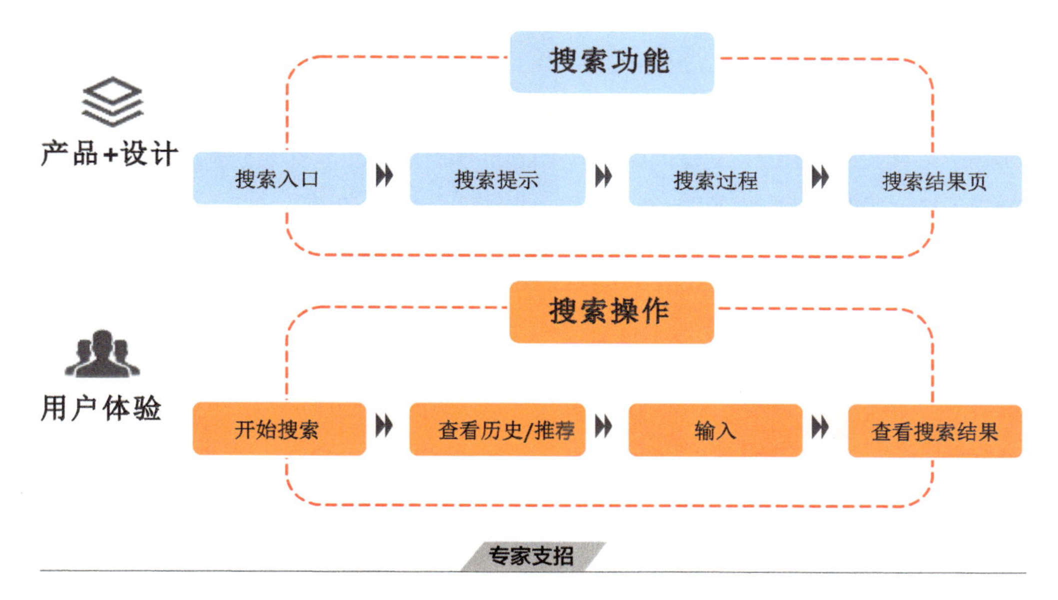

专家支招

从用户角度来看，搜索是给用户提供其需要的东西，功能目标的指向性更强；搜索过程出现的所有相关功能入口或功能诉求点、推荐内容仅仅是锦上添花，而不是作为主要的功能载体；对于功能完整度高的搜索功能，体验的重点更多落脚到搜索结果的内容和呈现上，而结果的呈现与用户的选择行为和认知息息相关。

用户需求的起点——搜索入口

搜索入口的设计每个网站基本上都大同小异，但是用户存在差异化特征。

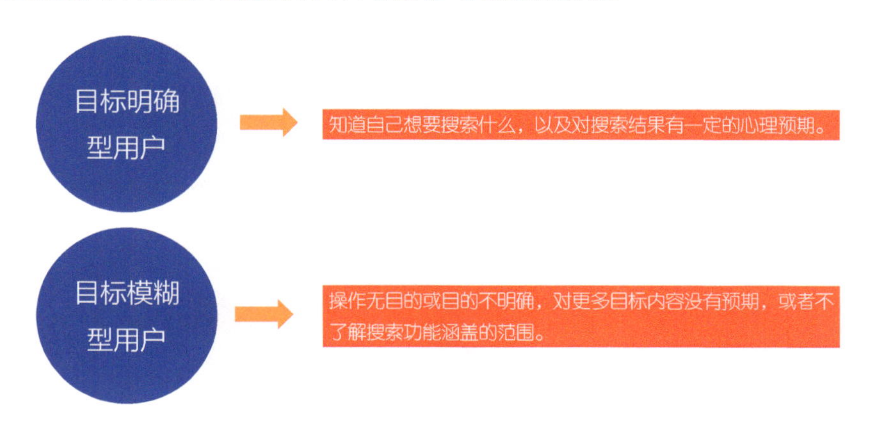

搜索入口是用户使用网站搜索功能的起点，搜索入口的可见性、易用性是影响网站搜索体验的要素。搜索入口从类型上可以分为 4 种，包括导航搜索、通栏搜索条、搜索功能图标和特殊样式，其中前 3 种样式比较常见，权重依次降低。

1. 导航搜索入口

导航搜索入口是指在网站页面的主导航栏中放置搜索功能入口，通常情况下是放置在水平导航栏的右侧。导航在网站中的任意页面中都会出现，这种情况下无论用户当前位于网站中的什么位置，搜索的入口都是实时存在的，全局性的设计让用户可以随时在网站中进行搜索操作。

在该汽车门户网站中，将搜索入口放置在车型导航栏的右侧，与车型导航栏结合在一起，方便用户直接搜索感兴趣的车型，并且整个页面中以蓝色作为主色调，而搜索框则使用了与蓝色形成强烈对比的橙色，从而有效地在页面中突出搜索入口的位置。

这是新浪微博的移动端界面，在界面底部的导航栏中设置了搜索功能入口图标，并且在界面顶部的标签下方还设置了通栏搜索条，搜索功能入口在界面中显得非常突出、醒目。

2. 通栏搜索条

通栏搜索条通常出现在网站页面的顶部位置，可以放置在导航栏的上方或者下方，用户进入网站后一目了然，可以快速进行搜索操作。特别是在大型电商类网站页面中，通常都会采用这种通栏搜索条的方式，因为网站中包含的商品非常丰富，而目的性明确的用户通常进入网站后都希望能够快速地找到自己所需要的商品，这个时候为目的性明确的用户提供一个直观、显眼的搜索功能入口是贴心的设计。

在该素材网站中，在页面顶部的导航栏下方放置通栏的搜索条，并在搜索条的四周进行留白处理，使搜索栏在页面中的视觉效果非常突出，便于用户直接搜索需要的素材资源。

在该移动端电商界面中将搜索条放置在界面的顶部，并以通栏的形式表现，当用户进入该界面中时，第一眼就能够找到搜索入口。

3. 搜索功能图标

以用户最容易理解的放大镜图标作为搜索功能的入口，在页面中占据的空间较小，出现的位置也并没有严格的限制。当用户需要使用搜索功能时，可以单击搜索功能图标，在页面中显示出搜索文本框以及提交按钮。不需要使用时，该部分内容会自动隐藏，留出更多空间来显示页面内容。尽管图标样式的搜索功能入口能够有效地触发搜索功能，但是其在形式上不够显著。

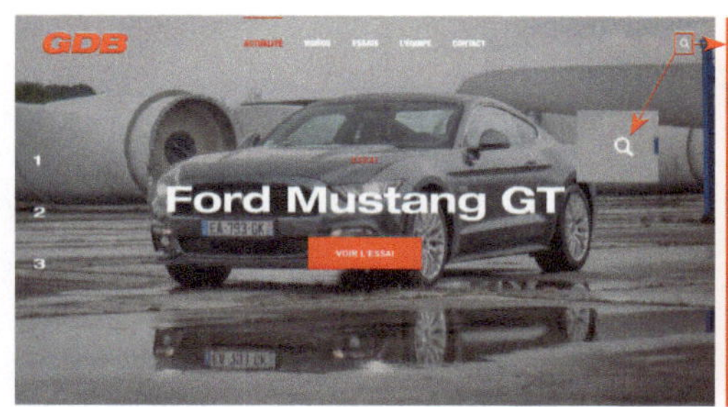

在该网站页面中为了突出页面表现效果的完整性，以图标的形式来呈现搜索功能入口，在导航栏的右侧放置放大镜图标，并且为搜索功能设置了相应的交互效果。当鼠标移至该图标上方时，图标变为红色，在页面中突出显示。单击该图标时，在整个页面上方覆盖半透明红色背景色块，并在该色块上方显示搜索文本框和提交按钮，效果非常明确、鲜明。如果用户不需要使用搜索功能，还可以单击右上角的关闭按钮，返回至网站页面。

技巧点拨

图标形式的搜索功能入口在移动端页面中应用非常普遍，因为其能够有效地节约屏幕空间，用于展示更多的内容。

4. 特殊样式

特殊样式的搜索功能入口在 PC 端的网站页面中较少使用，一般出现在移动端的页面设计中。根据移动端的设计风格来决定搜索功能的表现样式，例如 Android 系统原生应用中的悬浮按钮功能等。

满足用户潜在需求——搜索提示

从用户层面来看，用户点击搜索入口后，第一直觉是直接进入搜索功能，在搜索文本框中输入搜索关键字，即可开始搜索信息。但是用户的潜在需求却包含更多信息，用户需要知道在这里可以搜索什么、怎么去搜索指导，这些指导说明可以通过搜索框中的提示信息来告知用户。

专家支招

在移动端，用户点击搜索入口后，通常会跳转到一个独立的搜索中间页面，搜索中间页面可以认为是仅次于搜索结果页面而存在的。在搜索中间页面中主要包含的设计要素包括：提示信息、分类搜索功能、搜索历史、热门搜索词等。

1. 提示信息

提示信息是与该网站能够实现的搜索功能相关的文案内容，常见样式为出现在搜索框中的纯文字提示。文字提示信息在用户体验中相当于一种前置反馈，这种设计是体现网站友好性的一个小细节，对用户也是一种良性的引导，给用户提供了心理预期。

在搜索文本框中可以添加一些有意义的提示文本，例如直接告诉用户可以输入的内容来引导用户，文字内容需要简洁、明了。

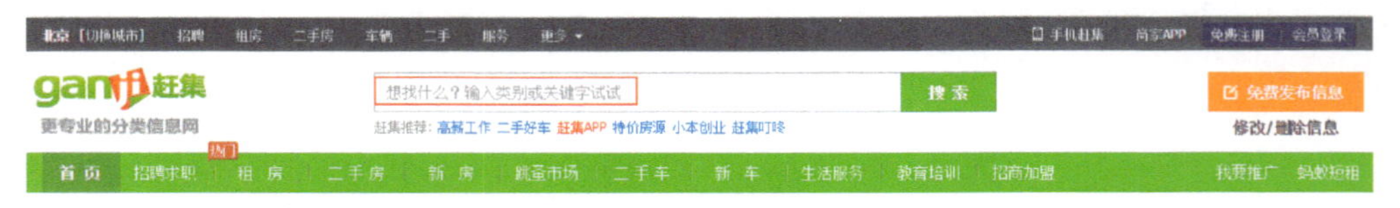

在“赶集网”的网站页面中将搜索栏放置在页面顶部的中间位置，在搜索文本框中给出的搜索提示信息为“想找什么？输入类别或关键字试试”，非常直接地提示用户输入类别名称或者关键字进行搜索，简洁、明了。

在搜索文本框中可以添加推荐内容，推荐内容根据网站类型的不同有所区别。例如，电商类网站通常推荐的内容为最新的促销商品或活动信息，影视类网站推荐内容为当前最火的电影电视等。

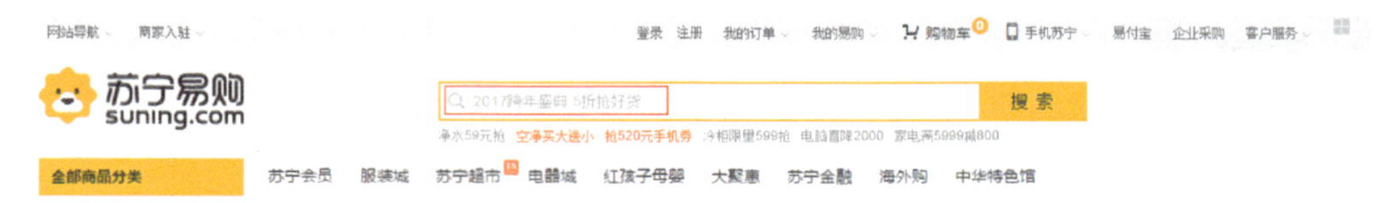

电商类网站通常会不定期举行各种促销活动，这时可以将最新的促销活动信息作为搜索提示信息放置在搜索文本框中，从而提高促销活动的曝光度。例如，在“苏宁易购”网站的搜索框中放置的提示信息为“2017 跨年盛典 5 折抢好货”，如果用户想使用搜索功能，就一定能够看到该促销信息，并且如果用户没有在搜索文本框中输入内容，而直接单击“搜索”按钮，也将进入该促销信息页面，这样就大大提高了促销信息的曝光度。这里的提示信息还可以根据最近的活动随时进行更换。

在搜索文本框中也可以单纯添加一些询问语，用于增强网站与用户之间的亲切感。

在该素材类网站页面中，搜索文本框中的提示信息为“1718393 张精美图片”，并没有使用传统的提示文字内容，通过这样的提示信息给用户一种素材图片非常丰富的心理暗示，增强用户找到适合的素材图片的信心。

2. 搜索分类

在许多综合性门户网站和电商网站等包含大量信息的网站所提供的搜索栏中通常都会包含搜索分类功能，便于用户选择搜索的范围。搜索功能是全局性的，仅在搜索框中出现提示信息也不足以满足用户对于信息分类搜索的需求，因此需要提供搜索分类功能，在搜索开始之前就缩小搜索的范围，提升操作的便捷性和智能化效果。

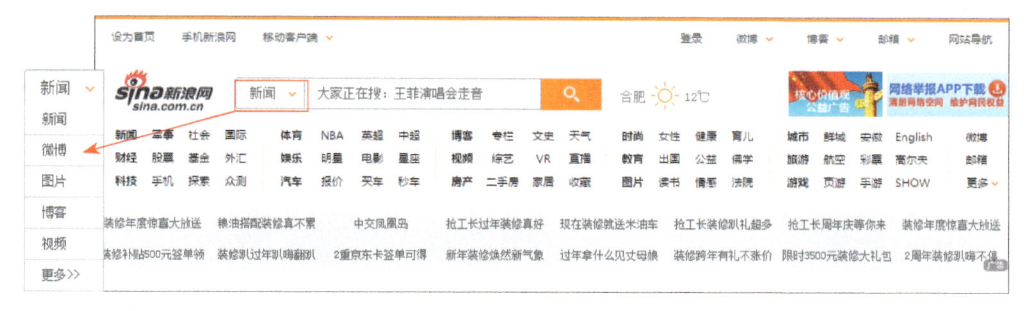

“新浪”网站是一个综合性的新闻门户网站，在该网站页面中将搜索栏放置在顶部网站 Logo 的右侧，并且在搜索框的左侧通过下拉列表的形式表现搜索分类，用户进行搜索时可以通过选择相应的搜索分类，从而缩小搜索的范围，便于更精确地找到自己需要的内容。

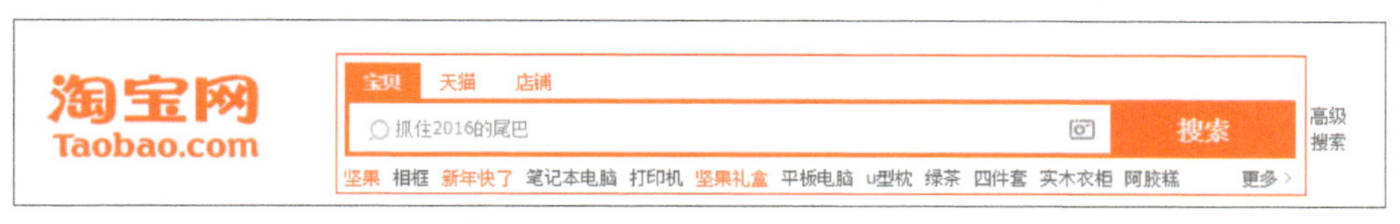

“淘宝”网站是一个综合性的电商网站，该网站的搜索栏使用选项卡的方式来表现搜索分类功能，用户可以单击不同的选项卡，从而确定在哪一种分类中进行搜索，缩小搜索范围。

3. 搜索历史

搜索历史可以作为一种快速搜索的功能入口，呈现用户的搜索历史记录，一来可以方便用户下次对于重复性的内容实现快速搜索，二来也便于收集用户习惯。

在设计搜索历史功能时需要注意以下几点。

（1）位置

搜索历史的位置应该紧贴搜索文本框进行呈现，此时用户的视觉焦点位于搜索文本框，更容易注意到搜索文本框下方的搜索历史。

（2）显示样式

一般搜索词会作为一个完整的搜索内容呈现，而且会涉及点击操作，因此不适合折行或者截断显示，通常采用的处理方式是固定行数显示，从而使用户对自己搜索了哪些关键词一目了然。而在移动端页面中，也可以将搜索关键词以按钮的样式显示，强化可点击的操作意向。

（3）数量

还需要限制搜索历史的数量。显示的搜索历史数量过少对于用户来说没有太大的意义，因为旧的内容很容易被新的搜索词替换掉；显示的搜索历史数量过多则会占据页面太多的高度。特别是在移动端，更是需要控制搜索历史的显示数量。

“京东”网站的搜索框提供了搜索历史的功能，当用户在搜索文本框中单击时，即可自动在搜索文本框的下方显示出用户在“京东”网站中最近搜索的 10 条历史记录，如果用户需要搜索之前搜索过的内容，可以直接在搜索历史列表中进行选择，方便用户的操作。

4. 热门搜索词

热门搜索词一般是产品需求驱动出现的，可以让页面内容更加丰满，同时也透露出当前主推的内容，提升内容的曝光率和点击量。当前网站主推的内容或商品以及搜索频率较高的内容都可以作为热门搜索词。

技巧点拨

通常在一些大型的综合门户或者电商网站中都会在网站搜索框附近放置热门搜索词，用户只需要单击相应的关键词，即可实现快速搜索的功能，而不需要在搜索文本框中输入搜索内容，这也是一种提高用户操作体验的方式。

热门搜索词与搜索历史有许多相似点，因此需要注意在样式上与搜索历史内容进行区分。不同于搜索历史的是，热门搜索词是网站管理人员设置的内容，不是用户主动有意识或无意识触发的，因此就存在用户接受度的问题。在热门搜索词的数量上需要更加斟酌，通常在 5~9 个之间，能够让用户一目了然，较为复杂的搜索词则更需要简化数量，让用户能够抓住重点。放置过多的搜索词，会稀释用户的注意力。

在大多数网站中，都会将热门搜索词放置在搜索框的下方，这样可以使版面更加美观，也避免对用户使用搜索功能造成干扰。

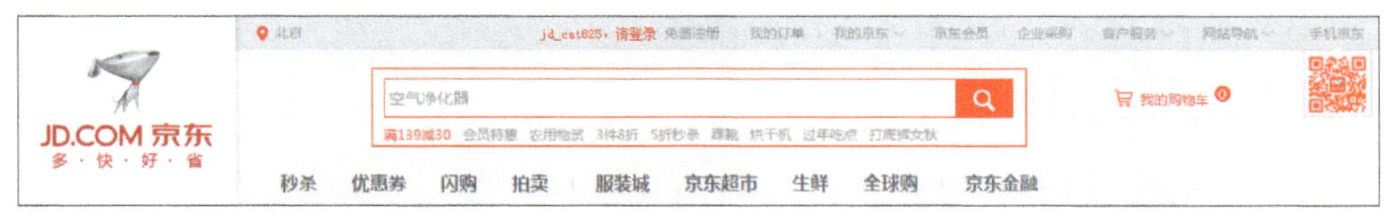

在"京东"网站中，将热门搜索词放置在搜索框的下方，并且使用红色的文字来突出重点搜索词的表现效果，除了在搜索文本框的下方放置热门搜索词，许多电商网站还会在搜索文本框中将促销产品或信息作为提示信息内容进行表现。

还有一种方式是将热门搜索词放置在搜索框的右侧，这种方式对用户的干扰性最小，但是其横向空间的扩展性较差。

在该素材网站中使用通栏的半透明色块来突出搜索功能的表现，在搜索栏的右侧放置热门搜索词，给用户起到提示作用，当用户单击热门搜索词时，可以快速对该搜索词进行搜索并显示搜索结果。

有些网站也会将热门搜索词放置在搜索文本框的内部，这种方式的提示效果最为明显，当用户想要使用网站的搜索功能时，第一眼就能够看到文本框中的热门搜索词，大大增加了热门搜索词的曝光度。

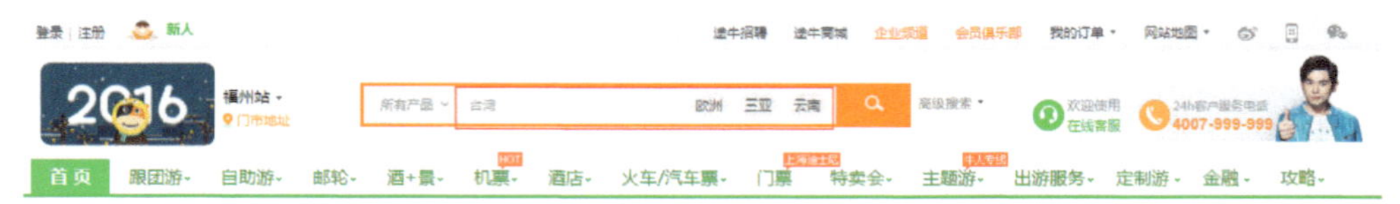

在“途牛旅游网”的搜索栏中将热门旅游目的地放置在搜索文本框中，当用户需要使用搜索功能时第一眼就能够看到所推荐的热门旅游目的地，单击相应的搜索词，即可快速跳转到相应的页面。如果用户对推荐的热门旅游目的地并不感兴趣，在文本框中单击，则文本框中的推荐信息就会消失，用户可以输入自己需要搜索的内容。

用户操作便捷化与简洁化——搜索过程

从用户操作场景来看：在实际的搜索过程中，用户在搜索文本框中单击输入搜索关键字，核心目标就是快速输入关键词。或者说，用户希望输入的过程便捷、快速，这也是影响用户体验的关键点。

专家支招

这种用户便捷、快速地输入搜索关键字的过程，很难在系统输入法上做文章，但是可以在其他方面实现给用户带来“便捷”“快速”的体验，包括根据用户输入的内容即时呈现的搜索关键词，这也是搜索功能好用性和易用性的一种体现。

用户在搜索文本框中输入搜索关键词的过程中也伴随着对应的反馈，此时出现的即时反馈主要包括两种样式，搜索联想词和分类匹配，这样能够提高搜索功能的友好性体验。

1. 搜索联想词

搜索联想词是根据用户逐渐输入内容而不断呈现的包含输入关键词的列表。对于功能完整的搜索过程，搜索联想词能够帮助用户的输入信息起到纠正、提醒、引导的作用；对于有固定搜索结果的网站而言，搜索联想词起到便捷搜索的作用。

2. 分类匹配

对于多模块或者内容较多的网站来说，不仅在结构中需要对不同范畴或属性下的内容进行分类，在搜索过程中也要明确告知用户该分类下的内容，提高信息内容的清晰度。用户在搜索过程中可以实时切换搜索的分类范围，同时显示固定范围下的搜索数量，这样可以使用户的搜索结果更加准确，这种分类匹配的设计方式在电商类网站中比较常见。

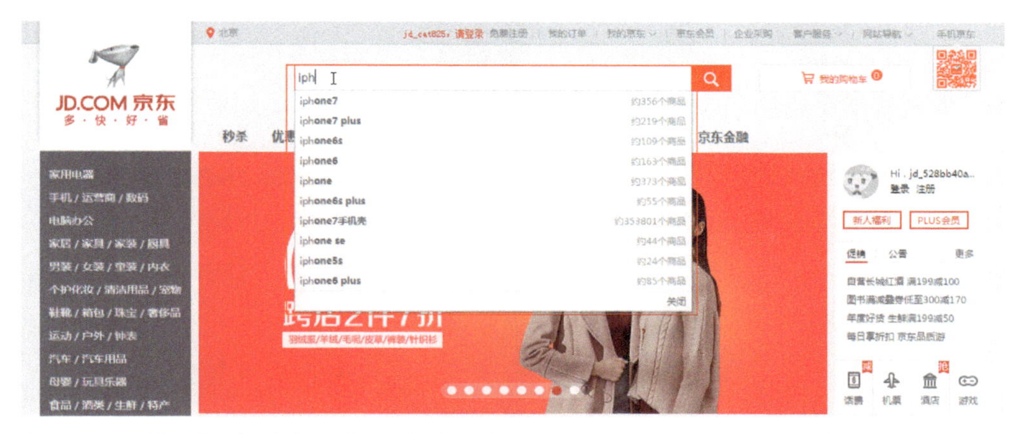

在“京东”网站的搜索文本框中当用户输入搜索关键字时，系统会自动根据用户所输入的搜索关键字进行匹配相关的联想关键词，并且搜索文本框的下方显示出 10 条联想词，其中联想词的加粗部分为系统自动匹配的部分，这样就可以大大减少用户的输入，从而快速进行搜索操作。

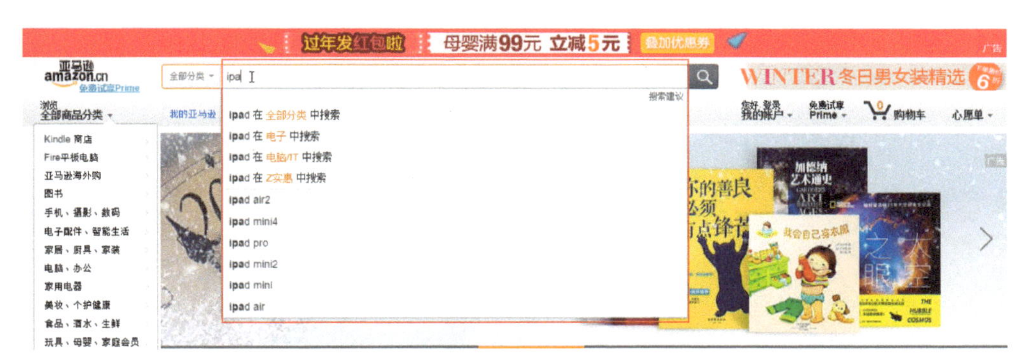

在“亚马逊”网站的搜索文本框中当用户输入搜索关键字时，在搜索框的下方分为两个部分，上半部分为系统根据用户所输入的搜索关键字进行的分类匹配，选择相应的选项可以直接在所选择的分类中进行搜索，缩小搜索的范围；下半部分为根据用户所输入的内容匹配的联想搜索词。

用户的终极目标——搜索结果

搜索结果页是指用户点击搜索按钮后看到的搜索内容页面，是用户搜索的目标所在，因此如何准确地呈现用户所搜索的内容是重点，用户需要一眼就看到目标信息。本着所见即所得的理念，有了目标信息，通用的交互操作和功能在这里也都需要能够实现，这样用户的操作体验才具有一致性和连续性。

1. 多维度展示搜索结果

虽然搜索结果页面不是固定内容的页面，每次搜索都会重新请求服务器加载新的内容，但是网站中的内容分类是固定的，因此当搜索结果的种类比较多时，可以使用相应的形式对搜索结果进行分类显示，有助于提升信息的清晰度和可读性，帮助用户快速找到目标信息。

2. 为搜索结果添加相应的功能操作

为搜索结果添加相应的功能操作，可以帮助用户快速完成相关功能的操作，缩短操作路径。例如电商类的产品可以在搜索结果页面中为商品添加购买或加入购物车的按钮，用户可以直接点击进行购买或执行加入购物车的操作；而视频类的搜索结果页面，则可以添加播放和下载按钮，用户可以直接进行视频的播放或下载。这样可以有效缩短用户的操作流程。

在“京东”网站的搜索结果页面中，在搜索结果列表的上方提供了多种属性选择，用户可以通过对这种相关属性的选择来进一步缩小搜索结果的范围，从而便于用户快速找到自己需要的商品。在搜索结果的上方还提供了多种对搜索结果进行排列的方式，同样可以辅助用户快速在搜索结果中查找需要的商品。在搜索结果中为每个搜索结果都提供了相关的功能操作按钮，便于用户在不进入详情页面的情况下，快速实现重要的功能操作。

观点总结

一个网站能够吸引用户，不仅仅是在内容上，更多的是每一个细节都能给予用户最好的体验，在每一个步骤都要把用户列入考虑范围。如果你没有给用户一个积极的体验，他们是不会使用你的产品的。

一个简易的搜索功能，可能有关键词 + 搜索结果就可以。但是一个完善的搜索功能，却要通过对搜索主体偏好的猜测、对输入内容的语义分析、对搜索结果的质量评估分析，以及对搜索结果的排序方式调整，为用户呈现适当的结果。

页面刷新

用户在网站中进行浏览操作时，经常涉及页面刷新。传统的页面刷新方式为整页刷新，这种方式会打断用户的浏览进程，给用户不好的体验。在网站页面中应该尽量使用 Ajax 技术，实现网站页面的局部刷新，从而减少页面刷新率，实现更加流畅的用户浏览体验。

知识点分析

Ajax 是新兴的网络开发技术的象征，它将 JavaScript 和 XML 技术结合在一起，用户每次调用新数据时，无须反复向服务器发出请求，而是在浏览器的缓存区预先获取下次可能用到的数据，页面的响应速度因此得到了显著提升。

专家支招

Ajax 技术不是一种新的编程语言，而是一种用于创建更好、更快，以及交互性更强的网站应用程序的技术。

关于网站中页面刷新的交互体验，将通过以下两个方面分别进行讲解。

1．页面刷新的常见方式

2．使用 Ajax 带来不一样的交互体验

页面刷新的常见方式

在了解页面的刷新方式之前，首先需要清楚用户所看到的网站与服务器之间是如何进行交互的。它的工作原理是这样的：用户在网站界面上进行操作，客户端发送请求到服务器，服务器处理请求，返回数据给客户端，并显示给用户。

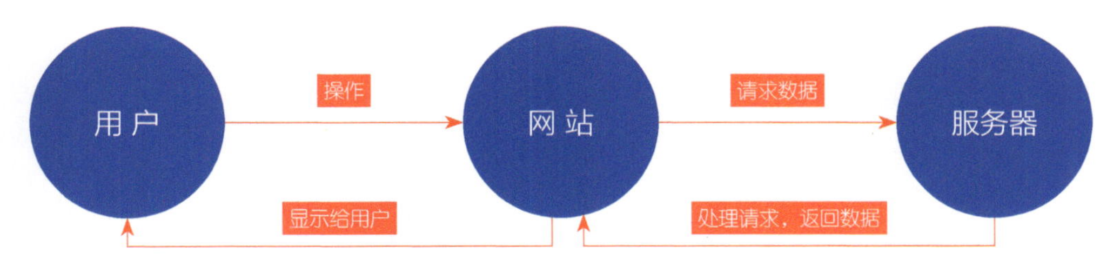

其中，客户端和服务器的交互过程，用户是感知不到的，而它确实会耗费时间，在不同的网络环境下耗费的时间也会有所差异，如何让用户在这段时间里有友好的体验呢？这时候“页面刷新”起了作用。

1. 刷新整个页面

这是最常见也是最普通的页面刷新方式，相当于单击浏览器窗口中的“刷新”按钮，会重新载入整个页面。这种方式一般运用在页面内容比较单一的情况下，所以直接一次性加载完所有页面数据后再显示内容。但是如果页面中的内容较多，需要多次与服务器进行交互，那么显示该页面的时间就会比较长，会给用户带来不好的体验。

2. 实时通信

这种方式需要实现页面的自动刷新功能，通常运用于聊天室或实时的文字与图片新闻直播页面，因为这种页面本身就要求基本上绝对的实时性，所以页面能够实现与服务器之间的实时通信非常有必要。

3. 局部刷新

页面的局部刷新是目前网站中常用的刷新方法，通常是使用 Ajax 技术来实现的，只刷新网页中的某个部分。使用这种方式的网页能够让用户逐步看到内容，在这个渐进的过程中降低用户的焦虑心理。

目前，大多数综合型网站都使用了局部刷新的方式来加载页面。页面中各模块之间没有绝对的关联性，可以独自加载各模块的内容，根据请求的速度不同分别显示。这样处理有一定概率让用户在没有完成所有数据刷新的情况下就能找到自己需要的功能。

使用 Ajax 带来不一样的用户体验

使用 Ajax 技术可以实现在浏览器与服务器之间使用异步数据传输，这样就可以使网页从服务器请求少量的信息，而不是整个页面，即只对页面的局部进行刷新，使用户的浏览更加流畅。

1. 传统网页刷新与 Ajax 网页刷新

传统的网站页面都要涉及大量的页面刷新，用户只要点击了某个链接，请求发送回服务器，然后服务器根据用户的操作再返回新的页面。其数据交互的流程如下。

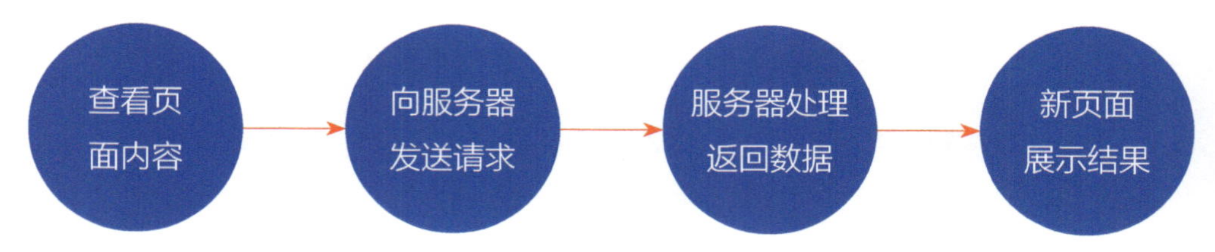

在传统的网站页面中每一次交互数据都需要经历以上的交互流程，当获取到新的数据后，即便用户看到的只是页面中的一小部分有变化，也要刷新和重新加载整个页面，包括公司标志、导航、头部区域、页脚区

域等，这样会造成用户体验的中断。

使用 Ajax 技术就可以做到只更新页面中的一小部分，页面中的其他内容，比如标志、导航等都不用重新加载。其数据交互的流程如下。

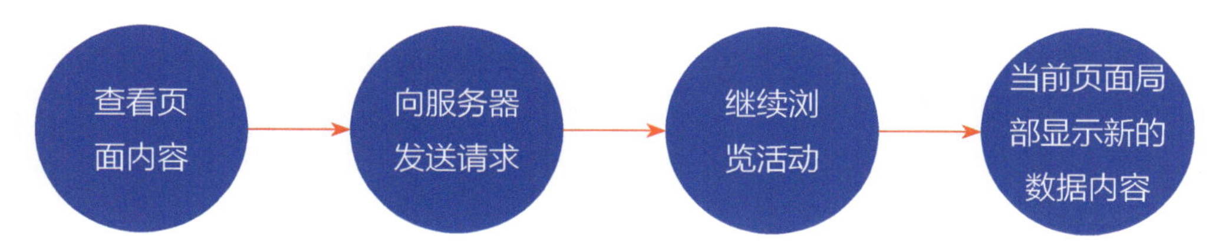

使用 Ajax 技术后，用户仍然像和往常一样浏览和使用网站页面，例如单击页面中的链接，已经加载的页面中只有一小部分区域会更新，而不必再次加载整个页面了。这样就保证了用户体验的连续性。

这是“新浪”网站首页中的新闻模块，该栏目就采用了 Ajax 技术。在用户浏览过程中，如果有更新的新闻内容，新闻列表上方则会显示“点击查看更多”的提示。当用户单击该提示时，则会只刷新该栏目中的新闻列表，获取最新的新闻内容，而不会对整个页面进行刷新，既加快了页面的显示，又不会打断用户的浏览。

专家支招

Ajax 数据交互方式在客户端与服务器之间创建 Ajax 引擎和 XML 服务器，类似于缓存的作用，可以让用户在同一个页面进行多个不同的操作而相互之间不受干扰，从而提升用户体验。

以下为传统网页刷新与 Ajax 网页刷新的区别总结。

	传统网页刷新	Ajax 网页刷新
用户体验	刷新并重新加载整个页面，这样会导致用户体验中断。	页面局部刷新，能够保持连贯的用户体验。
开发思维方式转变	（1）页面交互为主导 （2）同步响应 （3）非标准布局和开发 （4）主要代码工作在服务器端	（1）数据交互为主导 （2）异步响应 （3）标准布局和开发 （4）客户端需要更多的代码工作

2. Ajax 技术的优势

（1）最大的优势就是能够实现页面的局部刷新，在页面内与服务器通信，给用户带来非常好的用户体验。

（2）使用异步方式与服务器通信，不需要打断用户的操作，具有更加迅速的响应能力。

（3）可以把以前一些服务器负担的工作转嫁到客户端，利用客户端闲置的能力来处理，减轻服务器和带宽的负担，Ajax 的原则是"按需取数据"，可以在最大程度上减少冗余请求。

（4）Ajax 是基于标准化的并被广泛支持的技术，不需要下载任何插件。

观点总结

使用 Ajax 技术可以将页面请求以异步的方式发送到服务器，而服务器不会用整个页面来响应请求，它会在后台处理请求，与此同时用户还能继续浏览页面并与页面交互。Ajax 脚本则可以按需求加载和创建页面内容，而不会打断用户的浏览体验。通过使用 Ajax 技术，网站应用可以呈现出功能丰富，交互敏捷，类似桌面应用一般的体验。

是否打开新窗口

网站中的链接页面采用什么样的打开方式，这一直是一个富有争议的话题，不过依然有很多设计师在设计网站的时候并不是非常注意这种细节。为了使用户在网站中的浏览更加顺畅，应该根据不同的链接情况来设置不同的链接页面打开方式，这也是提高用户体验的小细节。

知识点分析

无论是在新窗口中打开链接页面，还是在当前窗口中打开链接页面，这两种方式都并不是绝对的错误，应该根据实际的打开页面来决定采用哪种打开方式。不过为了提高网站的可访问性，应该尽可能减少在新窗口中打开链接页面，从而避免过多的无效窗口。如果是使用弹出窗口的方式来打开新页面，则必须为该弹出窗口设置关闭功能。

关于网站中链接页面是否打开新窗口，将通过以下两个方面分别进行讲解。

1．常用的 3 种打开方式

2．如何选择打开新页面的方式

常用的 3 种打开方式

1. 在当前页面打开新页面

这种方式是直接刷新当前页面并载入链接目标页面，始终保持用户的操作处于同一个页面窗口中。

直接刷新当前页面可以节省浏览器与计算机窗口的空间，并且有利于汇集用户焦点，减少过多页面对视觉的干扰。缺点在于覆盖了原页面后，会丢失部分前页面的信息。

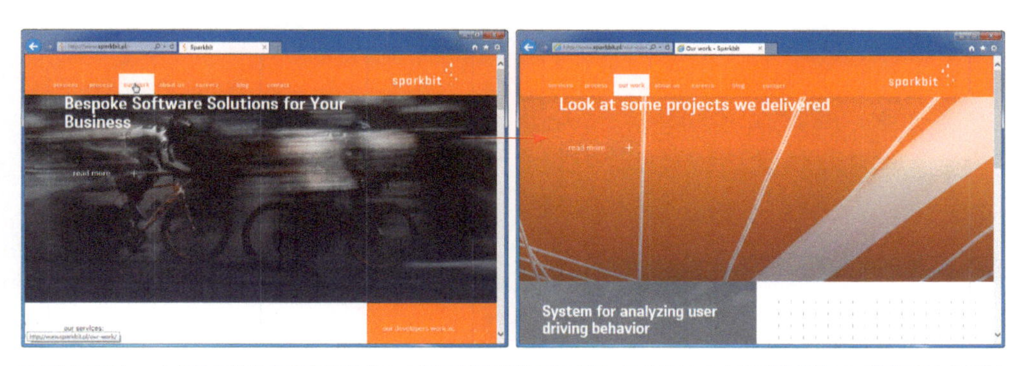

该网站页面中，大多数超链接都是在当前窗口中打开新的链接目标页面，而并没有在新的浏览器窗口或标签页中打开链接目标页面，这也是目前许多中小型网站所采用的页面打开方式。这样可以使用户始终在同一个浏览器窗口中进行浏览，减少对用户的视觉干扰。

2. 在新的窗口或标签中打开页面

单击页面中的链接，可以在自动弹出的新的浏览窗口或浏览器标签页中打开该链接目标页面。

打开新窗口的方式便于用户来回查看前后页面的内容，保证信息完整。但是当浏览器中打开了过多的页面时，这种模式会使用户对当前页面位置的判断变得混乱。

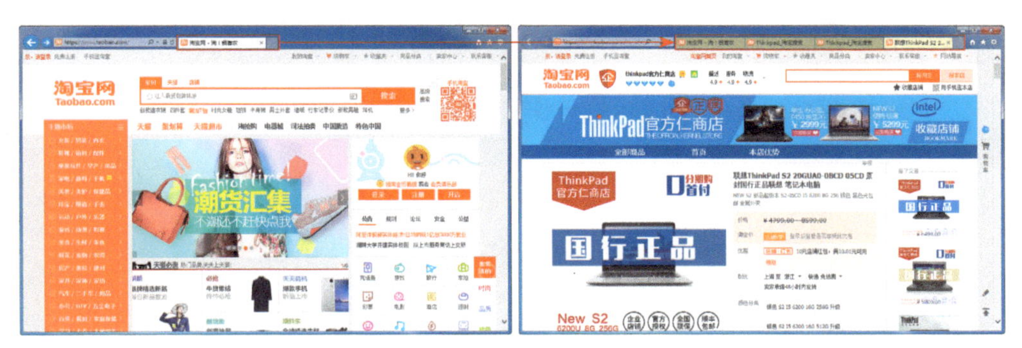

“淘宝网”是一个使用新的标签页显示链接目标页面比较极端的例子，网站中大多数的链接都是采用在新的标签页面中打开的方式，不一会浏览器窗口上方就全是淘宝的标签页面了。这可能与淘宝用户群体的庞大性有关，它必须兼顾各种互联网使用经验级别的用户。但是如果用户想要返回之前的页面查找其他商品，过多的标签页会使用户感觉混乱。

3. 在当前页面弹出小窗口

单击页面中的链接，在当前页面上方弹出一个面积较小的窗口，在该窗口显示相关信息或用户完成相应的操作。

这种弹出小窗口的打开方式只适合表现一些内容比较少的信息，例如网站通知，或者是一些简洁的用户操作功能，例如用户登录或者注册等。

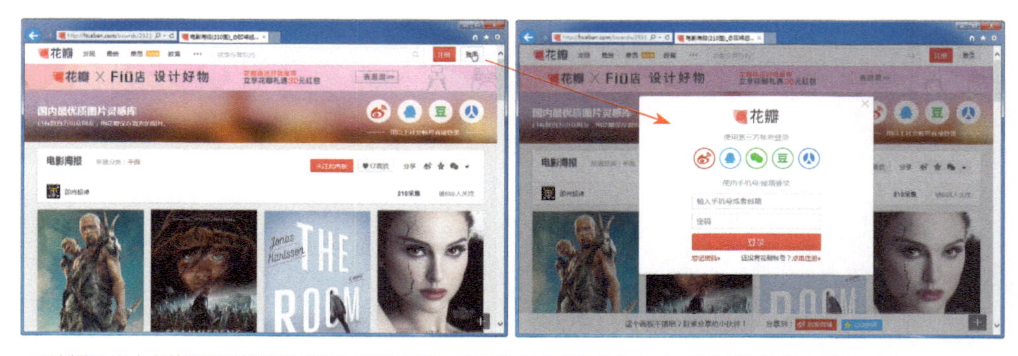

“花瓣网”中大多数的页面链接采用的是刷新当前页面打开链接目标页面的方式，而顶部导航栏右侧的“登录”和“注册”这两个链接的打开方式则是在当前页面弹出小窗口，这种方式能够在不影响用户正常浏览进程的情况下，完成相关信息的操作。但是这种弹出小窗口的方式只适合显示一些简洁的提示、临时信息或者常用功能操作。

专家支招

如果使用的是弹出小窗口的方式打开链接页面，那么必须在该小窗口中提供关闭窗口的功能，便于用户返回正常的网站流程。

如何选择打开新页面的方式

就在当前页面中打开或者在新的窗口中打开这两种链接页面打开方式而言，并没有好坏之分，只是长久以来的习惯差异而已。关于何时在当前页面中打开链接页面，何时在新标签页中打开链接页面并没有统一的用法和标准，但是从网站和用户体验的角度有一些比较可行的说法。

1. 强制在新标签页中打开的情况

链接形式	说明
文件下载链接	文件下载链接是在下载某个文件时，出现的可以供给资源的网页或者目标项。在新的标签页中打开下载链接，当网站成功与下载资源连接后，会自动关闭新的标签页面并提示用户保存所下载的文件，并不会对用户的浏览进程造成妨碍。
文件打印链接	需要打印网页内容时，通常情况下都只是打印网页中局部的主体内容而不是整个网页。这种情况下，就需要将文件打印链接设置为在新标签页中打开的方式，在该页面中可以预览到所打印的区域，便于用户确认所需要打印的内容主体。
大型文档（如 PDF 文件）链接	对于网站中的一些大型文档链接建议在新的标签页中打开，因为通常大型文档都需要有一定的加载时间，为了避免用户等待的时间过长，用户可以返回到原标签页面中同时做其他的事情，当大型文档加载完成后再切换至该标签页进行浏览。
非主线任务并打断进程的链接	例如，如与客服沟通时查看商品的链接，表单填写时的一些说明性链接等，目的是为了一致连续地完成当前任务。

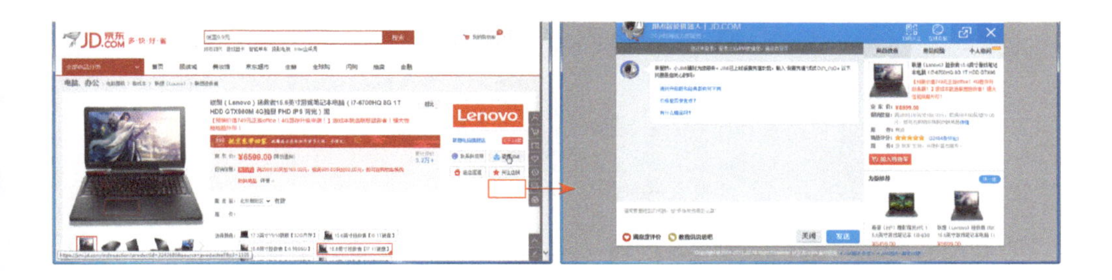

此处的截图为“京东网”某商品的详情页面，单击该页面右侧的“咨询JIMI”链接时，会在新的标签页面中打开客户咨询窗口，这样的话并不会影响用户的整体购物流程，用户可以一边向客服进行咨询，一边返回到商品详情的标签页面中浏览商品。如果是在当前窗口中打开咨询页面，那么咨询完成后用户又需要重新查找该商品，非常麻烦。

2. 可以选择在新标签页中打开的情况

链接形式	说明
外部链接	网站中的外部链接建议在新的标签页中打开。例如在某篇正文内容中间引用了几个相关的外部链接，对于用户来说，可能希望同时打开多个链接以供之后平行查看，同时可以继续阅读本文；对于网站来说，外部链接采用新标签页的打开方式在一定程度上有利于留住用户。
列表性链接	网站中的列表性页面链接建议使用标签页进行打开。例如搜索结果、论坛帖子等，搜索结果链接与帖子里的链接倾向于使用新标签页打开，因为长长的帖子或搜索结果页面权重大，后退刷新的话不容易回到原处，即容易失焦。

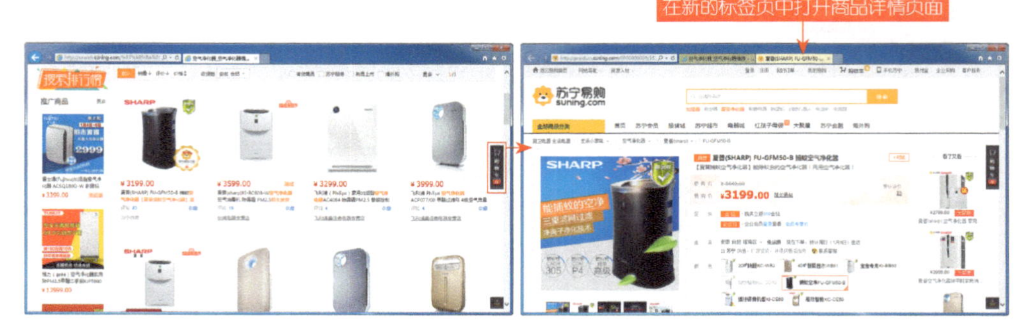

这是电商网站的商品搜索结果页面，在该页面中显示了根据关键字找到的相关商品，该商品列表页面中的每个商品链接也建议在新的标签页面中打开，从而方便用户返回到商品列表页面中重新选择其他商品进行查看。

3. 建议在当前页面打开的情况

链接形式	说明
导航链接	网站中的导航应该给用户最大的控制可能，不论是全局导航、局部导航、辅助导航、上下文导航等，都建议在当前页面中打开，如果在新的标签页中打开导航链接会严重影响网站可访问性的流畅感。
Tab 标签链接	Tab 标签是很常见的页面内容组织形式，但不管直接隐藏显示、异步加载显示，还是类似导航的跳转，都不建议在新的标签页面中打开，因为此时用户更加期望页面中的交互变化，或者在当前页面中载入新的页面。
返回操作链接	导航链接与返回操作链接有部分重合，例如面包屑路径导航，单击其中的路径链接其实就是返回操作。在任何页面进行返回操作都代表当前页面已经不需要了，因此不能新开窗口。返回操作还包括单击网站 Logo 返回首页，这也是经常遇到的典型错误之一。
表单	表单在网页中的应用范围比较广，例如登录、注册、搜索都应该在用户提交表单信息后直接刷新当前页面显示其结果，这样可以使用户的体验更加流畅。

观点总结

通过上述的分析讲解，我们基本上可以广义概括为只要是影响用户访问、操作流畅度的链接都不建议在新的窗口或标签页面中打开。

关于链接打开方式，很多情况下还是测试数据说了算。但是一致性依然需要注意，不能随意设置，导致用户无法预知将要点击的下一个页面是如何出现的。

面包屑路径

面包屑路径又称为面包屑导航，面包屑路径是一种作为辅助和补充的导航方式，它能帮助用户明确当前所在的网站内位置，并快捷返回之前的路径。

知识点分析

面包屑通常水平地出现在页面顶部，一般会位于标题或页头的下方。面包屑路径提供给用户回溯到网站首页或入口页面的一条快速路径，绝大多数的面包屑路径看起来形式如下。

用户在浏览网站的过程中，无论用户当前浏览到网站中的哪一个页面，都可以清楚地在面包屑路径看到当前页面的层级与路径，并能够快速地返回上一层级的页面。关于网站中面包屑路径的交互体验，将通过以下几个方面分别进行讲解。

1．面包屑路径的作用

2．面包屑路径的表现形式

3．面包屑路径设计技巧

面包屑路径的作用

通常内容较多的网站中所包含的子页面也较多，而面包屑路径是指引用户的一盏明灯，由此可见面包屑路径对于用户浏览体验的重要性。面包屑路径在网站中的作用主要表现在以下 3 个方面。

（1）无论用户浏览到网站中的哪一个层级、哪一个页面，都可以清楚地看到该页面的路径，方便用户快速跳转到其他页面。

（2）面包屑路径从一个侧面展示了网站中信息集合的信息结构和集合方式。

（3）面包屑路径的信息结构对于网站的 SEO 也有着很大的好处，它可以更多地强调网站关键字，扩大关键字的范围，优化网站的 SEO。

专家支招

SEO 是英文 Search Engine Optimization 的缩写，中文称为“搜索引擎优化”。SEO 是指在了解搜索引擎自然排名机制的基础之上，对网站进行内部及外部的调整优化，改进网站的搜索引擎中关键词的自然排名，获得更多的展现量，吸引更多目标客户点击访问网站，从而达到互联网营销及品牌建设的目标。

面包屑路径的表现形式

面包屑路径简单、直观、灵活、应变能力强。面包屑路径显示了用户的当前位置，帮助用户理解与其他页面之间的位置关系。网站中常见的面包屑路径主要有以下 3 种表现形式。

1. 定位面包屑路径

定位面包屑路径是面包屑路径中最常见的一种形式。基于位置的面包屑显示用户在网站中的哪一个级别页面，当前页面路径在网站中拥有唯一的位置。

通常情况下，在多于两级以上的网站页面中都会使用定位面包屑路径。在定位面包屑路径中，每一个页面的链接表示它比它右侧的页面链接高一个层级。

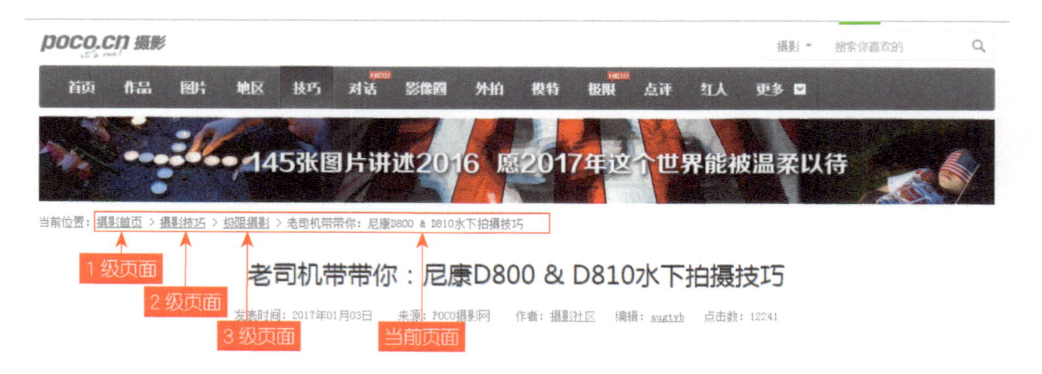

该网站页面在顶部 Banner 图片的下方放置定位面包屑路径。通过该面包屑路径，用户可以非常清晰地了解当前所片的位置，并且为面包屑路径中除当前页面以外的路径页面都添加了相应的链接，用户通过在面包屑路径中单击链接即可跳转到相应的页面，非常方便。

专家支招

网站中的定位面包屑路径所展示的不是导航的历史，而是在整个网站中某个固定的位置，本质上它是网站结构的线性表示。也就是说，不管用户如何到达当前目标页面，面包屑的路径都是一样的。

2. 属性面包屑路径

属性面包屑是描述一个页面的方式，不是它在网站中的位置，也不是访问的路径，属性面包屑给出了当前页面所属类别的信息。在电商类网站的搜索结果页面中，通常都可以通过各种不同的属性选项对搜索结果进行筛选，此时使用的就是属性面包屑路径。在属性面包销路径中包含了对结果筛选条件的描述。

在电商网站页面进行商品搜索时，在搜索结果页面通常都可以通过各种属性来缩小结果范围，便于用户能够更加准确、快速地找到需要的商品，在这里就可以看到属性面包屑路径。

3. 路线面包屑路径

路线面包屑路径是动态的，它是根据用户的点击所产生的。根据用户到达目标页面的方式不同，目标页面上所生成的面包屑路径也不相同。

路线面包屑路径经常用来指引用户进行某种操作，例如"注册"流程，它动态地显示用户完成注册所需要的过程。

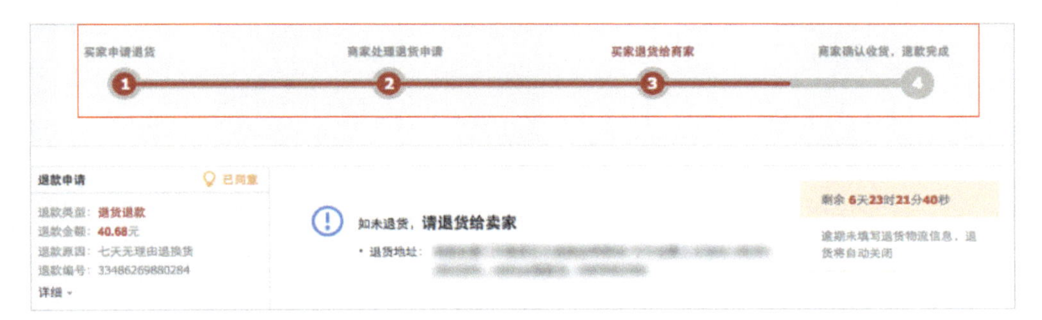

这是“天猫”网站的退款进度页面。页面顶部的退款进度显示条就可以理解为路线面包屑路径，用于表明页面处于任务步骤中的位置，并且一般头部的区域是不可点击进行跳转的，只是用于指示作用。

技巧点拨

面包屑路径只是一个辅助的导航工具，所以谁都不希望它占据巨大的页面空间，它应该尽量小，但是要能够方便访问，向用户传达出这种辅助的设计意图。一个原则就是，用户浏览页面时，不能第一眼就被面包屑路径所吸引。

面包屑路径设计技巧

面包屑路径支持一键访问上一级目录，从而解决了那些通过搜索或深度链接，到达非目的页面的用户。用户非常容易理解面包屑路径，所以在操作上也不会出现什么问题。设计师在设计网站页面中的面包屑路径时需要注意以下技巧的应用。

1. 统一关键词，避免重复

面包屑路径的存在就是为了让用户能最直观地了解自己在网站中所处的位置，因此，用词精简直接并且唯一，是面包屑必须遵守的原则，并且在用词方面也要尽量避免有歧义的用词。也就是说，每一个页面都有属于它的唯一路径，这样能减少用户在网站访问过程中产生的疑问。

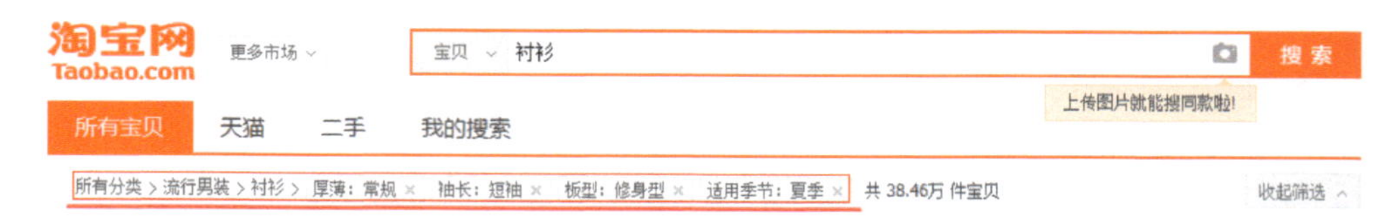

“淘宝网”的属性面包屑路径就非常直观，每一个大分类都保持了唯一性，避免重复，让用户能在第一时间做出反应。

2. 善于使用面包屑

面包屑路径还能有助于用户明确页面定位。在电商类网站中，当用户对商品没有目标性时，属性面包屑路径就能让用户拥有更加顺畅的购物体验。

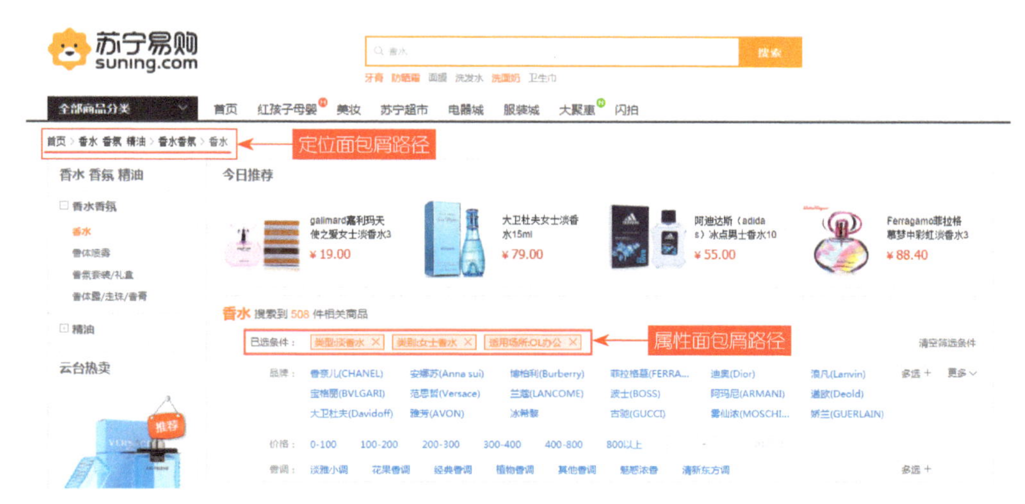

“苏宁易购”网站的商品种类较多，将产品大分类设计为定位面包屑路径，商品属性的设置则设计为属性面包屑路径，可以更加便于用户查找商品。

3. 使用具有指向性的符号

面包屑路径从用户体验上来说是一个重要的小细节，既要让用户看得清楚，又不能太醒目，因此，在色彩上主要以黑、灰为主，形状上可以采用单独连接符号，多考虑关键字之间的包含关系，并且具有指示性。

大多数网站的面包屑路径都会使用浅灰色字体进行表现，其在网站中的视觉表现不会过于抢眼，并且大多数都使用箭头符号“>”作为关键字连接符。箭头符号具有很强的指示性。

4. 减少对用户的影响

面包屑路径的设计应该是站在协助主导航的角度，不应该过多地吸引用户的注意力，更不能对页面的风格产生影响，要使用户在网站浏览的过程中不受面包屑路径的影响。

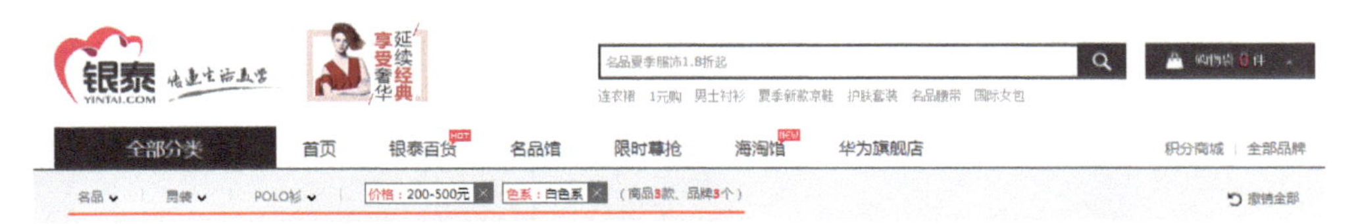

“银泰网”的面包屑路径设计不像大多数网站选择全透明的背景，而是使用了与网页整体相同的浅灰色背景，这样的做法可以使面包屑导航融入到全局中，不会对用户使用产生任何困扰。

5. 控制层级

精简面包屑路径层级的原因不仅仅为了提升用户体验，也为了利于搜索引擎的抓取。尽量把面包屑控制在 4 个层级以内，对用户视觉和网站的 SEO 都有很大的好处。

“苏宁易购”网站的定位面包屑路径默认控制在 4 层以内，其他的多元化属性则在另外一个区域中进行排列，降低了用户在使用时的受干扰程度。

6. 在面包屑中使用关键字

面包屑对于网站的 SEO 有着很大的影响作用，因此把握关键字的设置也许能为网站带来更多的流量。

“天猫”网站中的面包屑路径采用了定位面包屑与属性面包屑相结合的方式，但是总体控制在 4 个层级以内，用户可以根据自己的需求筛选关键字，让呈现出的内容更加准确。

观点总结

面包屑路径是作为辅助和补充的导航方式，它能让用户知道在网站或应用中所处的位置并能方便地回到原先的地点。

面包屑路径是每个大中型网站中的一个必备模块，用户体验是否过关在这里可以有很好的体现。所有的网站元素可能都讲究创新改变，但是面包屑路径却始终如一，用最简单的方式来满足用户的浏览需求。

3

浏览体验要素

当我们在浏览一个网站时，一般会迅速对网站的外观和使用感受做出评判，整体的设计风格是第一印象，能否引导用户继续阅读取决于此。良好的浏览体验主要是指：网站具有清晰的层次结构、具有良好的浏览速度和兼容性、网站中的广告不干扰用户的正常访问、合理的网站权限设置等多个方面。本章将向读者介绍有关网站浏览体验的相关要素。

一个网站拥有良好的浏览体验，对用户来说是非常有益的，大型的搜索引擎也会认为这样的网站具有更好的收录价值。

网站层次结构

就像是一本书它有自己的目录，然后有章、节、段一样，网站同样需要给用户一个清晰的层次结构，这样才能够让用户在浏览网站时不会迷路。

这个不迷路的实质就是网站结构清晰、目录清楚、内容成体系。这可以使我们的网站能够呈现给用户更加清晰和简便的访问方式，让用户更快捷地找到自己需要的东西，从而改善网站的用户浏览体验，最大限度地留住用户。

知识点分析

网站的栏目结构是一个网站的基本架构，通过合理的栏目结构使得用户可以方便地获取网站的信息和服务。网站的栏目结构一般采用树形的网站栏目结构，分一级栏目、二级栏目、三级栏目，一般来说网站栏目不要超过三级目录。

关于网站层次结构的浏览体验，将通过以下几个方面分别进行讲解。

1. 网站结构对用户浏览体验的影响
2. 物理结构与逻辑结构
3. 网站结构不仅仅影响用户体验

技巧点拨

网站的栏目结构也决定了搜索引擎是否可以顺利地为网站的每个网页建立索引，因此网站栏目结构被认为是网站优化的基本要素之一，网站栏目结构对于网站的成功推广运营发挥了至关重要的作用。

网站结构对用户浏览体验的影响

网站栏目层次结构是指网站中页面间的层次关系，按性质可分为逻辑结构及物理结构。网站栏目结构对网站的搜索引擎友好性及用户体验有着非常重要的影响。

（1）网站结构在决定页面重要性（即页面权重）方面起着非常关键的作用。

（2）网站结构是衡量网站用户体验好坏的重要指标之一。清晰的网站结构可以帮助用户快速获取所需信息。相反，如果一个网站的结构极其糟糕，用户在访问时就犹如走进了一座迷宫，最后只会选择放弃浏览。

（3）网站结构还直接影响搜索引擎对页面的收录，一个合理的网站结构可以引导搜索引擎从中抓取更多有价值的页面。

专家支招

由于互联网中信息量极其庞大，为了向用户展示更多有价值的信息，搜索引擎会优先抓取每个网站中相对重要的页面（即权重较高的页面）。然而，搜索引擎是怎样发现这些重要页面的呢？根据重要页面的链接指向的页面可能是重要页面的思路，搜索引擎首先会从权重相对较高的页面（即源页面）出发跟踪其中的链接，从而抓取其他相对重要的页面（即目标页面）。

物理结构与逻辑结构

网站的结构分为物理结构与逻辑结构两类。

1. 物理结构

通俗地说，物理结构就是网站实际目录结构，就是服务器上某个分区下面的文件夹和文件所构成的树状目录。不过，这里有个特例，就是非树状的物理结构，因为它根本没有文件夹的概念，相当于把网站中的所有文件都放置在根目录中。例如，如下的示意图，这种方式叫作扁平式物理结构。

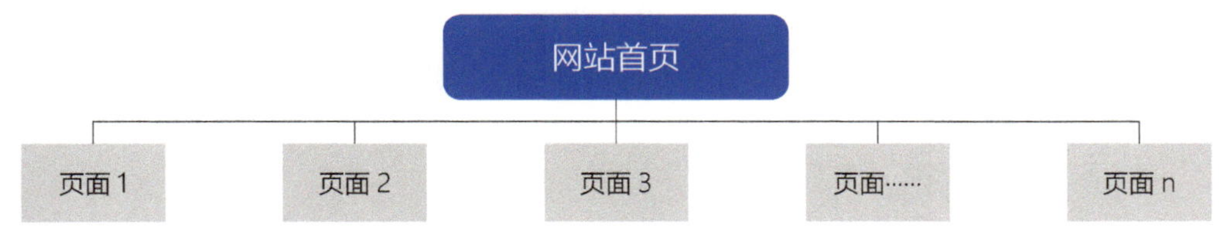

这种网站结构只适合小型的网站使用，因为如果网站页面比较多，太多的网页文件都放在根目录下，查找、维护起来就显得相当麻烦。但是这种结构对于 SEO 非常有利，搜索引擎更喜欢这种清晰的网站结构和简洁的 URL。

对规模大一些的网站，往往需要二到三层甚至更多层级子目录才能保证网页的正常存储，这种多层级目录也叫作树状物理结构，即根目录下再细分成多个频道或目录，然后在每一个目录下面再存储属于这个目录的终极内容网页。例如，如下的示意图。

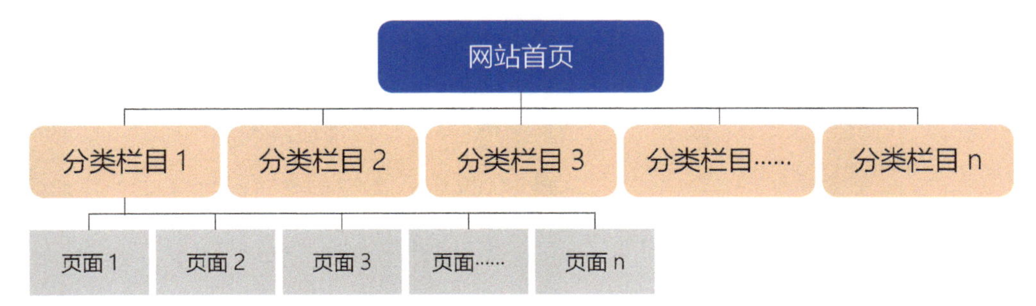

采用树形物理结构的好处是维护容易，但是搜索引擎的抓取将会显得相对困难一点。目前互联网上的网站，因为内容普遍比较丰富，所以大都采用树形物理结构。

从给用户的体验来讲，网站的物理结构展示方式就是这样的。例如，下面以一个常见的品牌展示与销售网站为例来讲解该网站的层次结构。

在页面顶部的中间位置放置主导航菜单，使用户能够方便地快速进入感兴趣的频道页面。

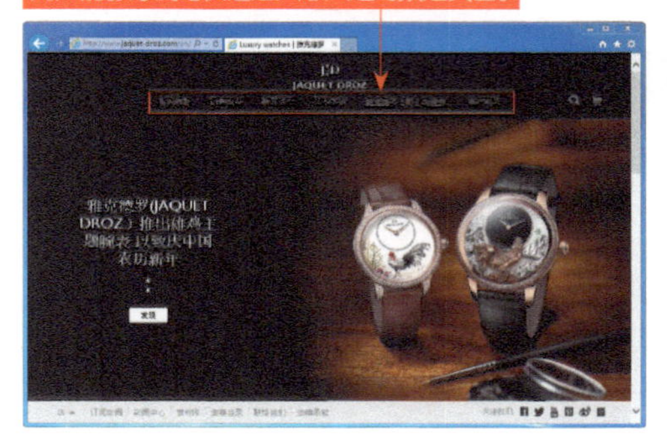

网站首页，在该页面中放置最新、最热门的信息内容，是网站所有卖点的聚合。并且需要能够引导用户通过导航菜单访问网站中的其他栏目页面。

在页面主导航中单击某个主导航菜单项，即可进入该频道页面中。

网站频道页面，它是根据网站定位，对所传递给用户的内容进行分类细化后的聚合页面。每个频道都有自己独特的定位，当然，它是从属于这个网站的核心定位的。

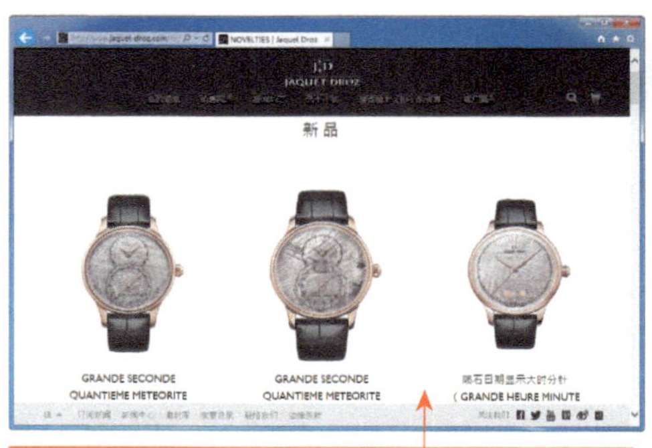

选择某一个系列之后，即可进入该系列的商品列表页面。

网站的列表页，它是网站频道中的某一个栏目的内容聚合页面。一般是按照时间先后顺序对内容进行排列，方便用户查找更多的同类信息。

在列表页面中单击某一个商品，进入该商品的详情页面。

网站的内容页，也称为详情页面，这是网站层级结构中的最后一层。该网站共有 3 层结构，整个网站的层次结构非常清晰，方便用户查找和浏览内容。

技巧点拨

一般来说，网站的栏目层级最多不超过 3 层，网站导航要求清晰、合理，通过 JavaScript 等技术使得层级之间伸缩便利，更加利用用户的浏览，也方便搜索引擎收录。

2. 逻辑结构

网站的逻辑结构可以简单地理解为网站内所有超链接所构成的一张网络图，网站地图一般就是比较好的一个逻辑结构示意，优秀的逻辑结构设计会与整个站点的树状物理结构相辅相成。

根据前辈们的一些设计经验，我们将网站的逻辑结构设计要素总结如下。

◎ 网站主页需要链接所有的频道主页。

◎ 网站主页一般不直接链接内容页面，除非是非常想突出推荐的特殊页面。

◎ 所有频道主页需要能够与其他频道主页相互链接。

◎ 所有频道主页都需要能够返回到网站主页。

◎ 频道主页也需要链接自己本身的频道内容页面。

◎ 频道主页一般不链接属于其他频道的内容页面。

◎ 所有内容页面都需要能够返回到网站主页。

◎ 所有内容页都需要能够返回自己的上一级频道主页。

◎ 内容页可以链接到同一频道的其他内容页面。

◎ 内容页一般不链接属于其他频道的内容页面。

◎ 内容页在某些情况下，可以用适当的关键词链接到其他频道的内容页面。

专家支招

优秀的网站物理结构和逻辑结构都非常出色，两者既可以重合也可以有所区分，而控制好逻辑结构也会使网站的用户体验变得更加优异，并且能够促进和带动整个网站的页面在搜索引擎上的权重。

网站结构不仅仅影响用户体验

好的网站结构能够让用户在浏览网站的过程中不迷路，其不仅对用户体验很重要，也能够让搜索引擎不迷路，也能让搜索引擎更加方便、快捷地抓取好的数据。

一般情况下，搜索引擎会从网站的首页出发跟踪其中的链接，抓取网站中其他相对重要的页面（这和个人浏览网站的传统逻辑是一样的，从首页到频道页最后到内容详情页面）。由此，我们也容易得出结论：提高页面被收录概率的最好办法就是减短页面与重要页面之间的链接路径。

换成用户体验的说法就是，提高重要页面被浏览的最好办法，就是让重要的页面在网站中重要的层级展示，这将减少用户进入所在页面的流程。

观点总结

网站的栏目结构是一个网站的基本架构，也是网站导航系统的基础，应该做到设置合理、层次分明，通过合理的栏目结构使得用户可以方便地获取网站的信息和服务，同时也可让搜索引擎顺利搜索到每个页面。对于网站栏目层级的设置不宜过多，一般不要超过 3 层，过多的层级会使得网站结构过于庞杂，不便于用户的浏览和搜索引擎抓取内容。

网站栏目规划

网速越来越快，网络的信息越来越丰富，浏览者却越来越缺乏耐心。打开网站不超过 10 秒钟，一旦找不到自己所需要的信息，网站就会被用户毫不客气地关掉。要让用户停下匆匆的脚步，就要清晰地给出网站内容的"提纲"，也就是网站的栏目。

知识点分析

网站栏目的规划，其实也是对网站内容的高度提炼。即使是文字再优美的书籍，如果缺乏清晰的纲要和结构，恐怕也会被淹没在书本的海洋中。网站也是如此，不管网站的内容有多精彩，缺乏准确的栏目提炼，也难以引起浏览者的关注。

因此，网站的栏目规划首先要做到"提纲挈领、点题明义"，用最简练的语言提炼出网站中每一个部分的内容，清晰地告诉浏览者网站在说什么，有哪些信息和功能。

关于网站栏目规划的浏览体验，将通过以下几个方面分别进行讲解。

1．常规网站栏目设置存在的问题

2．导航的"诱惑"

3．信息传递的"诱惑"

4．栏目位置带来的"诱惑"

常规网站栏目设置存在的问题

越来越多的企业网站开始重视优化与推广，大家都在追求推广与优化的结果。可是很重要的一点，许多企业网站都忽视了一个很重要的问题：自己本身的网站是否符合用户需求？而更重要的是自己的网站栏目是否合理，符合用户的需求？

大部分企业网站的栏目都差不多，基本都是包括：首页、关于我们、产品展示、新闻中心、成功案例、联系我们。

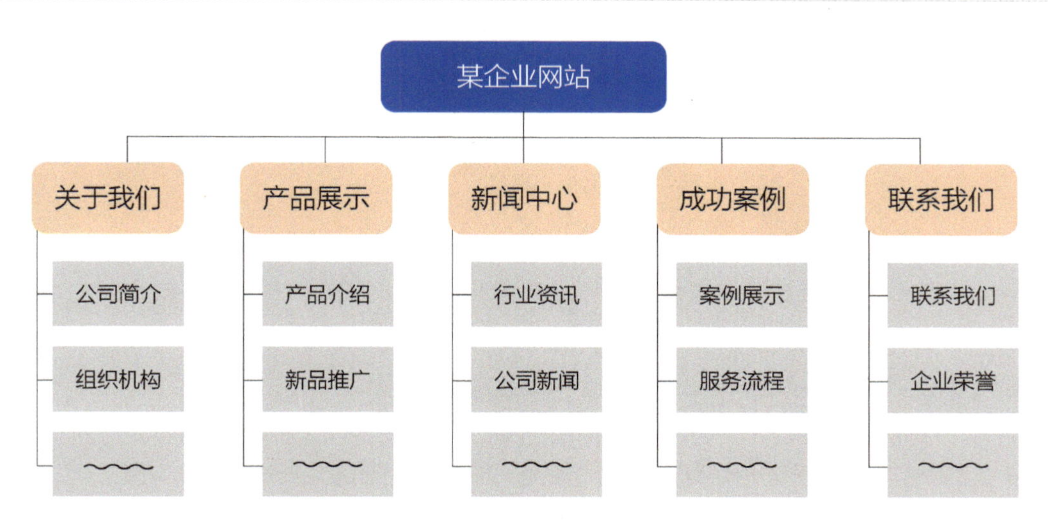

很多企业都很期待能做一个营销型网站，但是到最后，做的仅仅只是一个普通型的展示型网站，因为他们在进行网站策划的时候，根本没有把营销思路和用户需要放入到企业网站的策划方案中。

这是一个常见的展示型企业网站，其导航菜单中的栏目设置就是最常见的，“公司介绍”“新闻中心”“技术实力”“主营业务”“招贤纳士”和“联系我们”。这样的栏目设置并没有过多的错误，但是千篇一律的栏目设置不仅没有体现出企业的特点，也很难给用户留下深刻印象。

专家支招

很多企业网站仅仅只是当作一个展示型网站来做的，没有充分考虑营销型的思路。我们完全可以根据企业网站的类型，抓住访客的心理，去推敲用户到底需要什么，根据企业实际情况去选择建立一个特色栏目。

导航的“诱惑”

现在的网站拼的不是海量的信息和华丽的页面，这些已经无法成为一个网站的核心竞争力了，现在比的是专业的归类和精确的导航，把内容按重要程度给予不同的位置和不同大小的入口。

该网站的导航设置非常富有个性，将导航菜单与迷宫形状的图案相结合，给人很强的新意，并且各导航菜单栏目的名称设置也采用了网络用语与口语化的风格，给用户带来新鲜感。而“来找偶门”的链接入口则单独采用图文相结合的方式进行表现，突出其重要程度。

建设一个网站，构思一定要明确，框架要清晰，让用户轻易地知道网站所要提供的各类信息在哪里，让用户更方便地找到各类信息内容。另外，无论是导航标题还是栏目名称都要明确，让用户清楚它将要通往的路径。这里的明确从某种意义上说就是对用户的“诱惑”，诱导用户去点击。

该设计类的网站采用童话般的设计风格，在网站中其栏目名称的设置也与网站的设计风格保持了统一，无论是主导航栏中的栏目名称“涂鸦馆”“鲸鱼镇”，还是其他栏目名称“鲸鱼镇的声音”“苹果涂志”等，都与整个网站的主题与风格更加贴切，能够更有效地吸引用户点击。

在这里谈到对用户的“诱惑”的时候，还需要补充了解一种导航方式——快捷导航。对于网站的老用户而言，需要快捷地到达所需要的栏目，快捷导航为这些用户提供直观的栏目链接，减少用户的点击次数和时间，提升浏览效率。

在该网站页面的设计中，在页面顶部放置简洁的主导航菜单，便于用户能够轻松地访问网站中的各频道页面。在页面的右侧放置了快捷导航菜单，主要提供了 3 个网站常用功能的快捷访问入口，无论用户当前位于网站中的什么位置，其主导航菜单和快捷导航菜单的位置都是不变的，方便用户进行快捷访问，提升浏览效率。

信息传递的"诱惑"

相对于前面不断强调的网站页面及功能规划，网站栏目规划的重要性常常被忽略。其实，从用户体验的角度来说，网站的栏目规划也是至关重要的。

为了让网站真正吸引人，除了有好的导航外，从逻辑结构上来讲，还要在栏目的设定上下工夫。

每一个栏目的定位、栏目目的、服务对象、子栏目设置、首页内容、分页内容……都要搞清楚。栏目的设定，要短期、中期和长期相结合来完成。

长期栏目是建设一个知识库，知识是没有时间价值的，这个库资料越丰富，就能带来稳定的流量和吸引力。中期的栏目就是和网站互动，引导用户参与互动，需要培养用户习惯。短期的栏目就是日常信息内容的更新，吸引用户浏览和体验。

该猫粮品牌网站的栏目规划比较简洁，栏目设置清晰、直观。在导航栏中放置长期栏目和中期栏目，为用户提供丰富的相关信息。在网站首页面中通过最新的活动信息来吸引用户的参与，提升用户与网站之间的互动。

要真正解决栏目的诱惑性，除了本身栏目数量、栏目定位之外，栏目的名称设计也是非常重要的，栏目名称是非常直观的用户体验内容。

技巧点拨

我们知道好的文章的标题就像是文章的眼睛，不仅能够吸引读者对里面的内容产生兴趣，重要的是能够对文章起到整体概括的作用。网站栏目的名称就像文章的标题一样，如何通过栏目名称清晰、简洁、直观地概括该栏目中的内容就显得非常重要。

栏目是给用户看的，自然就要从用户的角度来思考。特别需要注意接近性问题。这里的接近性是指，你的栏目和内容与用户相关而受到更多关注，一般包括地理接近、心理接近、利益接近、经历接近等方面。下表列举了一些网站提示语的对比说法。

原有说法	新说法	优点
发表评论	为什么不发表你的高见呢	更诱惑、更具亲和力
财富人物	创业人物	更精准
点评	美好的一天从评论本文开始	更具亲和力，像是面对面说话
相关新闻	猜你会喜欢	更具亲和力，强调关联性

在该楼盘宣传网站的导航栏目名称设置上就采用了与其他网站不同的形式，并且将每个栏目名称都搭配一本欧美知名小说的名称，搭配网站中的插图设计，透露出浓浓的欧美小资情调，更加具有诱惑力，吸引用户进行点击。如果将栏目名称设置为传统的“业内新闻”“景观规划”等，是不是就失了这样的情调了呢？

专家支招

为了不让用户产生混淆感，通过栏目名称就能够知道栏目的定位。栏目的内容分类方面：同一栏目下，不同分类区隔清晰，不要互相包含或混淆。网站的栏目越细分，内容的聚合程度越高，可读性也就越强，用户的停留时间就越长。

技巧点拨

一般来说，商业网站的栏目在页面的先后次序上，第一位的都应该是和业务配套的，毕竟网站的目的性很强，就是为了商业利益；第二位的才是流量的先后次序。利益最大化是商业网站设置的排序规则，而政务类网站则更应该以方便用户浏览和办事为最大的原则。

栏目位置带来的“诱惑”

栏目在页面上的呈现位置会影响到用户浏览体验的顺序和方向，如果这种顺序和方向不人性化、不便利，那么网站的内容提供也就很难发挥它的作用，用户的黏性自然会很低。还应该注意的是，页面上的细节应该完美统一，不能让人感觉这个网站是东拼西凑的，让人感到凌乱而不可信。

一般来说，在一个网站页面中，重要的栏目需要放在页面中显著的位置，更新较快的要放到上面，这虽然是细节性的东西，但是会在很大程度上影响用户的浏览和体验。

下面是根据经验总结出来的不同类型网站中栏目的常规摆放方法。

网站类型	栏目摆放说明
综合门户网站	第一屏的内容应该是以新闻为主，社会新闻、娱乐新闻、体育新闻等，总之是“谁火谁上头条”，把用户的眼睛抓住。
娱乐门户网站	第一屏也可以是新闻为主，另外加一些娱乐八卦的图片或是视频吸引点击。
旅游门户网站	第一屏应该放置一些主推的线路和一些风景图片，可以推一些精品旅游线路、特惠旅游线路等。
读书类网站	第一屏肯定需要放置最热门的书籍。
购物类网站	第一屏需要放置一些热门的促销商品和促销活动，以及特价商品等，更重要的是提供购物指引和注册诱惑。
游戏类网站	第一屏应该放置游戏最新活动和新闻，以及一些精彩的游戏截图或视频。
行业门户网站	第一屏应该放置行业新闻、推荐产品，以及登录、注册入口。
餐饮类网站	第一屏应该放置优惠餐饮信息、餐饮健康信息等。以菜谱推荐为主的，放一些热点菜谱推荐和中国各式菜式的分类链接。
社交类网站	第一屏可以放置最新的注册用户推荐或者是访问量最大的用户图片，以及会员登录和注册入口，使用优美的语言吸引用户注册成为会员。

在该知名快餐连锁品牌官方网站中，在页面顶部放置导航菜单，方便用户访问网站中各频道页面。在导航菜单下方，通过选项卡的方式来展示各种主推的美食产品，并且这些产品也会不定期进行更换。由于其采用广告图片的形式进行表现，并且在页面中占据较大的面积，能够给用户带来很强的诱惑感，从而很好地吸引用户浏览网站栏目中的信息。

技巧点拨

每个网站都会有一个主题，按照一定的方法将网站的主题进行分类，并将它们作为网站的主栏目。主题栏目的个数在总栏目中需要占据绝对的优势，这样的网站才会显得更加专业，主题突出，容易给人留下深刻的印象。

观点总结

初学者最容易犯的错误就是：确定题材后立刻开始设计制作网站。当你一页一页制作完毕后才发现：网站结构不清晰，目录庞杂，内容东一块西一块。结果不但浏览者看得糊涂，自己扩充和维护网站也相当困难，所制作的网站或许就此半途而废。

所以，我们在动手开始设计制作网站页面之前，一定要考虑好以下 3 个方面。

（1）确定栏目和版块

（2）确定网站的目录结构和链接结构

（3）确定网站的整体风格创意设计

内容分类

一个网站在上线之初，网站各个栏目内容已经定位，对于大多数的网站而言，不可能追求综合性门户网站的内容全面、丰富，毕竟我们没有能力、精力、资金、人才去经营。只能发挥自己所长，在某个细小领域里去奋斗。网站上线后最重要的就是内容建设，只有内容建设好了，才能使所创建的网站立于不败之地。

知识点分析

网站内容的分类是让用户在浏览网站、查找网站的相关信息内容的时候更加方便。根据统计数据分析，如果用户超过 5 秒找不到想找的内容，那么网站的跳出率会增高一倍，所以我们需要把网站的内容整理好，让用户更容易查找。

关于网站内容分类的浏览体验，将通过以下几个方面分别进行讲解。

1．内容分类名称简单明了

2．不同类型网站的内容分类

3．在网站中使用二级栏目分类

内容分类名称简单明了

网站内容的分类名称要简单明了，可以根据网站的内容多少来进行分类，如果内容越多那么分类需求就越明显，网站分类名称要容易理解并且要跟网站的主题内容相关。

这是一个汽车活动的主题网站页面设计，在该网站的导航栏中将栏目划分为“自由周末”“自由现场”“自由天地”和“自由好礼”等栏目，每一个栏目的名称都能够紧扣网站的主题，并且栏目的名称简洁、明了。

例如，一个旅游相关的网站中某个栏目命名为"精彩专题"，一般用户对于这样命名的栏目名称难以理解，用户不知道这个精彩专题是什么意思。我们在对栏目进行命名时需要避免使用这种主题不明确的栏目名称。

该旅游网站的栏目划分比较细致，并且栏目名称的设置非常明确、便于理解。例如该截图中“出境长线”和“出境短线”，用户一看就能够明白该栏目主要介绍的是什么，而且在栏目主标题名称的右侧还对该栏目细分了旅游目的地，各目的地名称之间使用空格进行分隔，非常明确、直观。

不同类型网站的内容分类

我们在进行网站设计的时候要首先思考用户为什么会来到你的网站，你能为用户提供什么样的内容、什么样的功能，如何展示网站的内容。要站在用户的角度，去体会你的网站。在体会网站的同时要记得理解用户。用户非常忙，他们都是急性子，短时间找不到想要的东西，就会生气地走开，造成用户流失。

1. 企业网站的内容分类

企业网站一般主要是以企业展示为主，所以包含的都是企业的一些信息，新闻中心、产品中心、公司简介、服务项目、联系我们等。企业网站相对来说内容并不是很多，所以企业网站通常以一个主导航为佳，不需要其他的二级导航分类，而且企业网站的展示主要是以介绍企业和产品为主，如果产品不多，尽量不要设置二级导航。因为栏目分类越多，就会影响用户体验，并且对搜索引擎的内容抓取也不好。

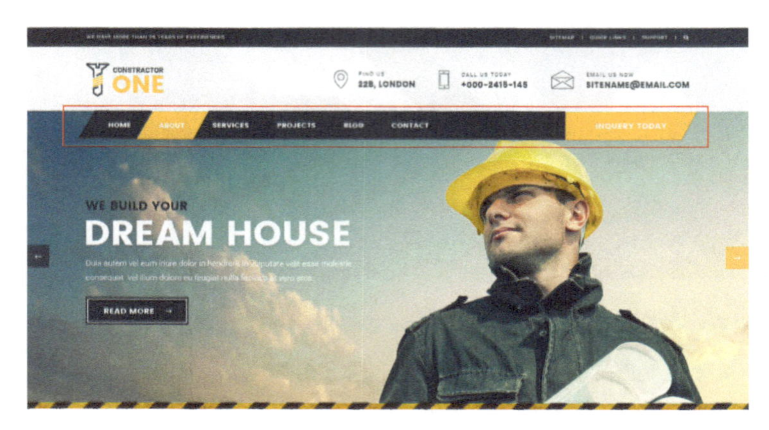

在该企业展示网站的栏目设置中，采用了常规的设置方式，在页面顶部设置了主导航菜单，并且其栏目的划分均为企业网站的常规栏目，栏目名称的设置也非常便于用户理解，用户在网站中进行浏览时能够一目了然地分辨各栏目中相关的内容。

2. 产品宣传网站的内容分类

产品宣传类网站通常是根据产品类型来进行栏目划分的，或者按照产品的功能来进行栏目划分，但是需要注意选择其中一种方式对栏目进行划分就好，不要同时使用两种或多种方式对栏目进行划分，这样会使用户感到混乱。

在该汽车的宣传网站中，按照汽车的功能特点对网站中的栏目内容进行划分，并且在网站页面的左侧使用大号的按钮状图形来突出表现该汽车的功能特点，与主导航菜单中的栏目划分相呼应，有效地突出表现该汽车产品的特点。

3. 主题活动网站的内容分类

主题活动网站的内容划分一定要紧扣活动主题，栏目不宜设置过多，每个栏目都需要尽量与主题相贴近，这样不仅能够加强网站主题的表现，也便于在用户浏览过程中留下统一的印象。

在该饮料品牌的主题活动网站中，栏分的划分非常简洁，并且将“回首页”栏目放置在最右侧，突出其他活动栏目的表现。在栏目名称的设置上，“敢激浪”“耍街酷”“精舞门”等都能够表现出青春、激情的特点，也能够与网站的整体设计风格相统一。

在网站中使用二级栏目分类

如果网站中某一个栏目的内容非常多，把这些内容全部放置在一个栏目中不便于用户浏览和查找，或者是该栏目中的内容分类比较多，导致用户不易于区分。在这种情况下可以为该栏目创建二级栏目，其目的就是使网站的内容分类更加清晰，用户查找时更加方便快捷。

在该网站中为主导航菜单中的个别栏目提供了二级栏目的导航，这样可以使该栏目中的内容划分更加清晰、明确，便于用户浏览。采用交互式的动画表现方式，当用户将鼠标移至该导航栏目上方时，以动画方式出现该栏目的二级栏目，还能够增强页面的交互体验。

观点总结

用户使用网站，就好比是用户在与你对话，当一段对话变得驴唇不对马嘴时，用户就会抓狂，然后生气地走开，从此再也不理你。用户的性情会严重影响用户对网站的印象，为那些容易发怒的、焦躁的用户提供的网站内容要特别清晰简单。在记录用户想法时尽量记录用户的原话，理解用户在描述他们的需求时使用的语言，这样一来，在编写网站内容时就能够知道用户通常用什么样的词汇了。用户要在网站中有成功的体验，必须找到他们需要的内容，理解他们找到的内容，基于用户的理解进行适当的操作。

内容的丰富性与原创性

用户永远都是喜新厌旧的，所以在内容的丰富性方面，每一个栏目都应该确保足够的信息量，避免栏目无内容的情况出现。同时，应该尽量多采用原创性的内容，从而确保内容的可读性。

知识点分析

网站设计除了架构设计、交互设计、视觉设计这些方面以外，还有一个非常重要的点，那就是——网站内容。网站始终是以内容为王的，现在是"酒香也怕巷子深"。但是无论如何，还是需要酒香的。

关于网站内容丰富性与原创性的浏览体验，将通过以下几个方面分别进行讲解。

1．网站原创内容的重要性

2．如何做好网站的原创内容

3．网站内容"伪原创"技巧

网站原创内容的重要性

一个网站，如果没有自己的原创内容，放在多年以前也许是可以的。但放到现在的网络环境中，是万万行不通的。网站原创内容的重要性主要体现在两点，第一，原创内容可以让网站经久不衰；第二，原创内容可以有效提高网站在搜索引擎中的排名。

使网站经久不衰

一个好的网站必定是一个用户体验好的网站。用户最烦的是在不同的网站看到相同的文章，逛了许久都找不到自己所需要的信息，对于这一类网站，跳出率非常高，而且很难有二次回访。原创性高的网站则恰恰相反，原创内容能给予用户所需信息，那么用户喜欢上这个网站，就会将其收藏，就会继续浏览网站上其他内容，停留的时间比较长。

提高网站搜索引擎排名

我们询问如何更好地推广网站时，得到的答案基本上都包括：坚持原创，提高原创的质量与数量。内容为王，足见原创内容的重要性。原创内容最有吸引力的一个作用就是可以有效地提高网站排名获取更大的流量。搜索引擎喜欢原创内容，因为网站的原创内容可以减少搜索引擎的工作负担与搜索用户搜索检索的时间成本，提升用户体验。

专家支招

网站内容可以简单地划分为 3 种：原创内容、伪原创内容和采集内容。对于用户和搜索引擎而言当然是原创内容最好，其次是伪原创内容，最后才是采集内容。

如何做好网站的原创内容

其实任何一个网站都不可能做到所有内容全部都是原创内容，但是一个网站如果没有原创内容，那只能够起到搬运工的角色，显然是不可能受到用户青睐的，搜索引擎算法也会屏障这样的网站内容。那么，如何才能够做好网站的原创内容呢？我们从以下 3 个方面为大家进行分析。

1. 正视用户体验度

原创内容大多并不需要长篇大论，一般来说，三五百字就足以将一个新闻主题或者一个功能技巧表达清楚，并不需要使用很长的篇幅来说明。而且，如今用户都希望能够迅速、快捷地获取所需要的信息，长篇大论的方式显然是不符合用户体验要求的。所以我们认为原创内容需要精简，但是在内容精简的过程中要注意把主题信息内容表达清楚，让用户能够看懂，这是底线。这样我们就会发现原创内容似乎也不是那么难写，同时每天也能够创作出更多的原创内容了。

2. 注重相关性的内容

在为网站添加原创性内容时，内容的主题必然需要和网站的主题相关联、相匹配，不能添加与网站主题无关的内容，这样会让用户感觉网站不够专业。

“站酷网”是一个专注设计文章与设计资源的网站，进入该网站的“文章”频道中，在“类别”分类中“原创/自译教程”“站酷专访”“站酷设计公开课”这几个分类中的内容都是原创内容，只不过这些原创内容有许多都是该网站的注册会员整理上传再通过网站审核的，这样就能够保证网站中有源源不断的原创内容。在“类别”分类下方的“子类别”中可以看到每个子类别都是与设计相关的，网站中所有内容都是围绕着设计展开的，这样也使网站显得更加专业。

3. 原创内容需要图文并茂

虽然搜索引擎对文字内容更加具有吸引力，但是为了提升网站的用户体验度，以图文相结合的方式来表现网站内容不失为一个好方法，这样的原创内容可以获得搜索引擎的青睐，同时用户在阅读的过程中，图文并茂更加容易理解，并且不会使用户感到枯燥。

同样是“站酷网”的某篇文章的详情页面，可以看到其文章内容采用图文相结合的表现方式，文字介绍内容相对比较简短，同时搭配与文字内容相关的图片，使得文章内容通俗易懂，用户在阅读过程中也非常轻松。实际上即使文章内容可能是一些经验和技巧之类的，也可以在文章中尽可能使用图表的形式来表现内容，这样的方式比纯文字内容更加具有吸引力。

网站内容“伪原创”技巧

做一个内容有价值的网站，自然就需要拥有很多的原创内容，但是原创需要消耗大量的时间和精力，成本高。怎么办，那就得对现成的内容进行重新组织和编排，这个过程一般被称为“伪原创”，这是对现成文章的再一次加工。

第一招：数字替换的方法实现伪原创。例如你看到的文章标题是如何让网站在三天内收录”那么你可以改为如何让网站在六天内收录”，直接引导搜索引擎的第一视线，需要注意标题的技巧引导性。

第二招：语言替换法。其实我们最独到的优势，就是我们中国的语言，可谓是博大精深，一个字可以使用多种意思来表达，例如“如何让网站在三天内收录”，也可以修改为“三天内是如何让网站被收录的呢？”，这样就是换个方式进行表达。

第三招：在文章开始的第一段内容采用原创的方式，也就是文章开头的一段话自己来编写，大概一两百字为好。可以在第一段内容中写一些对这篇文章的看法，这样也可以起到引导的作用。

第四招：段落调整法。在不影响文章内容和阅读性的情况下，可以将文章的顺序重新进行排列。

第五招：文章的合并与拆分。将一个大的主题拆分为好几个小主题，或者将一些内容相关性强的内容通过整合再加入一些自己的看法就成为一篇原创的内容。

第六招：语言翻译。搜索引擎对不同的语言内容是无法区分的，可以在一些国外的网站中将相关的文章内容翻译为中文，但需要注意翻译语言的通顺及准确，这样对于搜索引擎来说也是高质量的原创内容。

该设计网站中的一些设计教程文章就是从国外的设计网站中翻译而来的，当然网站并没有注明该教程来源于国外某网站，毕竟许多浏览者对国外的设计网站并不是很熟悉。并且在文章的前后都加入了一些自己的理解和认识，这样就变成了一篇“伪原创”的网站内容。

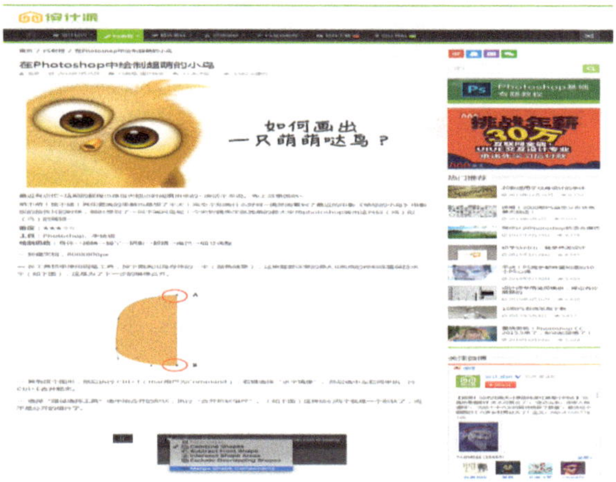

从上面介绍的技巧不难发现，所谓“伪原创”已经不仅仅是“诱惑”我们的真实用户，解决用户体验的问题了，更强调的是对搜索引擎的“诱惑”问题。搜索引擎的收录对于网站来说是至关重要的。

观点总结

任何一个网站都需要有丰富的内容去充实，这样才能够给用户一种充实、丰富的感觉，如果网站中的许多栏目都是空的，那么用户一定会觉得该网站很空洞，从而离开。网站内容的原创性也非常重要，只有将网站中的内容与其同类型的网站有所区别，为用户提供高质量的原创文章，这样才能够在最大程度上吸引和留住用户。总而言之，网站内容的丰富性和原创性对于网站来说至关重要，甚至比网站的视觉设计效果更加能够吸引用户，也是用户浏览体验的重要方面。

网站内容更新

什么是内容，内容就是在你的网站上有用户想要的信息，它不仅仅只是文字，甚至有可能只是一张图片。例如，对于一个视频网站来说，视频就是内容；对于购物网站来说，商品就是内容；对于设计网站来说，风格设计就是内容等。内容不一定就是同等于文字。只不过对于搜索引擎来说，它们更加喜爱的是文字内容，因为搜索引擎能很好地识别文字。

知识点分析

要想留住网站中的用户，就需要对网站中的内容不断进行更新和完善，提高内容的质量和可读性。在如今这个竞争激烈的互联网环境里，流量固然是网站提高转化率的前提，然而没有好的内容、优质的产品和良好的在线服务，再多的流量也没有用。因为，网络用户在浏览网站的时候没有看到比较实用的内容和产品，就不会相信网站所提供的服务，自然就不能将用户留下。

关于网站内容更新的浏览体验，将通过以下两个方面分别进行讲解。

1．网站内容更新的 7 种策略

2．网站内容的更新频率

网站内容更新的 7 种策略

网站内容是网站组成的核心部分，并且是使网站取得用户的喜欢，进行网站推广最好的资源。高效的网站内容策略是一个网站长期发展的根底，特别是在搜索引擎时代，具有高价值的网站内容更加容易取得搜索引擎的青睐。

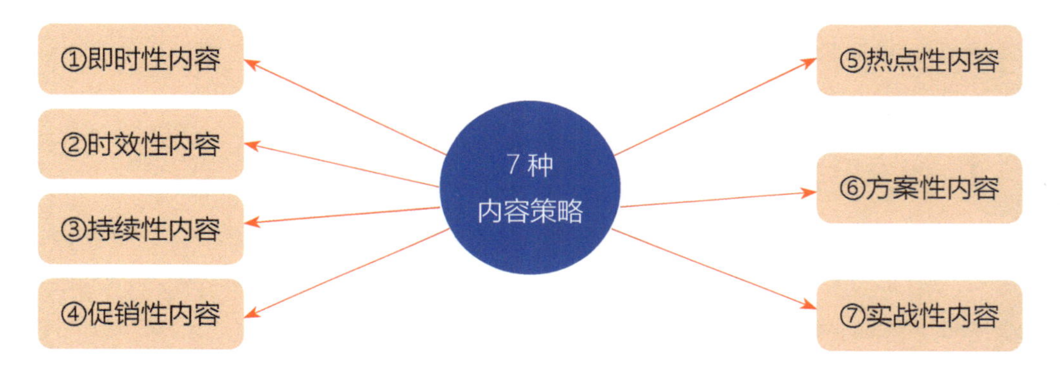

1. 即时性内容——树立网站威信

即时性内容是指内容充分展现当下所发生的事和物。当然，即时性内容策略上一定要做到及时有效，如果发生的事和物有记录的价值，必须第一时间完成网站内容的更新，其原因在于第一时间报道和第二时间报道的区别比我们想象的大很多，其所带来的价值更不一样。

不仅如此，就搜索引擎而言，即时性内容无论是在排名效果还是带来的网站流量都远远大于转载相同类型的文章。

2. 时效性内容——给用户新鲜感

时效性内容是指在特定的某段时间内具有最高价值的内容，时效性内容越来越被网站营销所重视，并且逐渐加以利用使其效益最大化。

专家支招

我们身边所发生的事和物都具备一定的时效性，在特定的时间段拥有一定的人气关注度，网站必须合理把握以及利用该时间段，创建丰富的主题内容。时效性内容对于搜索引擎而言也十分重视，搜索结果页面中也充分利用了时效性。

3. 持续性内容——稳定网站用户

持续性内容是指内容含金量不随时间变化而变化，无论在哪个时间段内容都不受时效性限制。它不像之前的即时性内容，需要和时间赛跑，持续性内容相比之下更像是稳定访问流量的一个步骤，可以说它是网站价值建设中的中流砥柱，企业网站更是如此。

试想行业中不可能每天都有大新闻产生，企业网站要想获得更多的流量，除了靠时效性内容引流外，更需要靠持久性内容来吸引用户，这些内容才是一个企业网站安身立命的根本。

4. 促销性内容——吸引访客眼球

前面提到的即时性内容是一个引流不错的选择，可那并不是唯一可以引流的内容形式，利用热点或是节日做一些促销内容，同样是引流过程中值得肯定的操作。

促销性内容即在特定时间内进行促销活动产生的营销内容，时间主要在节日前后。促销性内容主要是网站利用人们需求心理而制定的方案性内容，内容中能够充分体现优惠活动。促销性内容的价值往往是促进企业更加快速地销售商品，提升网站形象，其多应用于电商网站或企业网站。

5. 热点性内容——提高网站关注度

热点性内容，顾名思义就是指某段时间内关注度和搜索量较高的内容形式。合理利用热门事件能够迅速带动网站流量的提升，当然热门事件的利用一定要恰到好处。

热点性内容可以根据自身网站权重而定，了解竞争力大小，是否符合网站主题非常重要。利用热点性内容能够在短时间内为网站创造流量，获得非常不错的收益。

6. 方案性内容——提升网站价值

方案性内容是具有一定逻辑符合营销策略的内容，它的个性化比较强，不同的网站有着不同的风格，而且在制定方案性内容的时候，一些元素，比如受众的定制、企业文化的走向、价值观的建设、营销理念以及预期成果都需要涉及。

专家支招

方案性内容对于用户来说，内容的含金量非常高，用户能够从中学习经验、充实自我，提升自身行业综合竞争力。不过方案性内容在编写上具有一定的难度，需要具有丰富的相关经验才能够把握好，互联网上方案性内容相对较少，因此获得的关注更多。

7. 实战性内容——让用户更信赖

大家都知道我们在网站上补充内容为的是让访问用户更了解我们，相信我们的实力。可是有些网站也要问下自己，仅仅凭借几篇文章，用户就会对我们的网站产生信赖感吗？

在网站中多更新实战操作性内容就能够解决这样的问题。想获得高转载率就要多写一些干货文章，分享一些实践操作经验。同样的道理，企业网站想要留住访问用户，就要用实战操作性内容来吸引用户的访问。

技巧点拨

实战操作性内容往往更能够获得用户的关注，因为这是实战，这是真正的经验分享，可以让用户学习到真正的东西。

网站内容的更新频率

随着对网站优化的深入，会发现很多细节上的问题。这些问题虽小，但是对于网站优化效果还是有很大的影响的，比如网站内容的更新频率。我们都知道，定时合理的更新频率可以有效地稳定用户，给用户带来新鲜感，但是什么样的更新频率才是最佳的呢？

通常情况下，网站内容更新的频率越高，代表网站越活跃，内容也越丰富，不过还是要根据用户对于信息的需求量、内容的有效性和相关性，以及搜索引擎的抓取习惯来进行拿捏。一般搜索引擎比较青睐于更新有规律的内容，这样可以培养搜索引擎的习惯，从而提高网站收录及排名。

要找出最佳的网站内容更新频率，可以对一些搜索排名比较好的同行业网站进行分析，观察它们具体的更新频率和时间段，并以此作为参考。接着，就可以总结自己网站的用户访问规律，确定一个基本的更新频率，最后再根据搜索引擎对网站内容的抓取规律，确定最新、最合适的更新频率。

需要注意的是，一定要找同行业的网站来进行分析，因为网站的更新频率与用户的访问量，以及其他因素有关，例如流行趋势等，不同行业的网站更新频率是不一样的，不可以盲目模仿。

对于综合性新闻门户网站来说，新闻内容的实时更新就显得更加重要，用户每天都希望通过新闻网站来获得最新的新闻资讯，所以新闻网站的内容每天都需要进行更新，甚至一天都会更新几次。如果发生什么重大事件，甚至会开辟专题页面，实时更新事件的最新进展，时刻保持新闻资讯的新鲜度。

专家支招

网站内容的更新频率并不是一成不变的，它需要根据网站内容的点击情况，以及网站的访问量来进行相应的调整，以适应最新的用户需求。当然了，如果网站在搜索引擎中的排名比较高、用户访问量也相对稳定，而且竞争对手的网站并不怎么更新，那么也可以考虑适当减少网站更新频率。

观点总结

所有的网站必然都有一个明确主题，进而网站的整体内容都会绕着这个主题来发展。没有主题的网站很难拥有固定的用户，就像是大杂烩，内容再多也都是杂而不精。虽然，对于一个网站来说，内容是越多越好，但也要注意到所更新的内容是否切合主题、是否对网站有用、归纳的是否妥当明了，这样网站的内容才能真正渐渐迈向量多质精之路，也才能走出属于自己主题的风格。

技巧点拨

网站内容的更新都是以高质量的内容为前提的，如果更新的都是一些质量不佳的内容，那么也无法留住用户，对于网站本身来说也并没有太大的实际意义。

个性化促进用户浏览

即便网站拥有了良好的页面呈现以及优秀的内容，依然无法让用户浏览体验做到绝对的优秀，因为用户体验从某种意义上来说是个性化的。

知识点分析

当我们解决了基础的用户体验优化之后，为了满足用户个性化的浏览体验需求，从用户浏览的角度出发，我们还需要为用户提供一些有意思的"服务"，从而在最大程度上满足用户更多的体验需求。

关于网站内容个性化促进用户的浏览体验，将通过以下几个方面分别进行讲解。

1．保持内容形式的统一

2．提供多种切换模式

3．改变字体大小

4．使用户能够更方便的操作

5．多媒体的应用

保持内容形式的统一

同一个网站，无论是从 Logo 的大小和位置、文章内容的格式、页面内容的分页方式，还是多媒体元素的表现，都需要具有统一的表现形式，绝对不能让用户感觉像是在不同的网站中进行浏览。

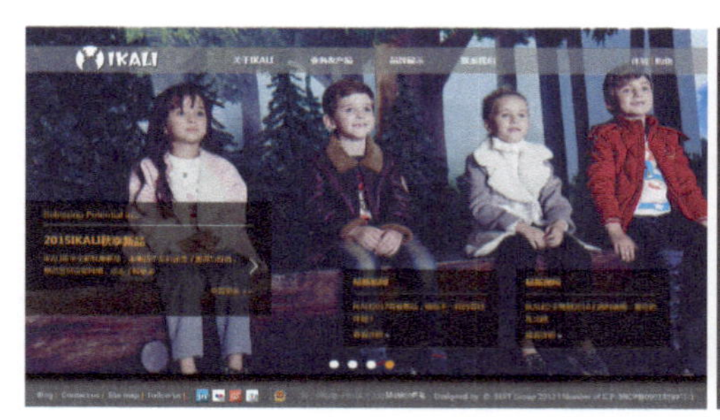

这是一个童装品牌的宣传网站，在该网站中的各页面基本上保统了统一的风格和表现形式。在网站页面中将导航菜单与 Logo 图片放置在页面的顶部，二级页面中保持了同样的风格和位置，方便用户操作，并且在二级页面中的内容左侧添加子栏目导航，使用户能够快速在该频道中的栏目之间进行切换。

提供多种切换模式

无论是内容的排列顺序还是网站的色彩，都无法满足每个用户的需求，那么我们唯一能做的就是多给用户几种选择的可能。在实际的操作中，就是尽可能地提供内容的切换模式。

例如，在大多数的电商网站的搜索结果页面排序中，就会为用户提供多种不同的排序方式，用户可以选择按时间排序也可以选择按价格排序，或者是其他标准的排序方式。

在“天猫”网站的商品搜索结果页面中为用户提供了多种操作方式。首先用户可以在“属性选择”区域中选择相应的选项来缩小需要查找的商品范围，接着还可以在“排序方式选择”区域中选择一种搜索结果的排序方式，可以按价格、销量等，这样就能够在最大程度上满足用户的个性化需求。

在页面的色彩方面，尽管我们认为默认的色彩是最好的，但这必然是我们的主观认知，或者可以代表大部分人的意见。但是如果可以再提供一些其他的色彩方案让用户进行选择，是不是更好的用户体验呢？

改变字体大小

由于根本无法了解我们的用户视力究竟是什么样的，或者说根本无法知道他们喜欢的字号究竟多大才是最好的体验。所以越来越多的网站，提供了对字号的切换方式，通常会提供“大”“中”“小”3 种字号供用户选择，这样用户就可以根据自己的需要来选择合适的字号大小进行阅读。

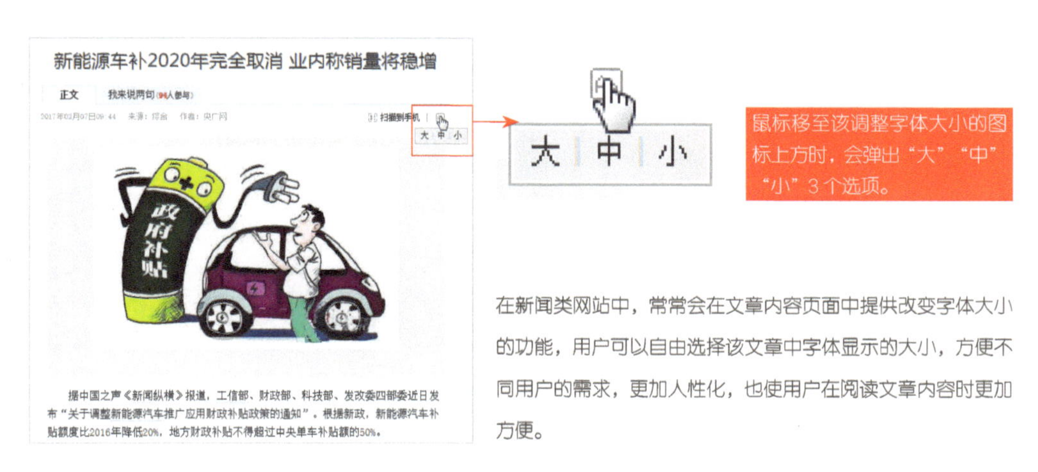

在新闻类网站中，常常会在文章内容页面中提供改变字体大小的功能，用户可以自由选择该文章中字体显示的大小，方便不同用户的需求，更加人性化，也使用户在阅读文章内容时更加方便。

使用户能更方便的操作

在许多网站的内容页面中还为用户提供了“打印”的功能，甚至还提供了分享到 QQ 空间、微博、微信等功能，可以让用户将所浏览的内容直接打印或分享到自己的空间中。

这些更加方便的操作，都可以诱惑用户浏览并参与到网站的互动中，从而真正产生交互，它们可以先是人机交互，进而实现人与人的交互。

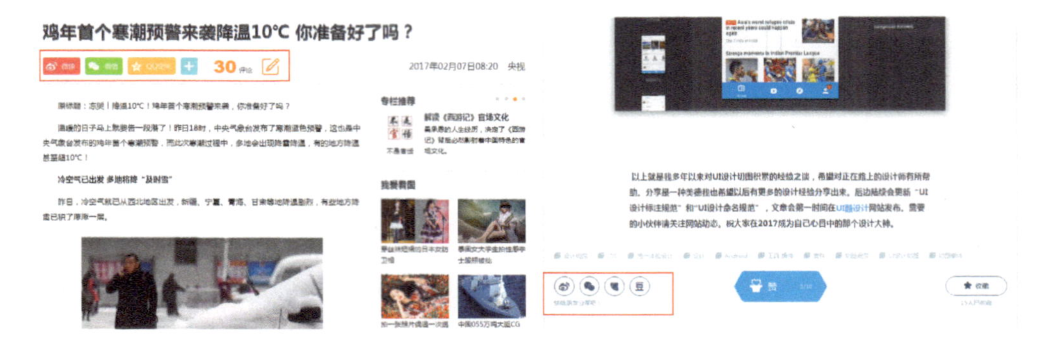

左图为“新浪网”的新闻详情页面，在新闻标题的下方提供了将当前新闻分享到不同社交空间的功能操作图标，并且还提供了评论的操作按钮。右图为某设计网站的教程详情页面，在该页面中文章内容结束的位置不仅提供了分享功能，还提供了为文章点赞和收藏文章的功能，这些小功能都能够大大地方便用户浏览，并提升网站的交互操作。

多媒体的应用

互联网本身就是多媒体，所以在各种产品的呈现上，就应该使用多种形态。在网页信息的传达中，也不能完全靠诱惑性的文字，更应该让网站活起来，让用户感受到亲和力。与简单的文字内容相比，在文章内容中加入图片、视频、声音等多种形态会使得网站内容更加具有亲和力，也更容易阅读。

这是“搜狐”网站的某新闻详情页面，在正文内容开始之前放置该条新闻的视频，给用户全面的视听感觉，用户可以自由选择是观看该新闻视频还是阅读视频下方的文字内容，非常方便。

观点总结

用户的需求都是具有个性化的，不同的用户会有不同的需求，我们无法满足所有用户的个性化需求，但是可以在网站中多采用个性化的设置，尽可能满足大多数用户的需求，这样也能够充分提升用户的浏览体验。

网站内容的编写

在印刷媒介的编辑设计里，标题的位置、文字的数量、字体的大小、行间距、字间距等都需要仔细计算才能保持整体的均衡，同样这些在网页设计中也都需要考虑到，这样才能使网站的内容页面给用户一种赏心悦目的效果。

知识点分析

很多人认为网站内容的编写不应该是用户体验设计的一部分，对于这种观点，我并不认同。网站内容的层次像视觉效果一样影响着用户的浏览体验。

关于网站内容编写提升用户浏览体验，将通过以下几个方面分别进行讲解。

1．突出文章标题

2．合理使用导读

3．使用数字加深用户印象

4．内容中不同类型文字的区别表现

5．网站内容编写的其他技巧

突出文章标题

文章的标题是文章的有机组成部分，对于突出主题、表现文章内容有着重要的作用。在页面呈现上，突出文章标题可以减缓用户的阅读时间，为是否阅读文章的详细内容做出快速判断。

结合笔者自身的经验，将网站中文章标题的规范要求进行总结，如下表所示。

要求	说明
准确	文章的标题必须能够准确反映文章的主题内容，禁止为了页面的排版好看而故意加长或者断章取义设置文章标题。
亮点	文章标题至少要体现文章中的一个亮点。亮点是指能够触发用户剧烈情感变化的人或事。
单句	文章标题尽量使用单句，力求谓宾结构完整，避免出现复句。
少用标点	文章标题中尽可能不使用各种标点符号，从而保持整个页面的清新。
通俗	文章标题应该通俗易懂，禁止使用过于专业或晦涩难懂的词语，严禁出现常人不熟知的人名、地名（必须出现时应做说明），或引起歧义的地名缩写。
半角	在文章标题中出现的数字或字母应该使用半角字符，中文网站中的文章内容应该尽可能避免在文章标题中使用英文。
汉语规范	新闻类网站中的文章标题必须要注意用语规范，不要过于口语化，不要生造词汇。

技巧点拨

为了使网站中的文章标题更有力量，可以在文章标题中加入动态词汇，主要表现方式为“主体 + 行为 + 客体”，文章标题中尽可能避免“的”字结构、“是”字结构、“和”字结构等静态句式出现。

合理使用导读

对于习惯了快餐阅读的互联网用户来说，导读的作用是非常大的。在制作导读的时候，一定要保证这部分内容明显，并处于靠近文章顶部的位置。如果用户不能够很快地识别它们，那么它们也就没有什么用处了。另一方面，导读是吸引用户阅读正文的重要引导，一定要足够吸引人。我们在实际的编辑工作中发现，很多人将导读简单地认为就是正文的第一段内容，事实上这是不对的。

一般而言，导读可以用如下 3 种方式编辑成文：一是将文章中最精彩的内容提出来；二是综合全文的内容，告诉用户正文的基本信息；三是重新编写一段用户的需求，最后告诉用户阅读正文就能够获得这种需求。

这是某设计网站的文章内容页面，可以看到在文章标题的下方，正文内容的上方，使用浅灰色背景来突出文章导读内容，在该文章导航内容中通过简短的文字描述了该文章的核心内容，以及通过该文章能够对用户起到的帮助，这样用户在浏览过程中通过文章导读就能够快速地了解该文章的重点，非常实用和方便。

使用数字加深用户印象

在网站的信息内容中经常会出现使用中文还是数字的时候。例如，"20 天" 和 "二十天"，从语义上来说，两者没有什么不同，但是从吸引用户眼球的效果看，"20 天" 更加直观。

专家支招

用户总是对阿拉伯数字比较敏感，因为阿拉伯数字在人类大脑中的运算速度更快。

实际上，大街上的打折信息"5 折"和"五折"相比，"5 折"会更加吸引人们的关注。所以，当网站内容中包含数字和文字混排的时候，应该尽量使用数字来吸引用户的注意力，加深用户的印象，这一点特别适用于文章标题。

这是“当当网”的首页，我们可以清楚地看到在促销广告中，都是使用数字的形式来表现折扣的或者是“满XXX减XXX”这样的数字形式，人类对于数字比较敏感，所以很容易被数字吸引。

内容中不同类型文字的区别表现

正文内容和可以点击查看的文字是需要所有区别的，一般有 3 种方式：一是变化颜色，二是加下画线，三是使用括号注明可以点击进入的链接。一般来说，直接加下画线是用户最容易接受也是最方便促使其点击的方式。

页面中不同的内容也应该有明显的区别，例如，正文、评论、附加信息等，都应该通过块状布局或者文字在字体、色彩上的变化让用户一眼就明白，这样的变化能够刺激用户。但需要注意的是，千万不要让评论、附加信息等辅助内容过于抢眼，造成用户因为看点过多而产生焦虑感。

网站内容编写的其他技巧

用户上网很少是为了认真阅读的，用户在网页上大都采用浏览信息的方式。纸面上的文字读起来比网页上的文字有质感也更亲切，正因为如此，我们在设计网站内容时需要考虑用户浏览信息的习惯，减少篇幅过长的文字堆砌。

技巧点拨

网站的文字大段大段出现，用户看起来很伤神，网页的文字能简短就简短一些，当编写好一段文字后，一定要仔细阅读是否能够有所删减，网页上给用户呈现的文字应该尽量是重点文字，避免废话连篇占用网页空间。

1. 为网页内容合理分段

在编辑网站内容时，大篇幅的内容应该划分为几个小部分并分别添加合适的标题，这样用户在阅读时就能够先阅读标题了解内容，不用费很多时间阅读不需要的段落内容了。当然，段落标题的意义是为了概述一段文字，因此标题需要仔细斟酌，切不可随意地安放一句话当作标题。

内容部分内容部分内容部分内容部分内容部分
内容部分内容部分内容部分内容部分内容部分内容
内容部分内容部分内容部分内容部分内容部分内容
内容部分内容部分内容部分内容部分内容部分内容
内容部分内容部分内容部分内容部分内容部分内容
内容部分内容部分。

内容部分内容部分内容部分内容部分内容部分
内容部分内容部分内容部分内容部分内容部分内容
内容部分内容部分内容部分内容部分内容部分内容
内容部分内容部分。

内容部分内容部分内容部分内容部分内容部分
内容部分内容部分内容部分内容部分内容部分内容
内容部分内容部分内容部分内容部分内容部分内容
内容部分内容部分。

标题一

内容部分内容部分内容部分内容部分内容部分
内容部分内容部分内容部分内容部分内容部分内容
内容部分内容部分内容部分内容部分内容部分内容
内容部分内容部分。

间距

标题二

内容部分内容部分内容部分内容部分内容部分
内容部分内容部分内容部分内容部分内容部分内容
内容部分内容部分内容部分内容部分内容。

标题三

内容部分内容部分内容部分内容部分内容部分
内容部分内容部分内容部分内容部分内容部分内容
内容部分内容部分。

当网站中的正文内容篇幅较多时，应该将正文内容划分为多个段落，并且为每个段落设置一个恰当的标题。另外，标题与内容要比其他的信息接近，当标题和上下的文字间距相同时，标题就会“飘”在两段文字之间，让用户茫然。标题和文字之间应该使用紧凑原则来布局，这样用户就能够准确地知道概述的是哪个部分的内容。

2. 为网页内容添加留白

网页需要留有一些空白，分为无心留白和有意留白。因为内容多少的缘故出现的留白是无心留白，特意安排的空白空间是有意留白。虽然无心留白也能够让界面有呼吸的空间，在设计时也应当多使用有意留白，段落中的留白给网站内容留了一些呼吸的空间，让页面更通透，来访的用户不会被大量的密集文字压得喘不过气。

该时尚女装品牌网站采用极简主义设计风格，首页以及其各内容页面的设计都非常简洁，在设计中为页面运用大量的留白，只是通过精美的人物模特图片与简洁的文字相结合来表现页面内容，给浏览者一种简洁而优雅的感受，并且大量留白的运用也能够更好地突出页面中内容的表现，使浏览者更加专注于页面中内容的阅读。

3. 为网页内容搭配恰当的图示

图片比文字更能够直接地传达信息，图片的出现让页面更加生动，也让用户可以更容易知晓网站的内容。但是图片的大小需要仔细考虑，根据网页设计的大小来安排图片的排版。图片的大小应尽量不要占满屏幕，当用户在浏览网页时看到满屏的一个大图很可能不会往下滚动，这样下方的内容就被用户忽视了。

观点总结

我们在设计网站时很多时候都要考虑布局合理性和界面美观性，毋庸置疑这些也是非常重要的，关注这些方面的同时，不能忽视了网站的根本，为来访的用户提供实用的信息内容，让他们在网站上能够找到需要的内容，顺利地游走在网页中。

使网站内容图文并茂

以前的网站内容都是以纯文字为主，而现在的网站中已经逐渐发展为文字与图片相结合的展示方式，这样的发展趋势不能无视。网站从传统的重文字轻图片逐渐过渡到图文并茂，有的更加注重页面的美术设计。专业的网站设计总是能够让人心旷神怡，更容易抓住用户关注的眼光。

知识点分析

在网站内容页面中采用图文并茂的表现方式，通过图片用户能够迅速了解该内容页面的主题，更加具有直观性，也能够有效提升用户的浏览体验。我们应该从网站的实际情况出发，在符合用户浏览体验的前提下尽可能使网站内容的表现更加图文并茂。

关于网站内容图文并茂的用户浏览体验，将通过以下两个方面分别进行讲解。

1．图文并茂的优势

2．网站内容图文并茂的技巧

图文并茂的优势

从营销的角度来说，营销型网站制胜的秘诀就是同时顾到用户的浏览体验和搜索引擎对网站内容的抓取，图文并茂的网站正好契合这一趋势。一方面图文并茂的网站设计更加富有新意，也更容易留住用户；另一方面搜索引擎也并非只喜欢文字，同时也很喜欢图片，目前绝大多数的搜索引擎都有图片搜索功能，而这些图片的信息来源就是海量的网站。

随着社会的发展，人们的内心也越来越急躁，一个密密麻麻布满文字的网页，可能没有几个人会有耐心阅读下去，而如果在网站内容中加入切合文章主题的图片，无疑会起到画龙点睛的作用。富有创意的设计配合精彩的内容，让人能够更容易进行阅读。

这是一个旅游目的地的专题介绍页面，可以看到页面中的内容介绍都是采用了图文相结合的方式，并且配合比较随意的内容编排，打破以往内容表现形式的死板，给浏览者一种时尚而舒适的印象。当浏览者进入到该页面中时，首先就会被页面中的图片所吸引，从而注意到图片旁边相关介绍的文字内容，逐步诱导浏览者阅读页面中的内容。

网站内容图文并茂的表现技巧

对于网站内容页面来说，大篇幅的纯文字内容会吓跑用户，即使对文字内容进行了精细的排版处理也不能得到理想的呈现效果，图文并茂是网站内容页面的基本要求。

1. 常规文章中的插图

常见的方式是将图片放置在文章标题的下方或者文章内容的顶部，这样做的目的是为了吸引浏览者的注意。通常都会将文章中的图片摆放在水平居中的位置。一般情况下，并不建议采用文本绕图的形式，因为这样或多或少会影响到用户的正常阅读。

2. 网站广告尽量不要放置在正文内容中

以前很多网站喜欢将广告放置在正文内容中，事实上，在正文内容中插入广告会破坏文章的完整性，这样做会打断用户对正文内容的正常阅读。如果一定要在内容页面中放置广告，可以选择将广告放置在内容页面的侧边栏或者正文内容的下方，这样不会破坏正文内容的完整性，也不会给用户造成误导。

在新闻类网站的文章内容页面中，通常将新闻图片放置在新闻标题的下方或者新闻正文内容之前，通过新闻图片来吸引读者的关注。而新闻内容页面中的广告通常会放置在页面的侧边栏或者正文内容结束的位置，从而避免影响用户对正文内容的正常阅读。

3. 尽可能多划分内容段落

大多数互联网用户都是采用快速浏览的方式来阅读网站内容的。为了方便用户阅读，应该尽可能将一篇文章划分为多个段落，每个段落有 2 至 3 句话组成比较合适，过长的段落会使用户在阅读的过程中产生疲惫感。

4. 为大篇幅内容分页

对于篇幅过长的内容一定要进行分页处理。分页的初衷是为了方便用户体验，用户一般会看两到三屏的内容，而如果内容多出三屏甚至更多，很明显用户没有耐心去浏览，严重影响用户体验，分页恰好解决了此问题。另一方面，分页也保证页面的负载均衡，受限于网络速度，分页可以使页面加载速度有所提升，提升用户访问速度和节省打开页面的时间。

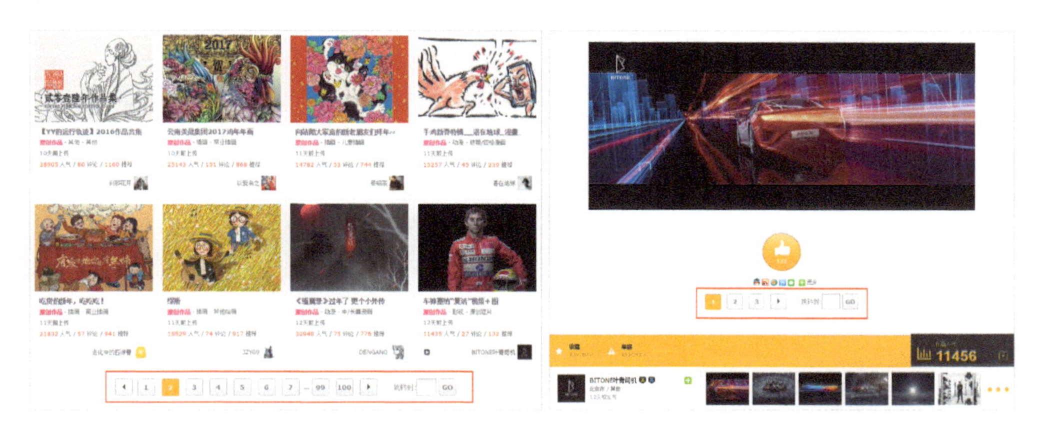

在内容列表页面以及内容详情页面中，为了防止内容过多而导致页面过长，都需要对页面内容进行分页处理，例如左图为网站中的内容列表页面，右图为网站中的内容页面。虽然在各网站中对分页的设计形式不同，但是其目的就是为了更好地便于用户进行浏览，提升用户的浏览体验，所以其他的设置方式以及表现形式也需要考虑到方便用户操作。

专家支招

在进行分页设计时需要注意如下的一些问题：一定要提供大面积的可点击区域、一般不要使用下画线、要标明当前页、要隔开网页链接、要提供上一页和下一页链接、要提供首页和末页链接。

观点总结

"有图有真相" "读图时代"等网络词语在用户之间的流行，从另一个角度反映出用户对图片的硬性需求。质量在将来的网站设计过程中会日益被人们所请求，高质量的网站也必然会是图文并茂的网站，恰当地处置好内容和文字的关系，将会给网站建设带来意想不到的效果。

网站内容推荐

究竟是把用户当成绝顶聪明的人还是傻瓜，是用户体验设计经常无法回答的问题。我的经验是：用户永远没有你聪明，不然他根本不会使用你的产品；用户虽然没有你聪明，但是也不是那么好糊弄的。在用户体验的设计中，必须要为用户考虑更多，所以更多的时候应该设想用户是个“傻瓜”。

知识点分析

目前大部分网站都会提供热门内容排行的展示，这可以认为是最简单的网站内容推荐，因为只需要对内容的浏览量、下载量、评论量等进行排序即可，所以对于网站后台的计算不会造成太大的压力。当然，我们在网站内容推荐上可以做得更多，更加富有创意，也可以使网站内容的推广更具有效益。

关于网站内容推荐的用户浏览体验，将通过以下几个方面分别进行讲解。

1．为什么要进行网站内容推荐

2．简单有效的内容推荐方法

3．给用户傻瓜式的浏览

为什么要进行网站内容推荐

首先明确一下为什么要进行网站内容推荐？笔者的理解是，如果用户有特定的需求，并且对要查找的目标内容非常明确，那么用户会利用网站上可以使用的途径来快速查找自己所需要的内容，例如通过网站导航栏或者站内搜索功能。而当用户对自身的需求并没有那么明确，或者用户并没有觉得网站中存在一些让他着迷的内容时，就需要在网站页面中有一个有效的内容推荐版块来帮助用户更加清晰地了解网站中的精彩内容。

向用户推荐用户感兴趣的相关内容，确实是一项很棒的个性化服务，但每个用户的兴趣都有可能不同，个性化推荐实现起来也相对比较复杂。而且如果把推荐限制在这个个性化的层面，容易让人走入死胡同。或许并不需要这么复杂，我们可以找到其他有效的推荐方法。

"果壳网"是一个科学兴趣交流社区网站，在该网站的首页中分版块向浏览者推荐了最新的文章、热门问答、热门主题等多个版块内容。其中在右上角的"热门小组"版块中向用户推荐了兴趣小组，并且还提供了"更换"的功能，用户只需要单击"换一换"链接，即可更换所推荐的热门小组，有效增强用户的浏览体验。

简单有效的内容推荐方法

这里我们向大家介绍一种简单有效的实现内容推荐的方法，即在网站首页或频道首页的侧边栏开辟出一块区域来放置频道中的精彩内容推荐，同样也能够有效吸引用户的浏览，提升用户浏览体验。其实这个推荐的思维方式很简单，就是不要忽视用户的眼光和选择，把我们认为有趣的、精彩的内容推荐给网站的其他用户。

这是"新浪"网站"社会新闻"频道首页面，在页面的右侧栏中添加了"心情排行"栏目，在该栏目中通过"搞笑""震惊""新奇"和"感动"4个分类分别向浏览者推荐相应类型的文章。

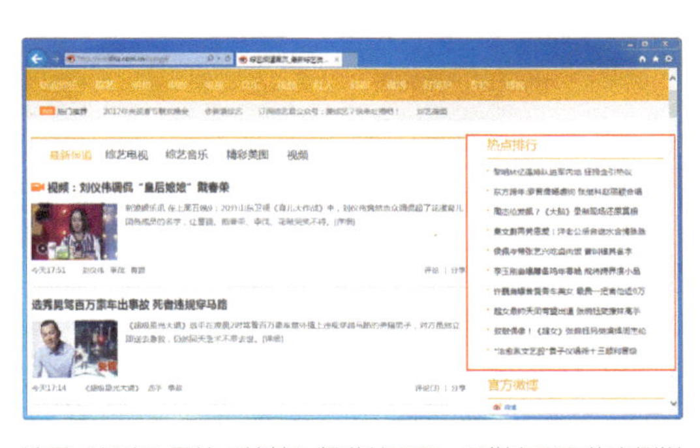

这是"新浪"网站"综艺"频道首页面，同样在页面的右侧栏中添加了"热点排行"栏目，向浏览者推荐新热门的综艺资讯。

我们还需要明白的一个道理是：让会员来注册是手段，而不是目的，目的在于让会员产生消费。

专家支招

用户在网站中产生消费的概念是指，如果是一个电子商务网站，那么用户直接在网站中购买商品；如果是其他类型的网站，则是用户消费了你网站中的内容，你从广告投放商处获得利润。

那么，这里我们需要做的工作就是如何让用户在网站中产生消费。例如，一个用户使用网站中的站内搜索来查找某一类别的产品，可以通过用户所搜索的东西来判断他的喜好方向，并给他推荐同类的产品，这同样是增加 PV 的一种重要方式。

专家支招

PV 英文全称为 Page View，是指页面的浏览量或点击量，用户每刷新一次页面即被计算一次。PV 通常是衡量一个新闻频道或网站甚至一条新闻内容的主要指标。

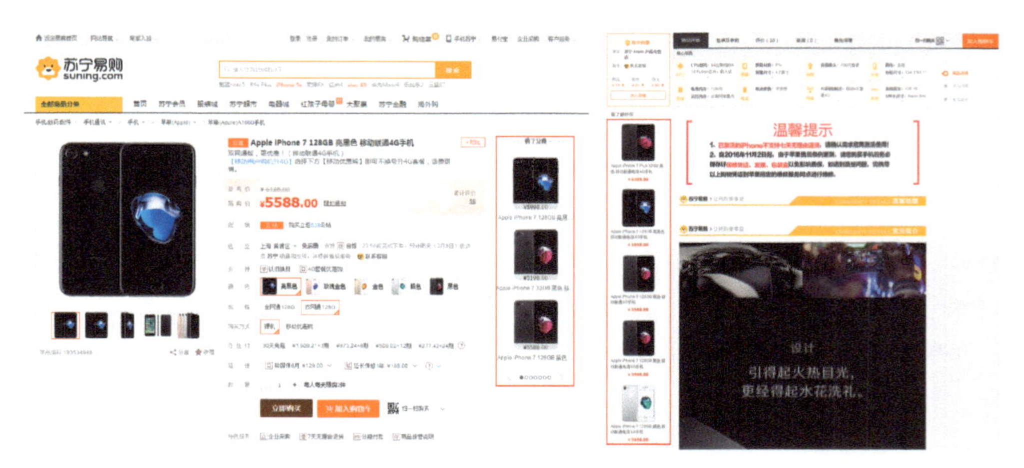

这是“苏宁易购”网站中某个商品的详情页面，在该页面的首屏，在商品信息的右侧提供了“看了又看”栏目，向用户推荐类似的商品。继续向下滚动页面，在商品的详细介绍信息的左侧部分提供了“看了最终买”栏目，同样向用户推荐了与正在查看的商品同类型的商品。这样能够有效地吸引用户点击，为网站带来流量，最终促成用户的消费。

给用户傻瓜式的浏览

很多网站在做传统的顶部导航的同时，也开始在子频道页面中加入侧边辅助导航栏，这样可以使用户清楚地知道自己在网站中的位置，用户因此可以很容易地发现自己处于哪个页面，也能够据此完成在网站中其他频道的跳转。

在该网站页面中不仅在顶部设置了网站的主导航菜单，并且在页面左侧设置了相应的辅助导航菜单，更加方便用户在不同的内容页面之间进行跳转，并且在页面的右侧栏中还设置了“最新文章”和“热门文章”的栏目版块，向用户推荐该频道中最新和最热门的内容，吸引用户浏览和点击。

这里我们还应该关注的问题是，用户在浏览了某一篇文章之后的下一步动作。这里可以分为两个用户群体来分析。

老用户：老用户或者对这类文章感兴趣的用户，可能会通过导航栏返回到该类别的文章中去，从而寻找和发现他感兴趣的更多文章。

新用户：新用户或者是偶然进入网站的浏览者，他在乎的不一定是网站导航，更在乎的是看完一篇文章后，旁边或者是后面有没有马上就可以看的，或者说能吸引他的好内容。

对于第一类用户，我们在前面讲到了多种导航模式的诱惑。对于第二类用户，这里就涉及两个问题：一是方便性，能够让用户马上看到；二是内容好，能够吸引用户点击。

这时，我们就应该给用户引导和帮助。例如，可以在文章结束的位置添加一些相关的网站内容推荐，如果用户对该文章的相关主题感兴趣，还可以看更多相关的内容。

相关文章

- 入门必读！交互设计师浅聊设计流程中的严谨与规范
- 超实用！聊聊图标设计流程及小技巧
- 接地气！国内知名UED团队的设计流程是怎样的？
- 毕业生必备软件！6套App构建我的产品设计工作流
- 超实用！高手的私人笔记之APP设计流程全科普
- 大开眼界！关于高清设计你必须知道的几件事

这是某设计类网站文章内容结束后的“相关文章”栏目，在该栏目中为用户推荐了与当前页面文章类型相关的文章，引导用户继续阅读。

这是某新闻类网站文章内容结束后的“推荐阅读”栏目，在该栏目中为用户推荐了与当前文章相类似的文章内容，并且所推荐的文章都显示了内容简介，便于用户选择感兴趣的内容继续阅读。

技巧点拨

我们必须记住的是，无论是文章的最后还是版块的最后，都要给用户一定的内容延伸。互联网之所以称为“网”，是因为它是网状结构的，绝不能让好不容易才吸引来的用户，轻易就走到了“绝路”。

观点总结

在进行用户体验设计的时候，首先必须明确清楚地知道用户的目的是什么，尽可能让用户在网站中的浏览体验更加顺畅，操作更加便捷。在网站首页和频道首页添加相关的精彩内容推荐，在具体的内容页面的下方提供相关内容的推荐，这些小的细节设计都能够给予用户足够的引导，让用户看完了一篇文章也能留在网站，继续阅读网站中的其他内容。

网站内部搜索

用户在网站中主要通过两种方式来获得信息，一种是被动接受（包括编辑推荐、用户推荐、随机推荐等模式），另一种是主动获取。"主动获取"方式除了 RSS 订阅等模式之外，最重要的方式就是使用网站中的内部搜索引擎。

知识点分析

在网站中醒目的位置为用户提供网站内容的搜索框，便于用户能够快速找到所需要的内容，主动获取相应的信息，这样能够有效地提升用户的浏览体验。网站内部搜索的位置需要醒目、直观，让用户一眼就能够看到。

关于网站内部搜索的用户浏览体验，将通过以下几个方面分别进行讲解。

1．站内搜索的意义

2．站内搜索的重要性

3．优化站内搜索

专家支招

站内搜索已经成为目前几乎所有网站必不可少的一项功能，尤其是在内容丰富的网站中，当用户有目的地寻找目标内容但又无法直接从首页或导航页中直接找到时，用户就会求助于站内搜索。

站内搜索的意义

站内搜索最常见的方式是通过分析用户所输入的关键词了解用户的需求，但是某些基于搜索后的用户操作和行为分析往往更有价值，站内搜索的意义主要包括以下几点。

1. 细化用户需求

用户在站内搜索的关键词往往与站外搜索有较大的区别，例如用户可能会通过百度搜索"ThinkPad 笔记本"，但是当用户进入某个销售笔记本电脑的电商网站时，他们通过站内搜索的往往是诸如"ThinkPad E450"这样具体的商品型号，所以从站内搜索分析得到的关键词往往更能够体现用户更加细节层面的真实需求。

2. 发现用户最关注的内容

这是一种最直观的分析结果意义的体现，即通过查看站内搜索关键词的排名或者热门程度来了解用户在网站中最关注哪些信息，往往这些排名靠前的关键词所涉及的内容就是网站的核心价值，因为用户期望看到更多关于这些方面的内容。

3. 寻找用户的潜在需求

很明显，站内搜索并非每次都会有结果，用户的需求是多样的，而网站的内容是有限的。如果用户通过站内搜索没有找到结果或者没有后续操作，或者一直翻页直到离开，那么就说明用户没有找到他们需要的信息。而这些没有结果的关键词就变成了用户可能的潜在需求，我们应该考虑一下是不是应该提供一些相关内容来充实网站。

在“天猫”网站中进入任何一家店铺的首页，在导航栏的上方，店铺名称的右侧都可以看到明显的站内搜索入口，并且很贴心地为用户设置可以通过该站内搜索直接搜索整个“天猫”网站，或者在当前的店铺中进行搜索，很好地满足了用户的需求。

站内搜索的重要性

实际上，使用搜索引擎已经成为一种互联网生活方式。对于这一点，要有清晰的认识，不但要想更多的办法来提升 SEO，更要让搜索引擎所提供的结果是用户所需的，得出的点击量是“有效点击”。另外，很重要的一点是就是自己网站中的内部搜索引擎。

这是某房地产网站首页，从位置上看，站内搜索已经放置在页面中最显著的位置，显然，它的重要性可见一斑。事实上，对于功能性的网站来说，站内搜索往往比推荐的内容更加重要。

站内搜索引擎已经不仅仅是对网站内部导航的辅助了，而渐渐成为人们在浏览网站过程中的重要组成部分，很多信息的查找都需要依靠它。所以，一定要完善网站内部的搜索引擎，它的运算和筛选技术设计一定要精确化，要呈现出可用、合理的结果，以便让用户能够更容易找到所需要的内容和信息。

优化站内搜索

通过对站内搜索的分析，可以对网站中的内部搜索功能进行有针对性的优化。

1. 优化搜索结果排序

我们可以看到很多网站的搜索结果页面都提供了对页面搜索结果进行排序选择的功能。

但优化结果排序最关键的还是对搜索结果默认排序的优化，用户在点击搜索按钮之后都会乐于看到结果列表中显示的是最符合搜索预期的内容，也就是他最感兴趣的内容，那么对于他找到自己想要的信息当然是最有利的。所以，尽量减少用户的多余操作（自己选择合适的排序方式），一开始就帮用户做到最好。

2. 优化信息设计

信息设计是指对信息的分类、整理和罗列的过程，对于一个内容丰富、分类繁多的网站而言，提供条理清晰的信息设计，可以让内容的检索变得事半功倍。

当然帮助用户精选信息内容的方式，除了网站内部的搜索外，还包括属性筛选。通过使用属性筛选，可以让用户多维度查找他所需要的信息内容。

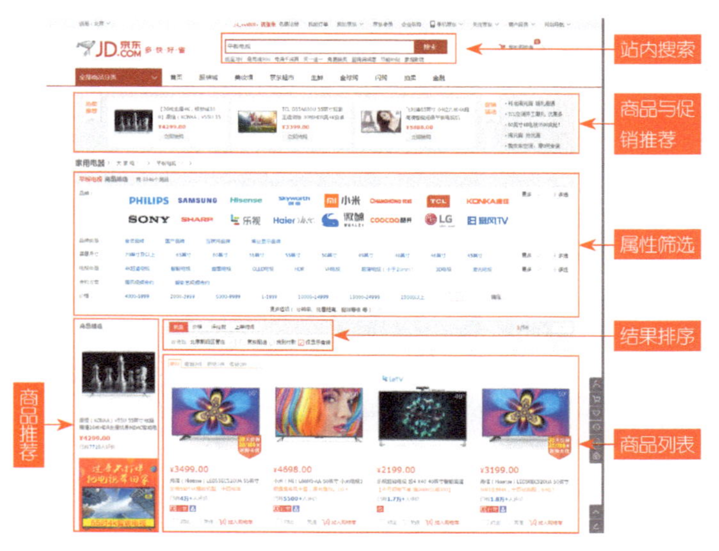

多数电商网站在优化用户浏览体验方面做得比较出色，例如“京东”网站，不仅为用户提供了站内搜索的功能，并且还提供了属性筛选的功能，从而进一步缩小用户查找的范围。而且在商品列表的上方还为用户提供了对商品列表进行各种方式排序的功能。这样全方位的功能，为用户在网站中查找商品带来了极大的便利，使得用户的浏览体验得到很大的提升。

3. 同义词与结果推荐

用户在输入搜索关键词的时候有时会出现拼写错误的情况，或者用户输入的是模糊定义的短语，所以需要为用户提供一些关键词的改进建议及结果的推荐。

技巧点拨

对于网站内部的搜索优化还可以参考本书第 2 章中的“在线搜索”部分对搜索功能的细节设计进行处理，从而使网站的内部搜索更加符合用户的操作习惯。

观点总结

站内搜索是网站的辅助性功能，设计可大可小，可以使用简单的网站页面内容的关键词搜索，也可以使用有着复杂算法的排序搜索，根据网站的性质来选择合适的搜索处理方式。最重要的是在网站中为用户提供清晰、明确的站内信息搜索入口和准确的搜索结果。

网页中的文字

图形和文字是设计构成要素中的两大基本元素。在传达信息时，如果仅通过图形来传达信息往往不能达到良好的传达效果，只有借助文字才能达到最有效的说明。在网页中也不例外，在图形图像、版式、色彩、动画等众多构成要素中，文字具有最佳的直观传达作用，以及最高的明确性。它可以有效地避免信息传达不明确或产生歧义。

知识点分析

网页中应该采用易于用户阅读的字体，在网页的正文内容部分还需要注意字体的大小，以及行距等属性的设置，避免文字过小或过密造成阅读障碍。网页中文字的处理直接影响到用户的浏览体验，为网页中的文字应用合适的属性设置，可以使浏览者能够方便、顺利、愉快地接受信息所要传达的主题内容。

关于网页中文字的用户浏览体验，将通过以下两个方面分别进行讲解。

1．网页文字的 5 个重要属性

2．网页文字使用规范

网页文字的 5 个重要属性

用户会在网上阅读大量的新闻及各类文章，这些页面展示的主体大多数都是一些通篇大段的文字，对于这种以文字内容为主的页面，在设计过程中应该从以下 5 个方面来把握网页中文字的处理。

字号　行宽　间距　背景

1. 字体

字体分为衬线字体（serif）和非衬线字体（sans serif）。简单地说，衬线字体就是带有衬线的字体，笔画粗细不同并带有额外的装饰，开始和结尾有明显的笔触。常用的英文衬线字体有 Times New Roman 和 Georgia，中文字体则是在 Windows 操作系统中最常见的宋体。

非衬线字体与衬线字体相反，无衬线装饰，笔画粗细无明显差异。常用的英文非衬线字体有 Arial、Helvetica、Verdanad，中文字体则有 Windows 操作系统中的微软雅黑。

专家支招

有笔触装饰的衬线字体，可以提高文字的辨识度和阅读效率，更适合作为阅读的字体，多用于报纸、书籍等印刷品的正文。非衬线字体的视觉效果饱满、醒目，常用作标题或者用于较短的段落。

2. 网页中常用中文字体

在不同平台的界面设计中使用的字体规范会有所不同，网页正文内容部分所使用的中文字体一般都是宋体 12px 或 14px，大号字体使用微软雅黑或黑体，大号字体是 18px、20px、26px、30px。一般使用双数字号，单数字号的字体在显示的时候会有毛边。

（1）微软雅黑 / 方正正中黑——字体表现：平稳

微软雅黑

微软雅黑字体在网页中的使用非常广泛，这款字体无论是放大还是缩小，形体都非常规整舒服。在网页中建议多使用微软雅黑字体，大标题可以使用加粗字体，正文可以使用常规字体。

方正正中黑

方正正中黑字体笔画锐利而浑厚，一般常运用在标题文字中。这种字体不适合应用于正文，因为边缘相对比较复杂，正文文字内容较多，字体较小，会影响到用户的阅读。

（2）方正兰亭系列——字体表现：与时俱进

（3）汉仪菱心简 / 造字工房力黑 / 造字工房劲黑——字体表现：刚劲有力

方正兰亭粗黑
方正兰亭中黑
方正兰亭黑体
方正兰亭纤黑
方正兰亭超细

方正兰亭系列字体包括大辅料、准黑、纤黑、超细黑等。因笔画清晰简洁，该系列字体就足以满足排版设计的需要。通过对该系列的不同字体进行组合，不仅能够保证字体的统一感，还能够很好地区分出文本的层次。

汉仪菱心简
造字工房力黑
造字工房劲黑

这几种字体有着共同的特点，字体非常有力而厚实，适合网页中的广告和专题使用。这类字体可以使用倾斜样式，让文字显得更有活力。在这3种字体中，汉仪菱心简和造字工房力黑在笔画、拐角的地方采用了圆和圆角，而且笔画也比较疏松，表现出时尚的气氛。而造字工房劲黑字体相对更为厚重和方正，这类字体多使用在大图中，效果也比较突出。

专家支招

注意，以上所介绍的这些网页中常用的中文字体，仅有宋体、黑体、微软雅黑这 3 种是 Windows 操作系统中默认的几款中文字体，也是网页标题和正文内容常用的字体。而其他几款中文字体则可以应用在网页广告中，不适合应用于文章标题和正文内容。

网站页面中字体的选择是一种感性、直观的行为。网页设计师可以通过字体来表达设计所要表达的情感。但是，需要注意的是，选择什么样的字体要以整个网站页面和浏览者的感受为基准。另外，还需要考虑到大多数浏览者的计算机里有可能只有默认的字体，因此，正文内容最好采用基本字体。

在该设计服务类网站首页面中运用简洁的设计风格，在页面左侧以大号的非衬线字体来突出导航菜单文字的表现，非衬线字体看起来简洁、自然。页面中的广告图片中同样使用了非衬线字体，并且通过不同的字体大小和颜色形成对比，突出重点信息的表现。

3. 字号

在互联网上我们会注意这样一个现象，国外网站大部分以非衬线字体为主，而中文网站基本就是宋体。其实不难理解，衬线字体笔画有粗细之分，在字号很小的情况下细笔画就被弱化，受限于电脑屏幕的分辨率，10~12px 的衬线字体在显示器上是相当难辨认的，同字号的非衬线字体笔画简洁而饱满，更适于做网页字体。如今随着显示器越来越大，分辨率越来越高，经常会觉得网页中 12px 的文字看起来有点吃力，设计师也会不自觉地开始大量使用 14px 的字体，而且越来越多的网站开始使用 15px、16px，甚至 18px 以上的字号做正文文字。

下面我们分别对比一下中英文的衬线字体与非衬线字体在不同字号时的显示效果。

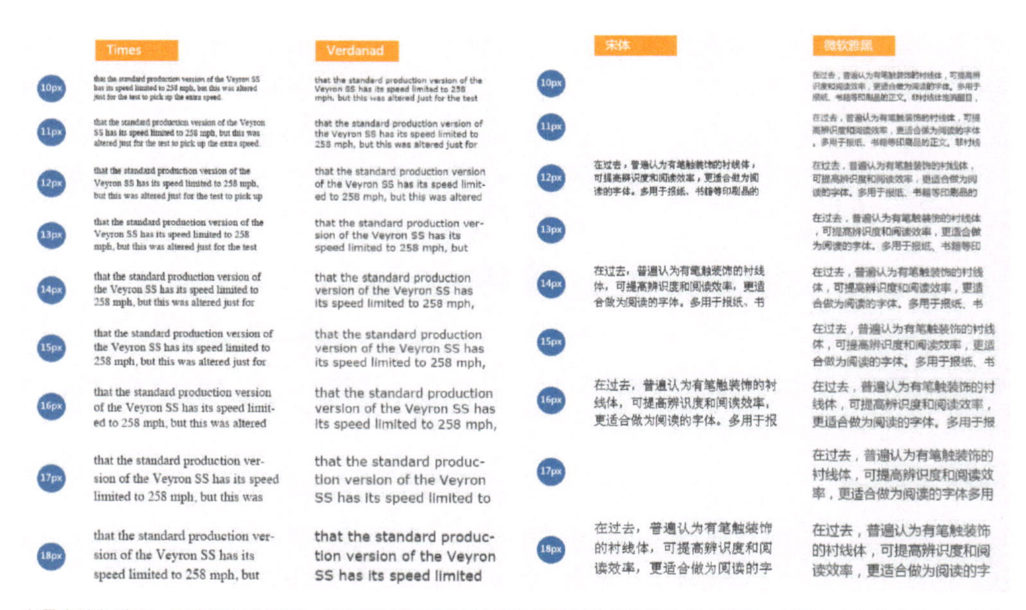

大号字体的使用，对英文字体来讲，衬线字体的高辨识度和流畅阅读的优势就体现出来了。对于中文字体来说，宋体在大于 14px 的字号状态下显示效果就会有一些不够协调，这时候就可以使用非衬线字体微软雅黑来表现大于 14px 的字体，使文字获得更好的视觉效果。

虽然网页上字号不像字体那样受到多种客观因素制约，看起来似乎设计师可以自由选择字号，但这并不意味着设计师可以"任性"。出于视觉效果和网站用户体验考虑，仍然有一些基本的设计原则或规范是需要注意的。

专家支招

在一个网站中，文字的大小是用户体验的一个重要部分。随着网页设计潮流的不断变化，文字大小上的设计也在不断改变。如果网站上的文字无法阅读或者用户根本没有兴趣，这个设计就是失败的。而文字并不是仅仅放在网页上就可以了，还需要合理的布局和样式搭配才能起作用。

根据经验总结了几条网页中字号应用的规范，可以使网页设计更加专业。

（1）字号尽量选择 12px、14px、16px 等偶数字号，文字最小不能小于 12px。

（2）顶部导航文字为 12px 或 14px；主导航菜单文字为 14~18px；工具栏文字为 12px 或 14px；一级菜单为 14px、二级菜单为 12px，或一级菜单为 12px 加粗、二级菜单为 12px；版底文字为 12px 或 14px。

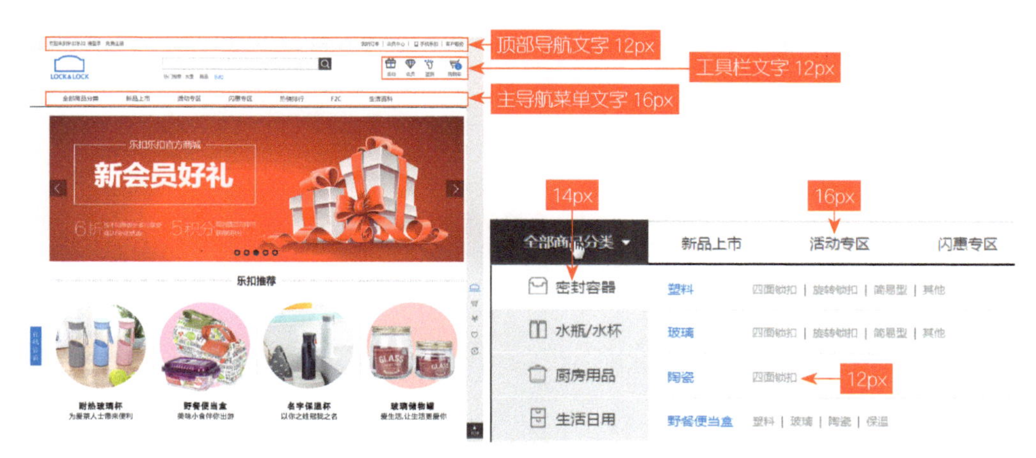

这是“乐扣乐扣官方商城”的首页，页面中字体大小的设置完全符合规范的要求。顶部导航文字为 12px，主导航菜单文字为 16px，主导航菜单的二级和三级菜单文字大小也按照 16px、14px 和 12px 依次排列，这里的文字设计还使用了不同的颜色让层次区分更加明显。通过文字字号传达出清晰的网站结构，这种视觉差异让用户可以快速找到想要的商品，而不是花费太多时间用在研究导航上，能有效提升网站用户体验。

（3）正文字体大小：大标题文字为 24~32px；标题文字为 16px 或 18px；正文内容文字为 12px 或 14px，可以根据实际情况对字体加粗。

这是某网站页面中正文内容字体大小的设置，特别是版块栏目中字号的搭配，版块标题文字为 18px、内容标题文字为 16px 加粗、正文内容文字为 14px，文字内容的层次分明又有效突出重点，让人看上去非常舒服。

（4）按钮文字：例如登录、注册页面按钮或者网页中的其他按钮中的文字通常为 14~16px，可以根据实际情况调整字体大小或加粗。

这是一个常见的网页商品列表效果，按钮中的文字为16px，比商品名称文字小，比商品介绍文字大。因为该文字是以按钮的形式进行表现的，其在页面的效果比其他文字内容都要突出。

（5）同一层级的字号搭配应该保持一致。例如，同一层级的版块中标题文字和内容文字大小的一致性。此外，随着网页设计开始流行大号文字设计风格，一些品牌网站、科技网站、活动网站，以及一些网站产品展示栏目的文字字号给人非常棒的视觉体验。

在苹果官方网站中，产品展示文字以 64px 和 32px 搭配，文字内容简短有力，可读性强，同时非常具有视觉冲击力，突出显示了“苹果”的品牌特征。

（6）广告语及特殊情况中，需要根据实际的设计效果来选择字号。

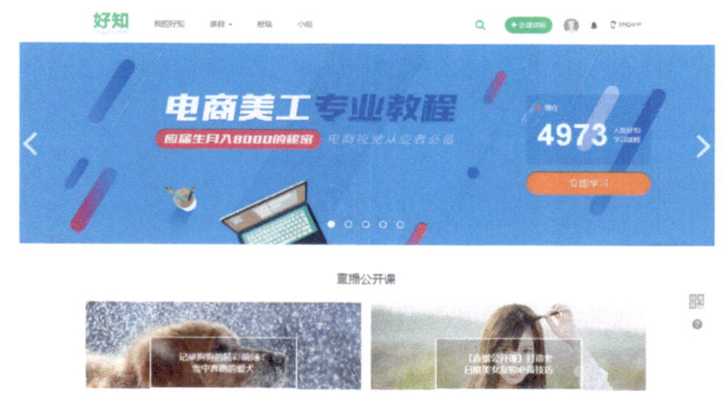

该网站是一个知识分享社区，在网站首页宣传广告图中的文字使用了大号的加粗倾斜字体，在用户打开网页的第一时间抓住用户的眼球，快速传递重要的企业信息和产品价值。

上面分享的规范只是根据长期项目总结的最佳实战经验，在实际网页设计中，还需要设计师们根据网站特征和具体情况灵活设计。

专家支招

关于网页中文字的"行宽" "间距"和"背景"这 3 个重要属性，将在"网页文字排版"中进行详细的介绍。

网页文字使用规范

网站页面中，文字设计能够起到美化网站页面、有效传达主题信息、丰富页面内容等重要作用。如何更好地对网站中的文字进行设计，以达到更好的整体诉求效果，给浏览者新颖的视觉体验呢？

1. 字不过三

在前面介绍网页配色时就说过网站中尽量使用不超过 3 种色彩进行搭配，其实在同一个网站页面中字体的使用也不要超过 3 种样式。通常情况下，在网站页面中使用一两种字体样式就可以了，然后通过字体大小或颜色来强调重点内容。如果在网站页面中使用的字体过多，会显得这个网站非常不专业。

在这两个 APP 界面中，都只使用了一两种字体，通过不同的字体大小来区分出界面中内容的层级关系。其中"蚂蚁花呗"界面中只使用了 1 种字体，通过不同的字体大小和粗细来区分主标题和副标题的关系。

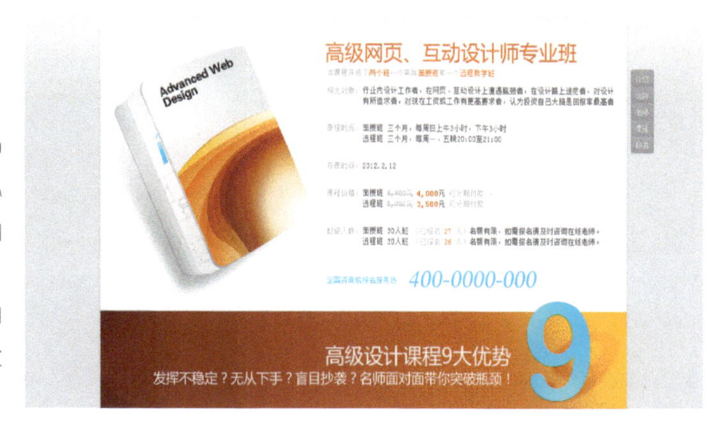

网页界面也是一样，在网页界面中只使用一两种字体，通过字体大小的对比同样可以表现出精美的构图和页面效果。在这个网站页面中，只使用了 2 种字体，内容标题使用大号的非衬线字体微软雅黑，正文内容则使用了衬线字体宋体。

2. 文字与背景的层次要分明

在视觉传达中向大众有效地传达作者的意图和各种信息，是文字的主要功能，所以网页中的文字内容一定要非常清晰、易读，这也是大多数网站的正文部分采用纯白色背景搭配黑色或深灰色正文内容的原因。网页内容的易读性和易用性是用户浏览体验的根本诉求。如果文字的背景为其他背景颜色或者图片，则一定要考虑使用与背景形成强烈对比的色彩来处理文字，使文字与背景的层次分明，这样才能够使页面中的文字内容清晰、易读。

该网站页面使用了图片作为整个页面的背景，为了使页面中的文字内容清晰、易读，为文字内容区域添加了半透明的白色背景，这样既不会破坏页面背景图像的整体效果，又可以使页面中的文字内容清晰、易读。并且该网页中的文字采用了竖向排版，使得整个页面表现出优雅的传统文化特色。

3. 字体要与整体氛围相匹配

在网页中需要根据页面的整体氛围来选择合适的字体进行表现，这里主要是指网页中的广告图片，而不是正文内容字体。

这张网页广告图片给人的第一感觉就是信息不清楚、主题不明确，用户需要仔细观察才知道该产品是“眼部精华”，文字的风格与广告的整体设计风格不一致，不能带动用户的购买欲望。

我们再来看看下面两个设计出色的网页广告。

结合广告文案的主题内容，采用了比较明快刚劲的设计风格，字体也选择了比较刚劲有力的造字工房劲黑字体，并将文字设计为不同的大小和颜色，使得字体与广告的氛围相匹配，用户代入感强。

该网页促销宣传广告采用了卡通手绘风格进行设计，广告中的主题文字则进行了图形化的处理，使得主题文字的表现风格与广告的整体氛围相符，并且色彩的搭配也体现出欢快、热烈的氛围，能够有效增强用户的点击欲。

观点总结

在网页设计中，文字的字体、规格以及编排形式就相当于文字的辅助表达手段，是对文字本身含义的一种延伸性的阐发。与语言交流时的语气强弱、语速的缓急、面部表情及姿态一样，文字的视觉形态的大小、排列的疏密整齐或凌乱都会给浏览者不同的感受。

网页文字排版

网站上每一个元素都能影响浏览，排版设计的好坏绝对能考验一个设计师的基本功底。网页中文字的排版处理需要考虑到文字辨识度和易读性。在笔者看来，好的网页文字排版一定有着比较好的阅读性，文字内容在视觉上是平衡和连贯的，并且有整体的空间感。

知识点分析

文字在网站页面中的组织、安排及其艺术处理非常重要，优秀的文字排版设计可以给浏览者以美的视觉享受。网站页面的布局、内容摆放和栏目设计都会影响到文字的阅读性。从易读性来看，需要设计师考虑字体、字号、行距、间距、背景色与文字颜色对比等。

关于网页文字排版的用户浏览体验，将通过以下两个方面分别进行讲解。

1．最佳易读性规范

2．在文字排版中应用设计 4 原则

最佳易读性规范

在最佳易读性规范中主要向大家介绍文字排版中行宽和间距的设置，以及如何为文字设置合适的行宽和行高，帮助浏览者保持阅读节奏，让浏览者拥有更好的阅读和浏览体验。

1. 行宽

我们可以想象一下：如果一行文字过长，视线移动距离长，很难让人注意到段落起点和终点，阅读比较困难；如果一行文字过短，眼睛要不停来回扫视，破坏阅读节奏。

因此我们可以让内容区的每一行承载合适的字数，来提高易读性。传统图书排版每行最佳字符数是 55~75 个，实际在网页中每行字符数 75~85 个比较合适，如果是 14px 的中文字体，建议每行的字符数为 35~45 个。

该网站页面中的文字排版效果就具有很好的辨识度和易读性，无论是字号的大小、行距、间距的设置都能够给人带来舒适并且连贯的阅读体验。因为该网站页面使用了满屏的背景图像，为了使文字内容在页面中具有清晰的视觉效果，为文字内容添加了黑色半透明的矩形色块背景，这样使得页面更具有层次感，并且文字内容成组，具有良好的可读性。

2. 间距

行距是影响易读性非常重要的因素，一般情况下，接近字体尺寸的行距设置会比较适合正文。过宽的行距会让文字失去延续性，影响阅读；而行距过窄，则容易出现跳行。

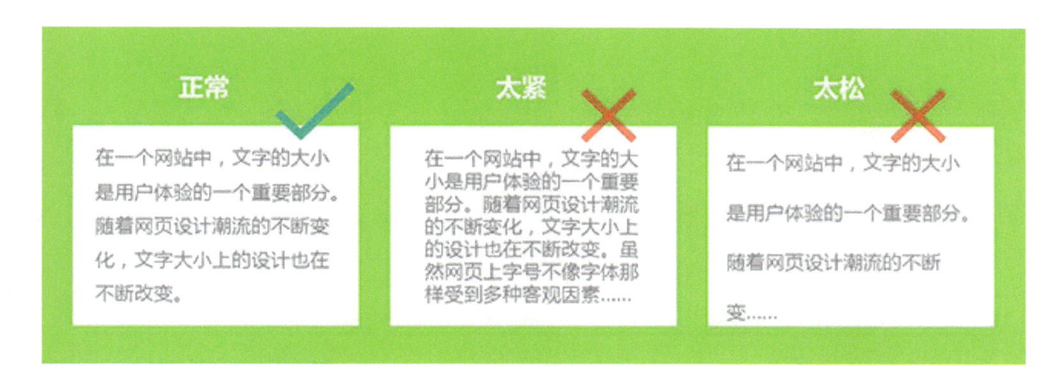

网页设计中，文字间距一般根据字体大小选择1~1.5倍作为行间距，1.5~2倍作为段间距。例如，12px的字体，行间距通常设置为12~18px，段间距则通常设置为18~24px。

另外，行间距/段间距=0.754，也就是说行间距正好是段间距的75%，这种情况在网页文字排版中非常常见。

在该化妆品网站页面中，可以看到正文内容主要由主标题、副标题和正文内容构成，分别使用了不同的字体大小来区分主标题、副标题和正文内容，并且各部分都设置了相应的行间距，使得文字内容清晰、易读。

技巧点拨

在实际的设计过程中，我们还需要能够对规范进行灵活应用。例如，如果文字本身的字号比较大，那么行间距就不需要严格按照1~1.5倍的比例进行设置，不过行间距和段间距的比例还是要尽可能符合75%，这样的视觉效果能够让浏览者在阅读内容时保持一种节奏感。

专家支招

行距不仅对可读性具有一定的影响，而且其本身也是具有很强表现力的设计语言，刻意地加宽或缩窄行距，可以加强版式的装饰效果，以体现独特的审美情趣。

3. 行对齐

文字排版中很重要的一个规范就是把应该对齐的地方对齐，例如每个段落行的位置对齐。通常情况下，建议在网站页面中只使用一种文本对齐方式，尽量避免使用文本两端对齐。

在该网站页面中，通过留白的应用能够清晰地分辨每一组信息内容。在每一组内容中都包括图片、标题和正文，图片与文字介绍采用了垂直居中的对齐方式，而标题文字与正文则采用左对齐的方式，使得页面中的内容排版非常清晰、直观，给人简洁而整齐的视觉印象。

专家支招

网站页面无论是哪种视觉效果，精美的、正式的、有趣的、个性的还是严肃的，一般都需要应用一种明确的对齐方式来达到目的。

4. 文字留白

在对网页中的文字内容进行排版时，需要在文字版面中合适的位置留出空余空间，留白面积从小到大应该遵循的顺序如下。

此外，在内容排版区域之前，需要根据页面实际情况给页面四周留出余白。

在网页中适当的留白处理能够有效地突出页面主体内容的表现。在该网站页面中，页面整体采用简洁的浅灰色背景，页面四周的留白处理就能够有效突出页面中间主体内容的表现。在主体内容部分，不同文本介绍内容之间也应用了适当的留白处理，使得文本内容层次清晰，便于用户阅读。

在文字排版中应用设计 4 原则

在设计领域中被广泛应用的 4 项基本原则，包括对比、重复、对齐和亲密性，这 4 项基本原则在网页设计中对文字内容的排版设计也非常适用。

1. 对比

在文字排版设计中可以将对比分为 3 类，主要是标题与正文字体、字号对比，文字颜色对比，以及文字与背景的对比。

（1）标题与正文字体、字号对比

在网页文本排版中，需要使文章的标题与正文内容形成鲜明的对比，从而给浏览者清晰的指引。通常情况下，标题的字号都会比正文的字号稍大一些，并且标题会采用粗体的方式呈现，这样可以使网页中文章的层次更加清晰。

在该网站的内容页面中，读者能够清晰地分辨内容的标题与正文，标题使用 18px 的粗体微软雅黑字体，正文部分使用 12px 的宋体，标题与正文内容的对比清晰，从而使文字内容富有层次，很容易吸引浏览者眼球，并且浏览者也可以快速选择自己感兴趣的内容开始阅读。

（2）文字颜色对比

在一些网站的正文内容中常常会将一部分文字使用与主要文字不同的另一种颜色进行突出表现，这种对比就是文字颜色对比，能够有效增加视觉效果，突出展示正文内容中的重点。

在该网站页面中，可以清晰地看到将段落文本中的重点内容使用红橙色进行突出表现，从而与正文中的其他文字内容形成鲜明的对比。右下方的“相关阅读”同样使用了与正文不同的文字颜色，并且使用小号斜体字，从而有效地区分各部分不同的文字内容，给浏览者清晰的视觉指引。

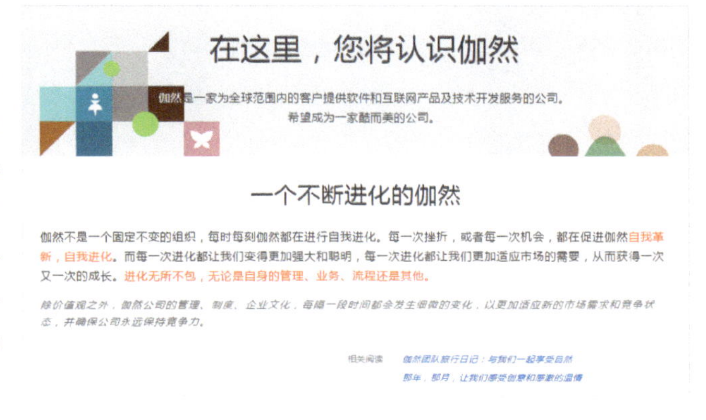

（3）文字与背景对比

文字与背景对比是文字排版中非常常用的一种方式，正文内容与背景合适的对比可以提高文字的清晰度，产生强烈的视觉效果。

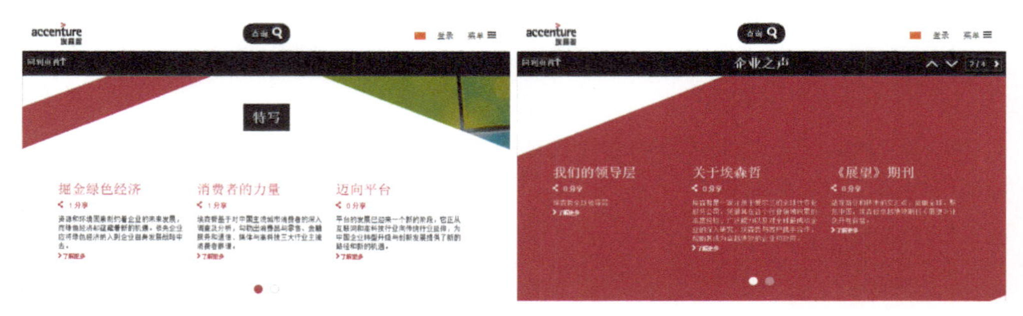

在该网页页面中既有白色的页面背景，也有红色的页面背景，在白色页面背景部分搭配红色的标题和黑色的正文，使背景与文字形成对比；在红色背景部分搭配白色的文字内容，同样形成鲜明对比。通过文字与背景的对比将文字内容清晰地衬托出来，既有丰富的层次感，同时又具有很强的视觉冲击力。

设计师在使用文字与背景对比的原则时需要注意，必须确保网页中的文字内容清晰、易读，如果文字的字体过小或过于纤细，色彩对比度也不够，则会给用户带来非常糟糕的视觉浏览体验。

专家支招

如果在设计过程中对色彩的对比把握不够准确，可以借助颜色对比检测工具（如 Check My Colours、Colour Contrast Check）检测颜色的对比和亮度差，从而确保网页内容的易读性。

2. 重复

设计中的元素可以在整个网页设计中重复出现，对于文字来说，可能字体、字号、样式的重复，也可能是同一种类型的图案装饰、文字与图片整体布局方式等。重复给用户一种有组织、一致性的体验，可以创造连贯性，显得更专业。

在该网站页面中的“产品准则”部分采用了统一的“图片＋标题＋正文”形式。内容不同，而布局方式统一，图片风格一致。用户一眼看过去，就能清楚地理解这是属于同一个版块的内容，这样的重复很容易给浏览者一种连贯、平衡的美感。

这是网站页面中关于装修流程的图示内容，采用图文相结合重复排列的方式进行展示。标题文字在图片中同样的位置，采用同样的字体样式，既能够与图片背景颜色形成对比，又具有文字样式的重复，具有很好的连贯性。

技巧点拨

重复原则在网页设计中应用比较广泛，单一的重复可能会显得单调，设计师在网页设计过程中可以根据不同的网站需求进行灵活应用，比如有变化的重复能够提高页面的创新能力，为页面增添活力。

3. 对齐

在网页设计中，元素在页面中不能随意摆放，每一个元素都应该与页面内容存在某种联系。网页中元素的对齐是必不可少的，通过对齐处理可以帮助设计师设计出吸引人的设计。

在该网站页面中，可以看到页面左侧的垂直导航菜单部分文字采用了右对齐的方式，而页面中间正文部分内容则采用了左对齐的方式。左对齐和右对齐的方式可以使文本内容看起来更加清晰，效果分明。

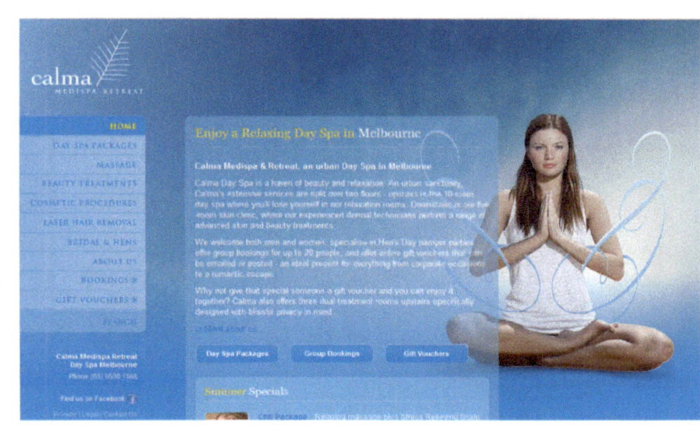

在该珠宝网站页面中，将文本介绍内容进行分块排版，并且采用了居中对齐的方式，使得文本内容的表现优雅、高贵，并且每一块中的文字内容都遵循了标题与正文的对比、文字与背景的对比，使得文字内容的表现效果清晰、易读。居中对齐的文字排版效果可以表现出庄重、典雅、正式的感觉。

4. 亲密性

亲密性是指在网页中将相关的内容组织在一起，让它们从页面整体视觉效果上更加和谐、统一。在网页中，元素位置的接近意味着存在关联。

要在网页中体现出元素的亲密性可以从两个方面入手：（1）适当留白，（2）以视觉重点突出层次感。

在该果汁品牌介绍网站页面中，采用多个元素在一起的组合排版。浏览者首先被广告图片和广告图片中的文字吸引，然后视线向下移动到文字描述内容，以及蓝色的链接文字，这些元素的亲密性与对比形成一种平衡，视觉层次清晰，给人一种舒适感。

观点总结

网页文字的排版是否合理，直接影响用户对网页中内容的阅读和理解，以及用户的浏览体验。排版设计的好坏绝对能够考验一个设计师的基本功底。在网页文字排版设计过程中，首先需要注意对字体、字号、间距等文字基础属性设置的把握，然后还需要根据相应的设计原则来对文字内容在页面中的排版进行处理，使网页中的文字版式清晰并且易读，给用户带来良好的浏览体验。

网页文字图形化

文字不仅是语言信息的载体，而且是一种具有视觉识别特征的符号。通过对文字进行图形化的艺术处理，不仅可以表达语言本身的含义，还可以以视觉形象的方式传递语言之外的信息。

知识点分析

在网页中要达到向浏览者清晰地传达网页主题与信息的目的，就必须充分考虑文字的整体设计效果，给人以清晰的视觉印象。字体设计包括两个方面：一是文字编排设计，二是文字图形化设计应用。

关于网页文字图形化的用户浏览体验，将通过以下两个方面分别进行讲解。

1．网页文字设计要求

2．文字图形化处理方式

网页文字设计要求

文字作为一种图形符号，在处理文字的造型时同时还需要遵循图形设计的基本原理。合理运用原理，可以对文字的形态构成、空间分布、色彩配置等方面具有一定的指导作用，可以使文字在网页设计中实现其自身的价值，即提高信息的明确程度和可读性，加强页面的艺术性和视觉感染力。

1. 形式适合

根据网站页面的主体内容、所传达的信息的具体含义和文字所处的环境来确定文字的字体、形态、色彩和表现形式以确保适合性。

这是一个以儿童涂鸦活动为主题的网站页面，页面中的主题文字采用了胖乎乎的可爱字体进行表现，表现出儿童的天真与可爱。并且将主题文字放置在页面的中心位置，有效地突出主题内容的表现，浏览者进入网站就能够马上被主题内容吸引。

2. 信息明确

传达外形特征、方便浏览者识别并保证信息准确地传达是文字的主要功能。由于文字的点画、横竖、圆弧等结构元素造成文字本身的不可变异。所以在选择时需要格外注意。在强调信息严格准确的情况下应优先选取易于识别的文字。在进行字体创作时也应该保证形态的明确性。

这是一个巧克力品牌的官方网站页面，在该页面的广告宣传图片中对主题文字进行了艺术化变形处理，但依然保留了字体笔画原先的特征，只是对部分笔画进行了延伸处理，使得主题文字的表现效果与页面整体设计风格相统一，主题文字具有很好的可读性。

3. 容易阅读

文字的形态及编排设计可以提高页面的易读性。通常情况下，人们对于过粗或者过细的文字形态常常需要花费更多的时间去识别，不利于浏览者顺畅浏览网站页面。在版式布局中，合理的文字排列与分布会使浏览变得极为愉快。为文字搭配视觉适宜的色彩也能够加强页面的易读性。

该饮品宣传网页采用卡通手绘的设计风格，页面中的文字同样使用了卡通造型的字体，字体颜色则选择了与背景的深蓝色形成强烈对比的粉红色和白色，并且主题文字与图形的色彩相呼应，文字内容具有很好的辨识性，方便用户阅读。

4. 表现美观

文字不仅可以通过自身形象的个性与风格给浏览者以美的感受，而且还增加了页面的欣赏性。文字形态的变化与统一、文字编排的节奏与韵律、文字体量的对比与和谐，都是达成美观性的表现手法。

在该活动宣传网站中对主题文字进行适当的艺术化处理，并与页面中的主体图形相结合，充分吸引用户的眼球。在主题文字的两侧，分别使用鲜艳的对比色调来突出该网站的两个主要栏目，整体视觉效果突出，给浏览者带来美的享受。

5. 创新表现手法

文字与页面主题信息需求相配合并进行相应的形态变化，对文字进行创意性发挥，以产生创造性的美感，进而达到加强页面整体设计效果的创意性。不仅能够快速吸引浏览者的注意力，而且给浏览者以耳目一新的感觉。

该网站页面的设计非常富有创意，运用纯黑色作为页面背景，在页面中间位置，将页面的导航菜单文字处理为立体文字效果，堆叠放置在页面的中心，具有很强的视觉冲击力。文字的视觉效果也非常突出，充满个性的表现方式能够给浏览者留下非常深刻的印象。

专家支招

文字不仅具有传达信息的功能，使浏览者可以快速获取主题信息、易于阅读，还可以通过文字形态的节奏与韵律给人以美的视觉享受。通过创造形成自身的鲜明特征，从而使页面内容与形式达到高度统一，在实现良好的信息传达效果的基础上，不断适应大众的审美需求。

文字图形化处理方式

文字是人们在长期生活中固化下来的一种图形符号。它已经在人们的意识中形成一种惯性认识，即只要将线条按照我们熟悉的结构组织到一起，就可以将其确定为文字，而不再将其视为"图形"，阅读成为文字的基本属性。文字优于一般图形，因为它具有"信息载体"和"视觉图形"双重身份。

1. 文字图形化

实现字义与语义的功能及美学效应是字体的基本作用。文字的图形化是指既强调它的美学效应，又把文字作为记号性图形元素来表现，强化其原有的功能。为了能够更好地实现自己的设计目标，设计者不仅可以按照常规的方式来设置字体，同时也可以对字体进行艺术化的设计将文字图形化、意象化，以更富创意的形式表达出深层的设计思想，这样不仅能够打动人心，还可以克服网站页面的单调与平淡。

该网站是一个广告宣传型的网站，在网站页面中的文字介绍内容较少，更多的是通过广告宣传图片来宣传产品。网站主题文字"夏日驱蚊大作战"运用图形化的处理方式，对文字的笔画进行变化处理，使得主题文字在页面中的表现更加突出，也使得页面效果更加富有创意。

2. 文字的重叠

重叠是指根据版面设计的要求对文字、图像等不同的视觉元素进行重叠的安排。文字与文字之间、文字与图像之间在经过重叠后，可以产生空间感、层次感、跳跃感、透明感、叙事感，从而使整个页面更加活跃、有生机、引人注目。

在该甜品网站页面中同样对主题文字进行了艺术化处理，通过对主题文字进行曲线状编排，以及文字与图形的重叠构成，使得网站页面更像是一本精美的画册，使得用户在网站页面中的浏览更加惬意、自然。

专家支招

尽管重叠手法会影响文字的可读性，但是它独特的页面效果能够给人带来不同的视觉享受，这种表现手法，体现了一种艺术创意。所以，它不仅大量运用于传统的版式设计，在网站界面设计中也被广泛运用。

3. 整体性

在文字设计中，即使文字仅仅是一个品牌名称、词组或是一句话，也应该将其作为整体来看待，这就是文字设计整体性的概念。将文字单个割裂开来、一字一形或互无关联，都会降低文字图形的视觉强度，无法起到吸引受众视线的作用。因此，需要从字形、笔形、结构及手法上追求统一性。

其实，文字设计的整体性主要表现在笔形方面，即追求笔形形状、大小、宽窄、方向性的一致。在段落文字设计中需要注意高度的统一以形成集聚的视觉力量。在文字段落结构方面，字与字之间则要相互穿插，互相补充。为了避免整个版面的呆板，也可以通过辅助图形将文字统辖在一起，形成整体，增强文字的趣味性。

在该主题活动页面中主要以文字内容的排版处理为主，使用大号的非衬线字体表现主题文字“大大世界 小小心愿”，并且将个别文字设置为红色，表现效果突出，而其他介绍文字都采用了相同的字体大小和排版方式，使得页面中文字内容的表现具有很强的整体性，给人清晰、易读的浏览体验。

4. 意象性

所谓意象，是指客观物象经过创作主体情感活动而创造出来的一种艺术形象。即是主观的“意”和客观的“象”的结合，也就是融入思想感情的“物象”，是富有文学意味和某种特殊含义的具体形象。在视觉传达过程中文字是作为画面的形象要素而存在的，具有传达一种观念或审美思想的意义。其形态的塑造，并不是单纯地在书写规范或文字形状上进行变异。

该网站页面的设计非常简洁、古朴，且富有传统艺术气息。为了配合页面设计的意境，版面中的栏目名称文字都采用了毛笔艺术字体进行表现，其排版方式也比较随性，从而能够更好地与页面的整体设计风格相匹配，表现出高雅的传统艺术风格。

观点总结

文字图形化处理要与网页的颜色、版式、图形等其他设计元素相协调，从艺术的角度可以将字体本身看成是一种艺术形式，它在个性与情感方面对浏览者有很大的影响，所以应该充分发挥文字图形化在网页版面整体布局中的作用。

主题文字表现

网页设计可通过文字所独有的特点影响着网站的效果，合理的文字编排设计在网页中的应用可以引导读者的阅读，使网站内容的思想性和艺术性达到完美和谐的统一，形成最佳的诉求效果。因此，文字运用在网站页面设计中是至关重要的，更重要的是突出主题文字的表现。

知识点分析

为了使网站页面更具感染力地传播信息，主题文字的排版应当注重页面上下、左右空间和面积的设计。根据设计的目的选择适当的字体，运用对比、协调、节奏、韵律、比例、平衡、对称等形式法则，构成特定的表现形式，以方便浏览和传达形式美感。

关于网页主题文字的用户浏览体验，将通过以下几个方面分别进行讲解。

1．对比

2．统一与协调

3．平衡

4．节奏与韵律

5．视觉诱导

对比

对比可以使网站页面产生空间美感，通过对比可以有效突出网页主题文字的表现，使页面中的主要信息一目了然。主要的对比手法有以下几种。

1. 大小对比

大小对比是文字组合的基础。大字能够给人以强有力的视觉感受，但其缺乏精细和纤巧感；小字精巧柔和，但是不像大字那样给人以力量感。大小文字进行合理的搭配使用，可以有效地缓解其各自缺点，并可以产生生动活泼的对比关系。

这是“百度贴吧”10周年的宣传页面，在该页面中充分运用了文字的对比处理，将数字10运用图形化的处理方式进行设计，并放置在页面的中心位置。主标题、副标题则放置在图形化的10下方，并同样应用了文字大小的对比处理，用户进入到网站中能够非常清晰地理解页面的主题。

技巧点拨

大小文字的对比幅度越大，则越能突出其各自的特征，大字愈显刚劲有力，小字愈显小巧精致；大小文字的对比幅度越小，则越能给人一种舒畅、平和、安定的感觉，整体形势则显得紧凑，对文字排版有较好的协调作用。

2. 粗细对比

粗细的对比是刚与柔的对比，粗字体象征强壮、刚劲、沉默、厚重，细字体则给人一种纤细、柔弱、活泼的感觉。在同一行文字中，运用粗细对比效果最为强烈。通常情况下，表现主题内容则使用粗字体，在文字排版过程中，粗细字体运用的比例不同，会形成不同的效果。粗字少细字多，易取得平衡，给人以新颖明快的感觉；细字少粗字多，虽然不易平衡，但是往往可以产生幽默感的效果。

该运动品牌网站页面中使用粗壮的大号字体来突出表现主题文字，并且使用了橙色作为字体颜色，与页面中的背景形成鲜明对比。该页面中对主题文字的处理同时使用了大小对比、粗细对比和色彩对比，表现效果非常突出。

3. 明暗对比

明暗对比又称黑白对比，同时在色彩构图中也表现为明度高的文字与明度低的文字对比。如果同一个网站页面中出现明暗文字造型，则可以使主题文字更加醒目突出，给人以特殊的空间效果。

该网站页面充分运用了明暗的对比效果，页面的背景使用白色和黑色进行倾斜分割，形成强烈的明暗对比，白色背景中使用黑色的文字，而在黑色背景中使用了白色的文字，同样形成文字的明暗对比，从而使网页表现出很强的空间感。

专家支招

为了使网站页面达到生动活跃的气氛，避免千篇一律的单调形式，就需要在页面中合理地安排好明暗面积在页面中的比例关系。

4. 疏密对比

疏密对比即文字群体之间，以及文字与整体页面之间的对比关系。疏密对比也同样具有大小对比、明暗对比的效果，但是从疏密对比的关系中更能够清楚地看出设计者的设计意图。

该网站页面采用了简洁的设计风格，将页面中的主题文字集中放置在页面的左上角位置，并使用了大号粗体文字表现，与页面中大量留白的背景形成强烈的疏密对比关系，有效地突出了左上角主题文字内容的表现，浏览者进入该网站页面一眼就能够看到左上角的主题文字。

技巧点拨

从网站页面的版式构成来看，文字的紧凑也可以和大面积留白形成疏密对比，网页页面的形式美感常借助于疏密对比来实现。

5. 主从对比

文字中主要信息与次要信息，以及标题性文字与说明性文字之间的对比称为主从对比。主从分明不仅能够突出主题，快速传达信息，而且使人一目了然给人以安定感。

在该宣传网页中，可以明显地看到页面中的主题文字使用了大号的粗体文字进行突出表现，而主题描述文字则使用了小号的默认字体表现，形成明显的主从对比，用户进入网站一眼就能够看出主题内容是什么，快速传递主题信息。

专家支招

网站页面中的文字主从关系是十分重要的，如果两者关系模糊不清，页面将会失去重点；反之，若主要信息过多或过强，也会使页面平淡无奇、没有生机。

6. 综合对比

除了以上所介绍的几种对比手法外，比较常见的还有自由随意与规整严谨、整齐与杂乱、曲线与直线、水平与垂直、尖锐与圆滑等对比手法。巧妙地在页面中结合使用多种对比手法，可以产生繁多而复杂的变化，从而诞生新颖的文字编排形式。

在该网站页面中综合运用了文字的大小、粗细、明暗、疏密等对比关系，将主题文字设计为很大的立体文字效果，放置在页面的下方，与页面中简洁的说明文字形成强烈的对比。综合运用文字的对比关系，有效突出页面主题的表现效果。

统一与协调

在运用对比手法时，如果过分强调对比关系、空间对比过大或各种对比元素混用，反而会导致整个页面版式混乱。统一与协调是创造形式美感的重要法则。

为了能够使页面中的元素能够看起来更加协调，通常采用的方法是同样的造型元素在页面中反复出现，这样就可以铺垫整个页面的基调，使整个页面具有整体感与协调感。除了这种方法以外，还可以选用同一字族中的不同字体，以相同的字距和行距，选用近似色彩和字号级数，对文字内容进行排版处理，这些都是实现网站页面统一协调的方法。

在该网站页面中统一将文字内容放置在页面的左侧部分，每一部分文字都是由标题与正文内容组成的，并且标题为黄色，正文为白色，相同的文字效果设置，使得网页中的文字内容看起来统一而协调。

平衡

平衡即合理地在网站页面中安排各个文字群和视觉元素，从而给浏览者留下可靠稳定的印象。网页中文字编排设计着力要求类似于天平所给人的平衡感。失去平衡的文字编排设计，将不会得到浏览者的信赖，而且给人一种拙劣感。网页中的平衡要求指的是一种动势上的平衡，通过利用巧妙的手法加强布局中较弱的一方，这是寻求文字排版设计平衡的最佳方法。

在该网页栏目图片的设计中，将主题文字放置在左侧，右侧放置商品图片，左侧的主题文字中同时运用了大小、疏密的对比处理，从而使主题文字与右侧的商品图片获得平衡，给浏览者可靠的感觉。

专家支招

网页中对称的文字编排形式是获得平衡的最基本的手段，但是这种形式平淡乏味、没有生命力和趣味性。

节奏与韵律

由于节奏与韵律本身就具有活跃的运动感，因此它是形成轻松活跃的形式美感的重要方法。反复地在网站页面中出现有特征的文字造型，并按照一定的规律进行排列，就会产生强烈的韵律和节奏感，强调文字的韵律感和节奏感有利于网站页面的统一。

该网站页面运用卡通的设计风格，网页中的主题文字统一运用沿曲线进行排列的效果，从而使页面具有节奏与韵律感，同时主题文字又运用了不同的色彩进行表现，多种色彩的点缀，有效地活跃了整个页面的氛围。

视觉诱导

为了达到顺畅传达信息的目的，在网站页面中对文字进行排版时，应该遵循视觉运动的法则，即先使一部分文字首先接触浏览者的视线，然后诱导视线依照设计师安排好的结构顺序进行浏览。

1. 线的引导

通过左右延伸的水平线、上下延伸的垂直线，以及具用动感的斜线或弧线来引导视线。以线作为引导，方向明确又肯定。

在该产品宣传介绍网站页面中充分运用了线条引导对页面中的文字内容进行排版处理。用户进入网站页面后，首先注意到的是页面中间的产品图片，通过产品图片上相应的线条，能够引导用户阅读网页中的相关信息内容。

2. 图形的引导

在网站页面中插入图形也可以起到视觉诱导的作用，通过图形由大到小有节奏韵律的排列以形成视觉诱导的线型。同时还可以在文字群体中穿插图形，这样不仅可以起到突出主题文字信息的作用，而且还可以引导浏览者的视线自然地转向说明性文字。

在该网站页面中，将图形化处理的主题文字内容放置在页面居中的位置，并且主题文字使用了与背景形成对比的色彩，效果突出。在页面中加入一些色块图形分别向页面左右两侧延伸，将描述主题的文案内容沿着色块图形进行排列，通过图形的引导使读者很容易注意到相应的内容。

观点总结

每一个网站都需要有一个突出而鲜明的主题，能够第一时间吸引到浏览者的关注，而主题大多数都是通过文字的方式来传达的，这就要求设计师对主题文字进行精心的设计处理。明确、直观的传统网站主题，能够有效地提升网站用户的浏览体验。

情感体验要素

情感体验是指用户心理方面的体验，强调产品、系统或服务的友好度。首先产品、系统或服务应该给予用户一种可亲近的感觉，在不断交流过程中逐步形成一种多次互动的良好的友善意识，最终希望用户与产品、系统或服务之间固化为一种能够延续的友好体验。

网站情感体验就是用感性带动心理的体验活动，是呈现给用户心理上的体验，强调友好性。网站情感体验有时候也叫作客情维护，就是针对用户定期的关怀、回访、反馈等能够联络网站与客户情感的活动。

心流体验

心流（Flow）由心理学家米哈里· 齐克森米哈里（Mihaly Csikszentmihalyi）在 1975 年首次提出，并系统科学地建立了一套完整的理论。目前，心流的概念已经被广泛应用在设计领域，尤其是交互设计中，成为衡量用户情感体验的重要标准之一。

知识点分析

心流是人们在从事某项活动时暂时的、主观的体验，也是人们乐于继续从事某种活动的原因，例如长时间玩网络游戏。但是，心流并不是一种静止的状态，会随着技能和挑战难度的变化而变化。

关于心流体验，将通过以下几个方面分别进行讲解。

1．什么是心流体验

2．网站中的心流体验

3．心流体验设计原则

什么是心流体验

许多人在从事某些活动时会有一种像行云流水般的体验发生，这种体验指的就是一个人深深地融入某个活动或事件时的心理状态。一般而言，当这种体验发生时，人们会因为太融入其中而出现忘我，或忽略其他周围事物的情况。而当这种体验结束后，人们通常会觉得时间过得很快，并得到情感的满足，这就是通常所说的心流体验。

心流体验是个体完全投入到某项活动的整体感觉，心流体验的 9 个特征被概括如下。

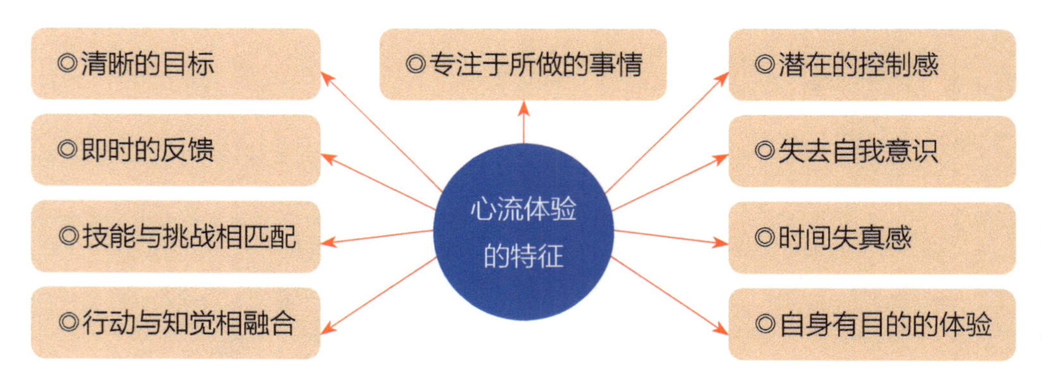

根据心流体验产生的过程，这 9 个特征又被归纳为 3 类因素。

◎条件因素：包括个体感知的清晰目标、即时反馈、技能与挑战的匹配，只有具备了这 3 个条件，才会激发心流体验的产生。

◎体验因素：指个体处于心流体验状态的感觉，包括行动与知觉的融合、注意力的集中和潜在的控制感。

◎结果因素：指个体处于心流体验时内心体验的结果，包括失去自我意识、时间失真和体验本身的目的性。

造成心流体验的一个重要因素是技能与挑战的平衡，也就是解决问题的能力与问题难度的匹配度：当技能不足以解决困难时就会引起用户的焦虑，而技能太多遇到低难度的问题时又会让用户感觉无聊。心流体验发生在当技能和挑战都最高的时候，介于焦虑和无聊的感受之间。

专家支招

心流是由对解决问题的能力的评估，以及对即将到来的挑战的认知所决定的。随着技能级别的提升，也需要更高难度的挑战来达到"心流"状态，这就是为什么游戏要设计递增的难度级别，而且有些玩家在玩通关后就不想再从头开始玩的原因。

网站中的心流体验

用户在网站交互中体验着心流带来的愉悦感和满足感。心流，已经成为一个重要的用户情感体验原则，在交互设计中起着重要的指导作用。

1. 网站心流体验要素

网站用户的心流体验在很大程度上取决于网站交互的响应速度和控制感，这与心流理念中对挑战和技能的要求相对应。1996 年，霍夫曼（Hoffman）和诺瓦克（Novak）在对在线购物网站的导航设计研究中发现，大概 45% 的调查对象在网站交互中体验过"心流"。根据调查对象的描述，霍夫曼和诺瓦克将网站交互中的"心流"概括为以下几个方面。

◎高水平的技能和操作控制。

◎高难度挑战和激励。

◎专注。

◎交互与身临其境的感受，指用户在网站交互过程中感觉自己置身于该网站环境中的心理状态。

后来，霍夫曼等人通过研究用户在使用网络软件（聊天、新闻组等）和在线购物中的体验发现速度对于挑战和技能的平衡起着直接作用。除此之外，用户的技能、控制感、对时间的忽略也是影响心流体验的重要因素。速度对于用户访问时间和访问频率的影响最大。对于重复访问的用户，技能和控制感的平衡、用户停留时间、内容重要性和访问速度都是重要的影响因素。

2. 网站交互中心流体验的分类

在网站交互中可以将心流体验分为两种类型：体验型和目标导向型。

体验型强调的是将网站交互当作一种娱乐方式，例如在网站中听音乐、看电影等；目标导向型则是将网站作为一种工具用以完成某个目标，例如在线购物、搜索等。

通常情况下，新手用户倾向于将网络作为一处娱乐的平台，在网站交互中，他们喜欢更少的挑战、更多的探索发现。有经验的用户则希望利用网络来完成某项任务，因此喜欢较少的探索发现和较多的挑战。

针对这两种不同类型的心流体验，交互设计应该突出不同的表现特征。

体验型

大多数的宣传展示类网站都属于体验型的心流类型，这种类型的网站需要给用户一种身临其境的感受，使用户在网站浏览过程中能够集中注意力，忽视时间感，积极地在网站中进行探索和发现。

目标导向型

例如搜索、在线购物等网站都属于目标导向型的心流类型，这种类型的网站需要能够充分展示内容的重要性，以及用户对于网站的操作控制。目标导向型着重于用户在网站完成任务所需要的活动体验。一般来说，心流体验更容易在目标导向的交互中产生。

心流体验设计原则

1. 平衡挑战与用户技能

平衡挑战与用户技能之间的差异是激发心流体验的最重要的设计原则。根据用户技能水平的差异以及两种不同类型心流的特点，交互设计应该采用不同的原则和方法。网站交互带来的挑战可以是视觉、内容和交互方式上的。简单来说，一个网站的一切，包括内容、信息架构、视觉设计等都对心流体验有所帮助。

以娱乐为导向的体验心流设计应该满足用户以创造性的思维来浏览和探索网站的需求，很少或根本不建立挑战，避免引起用户的焦虑。因此，网站设计主要通过视觉元素，如亮丽的颜色和高对比度，引起浏览者感官刺激和内心的愉悦。

在该电影网站的设计中，充分运用电影场景与海报，给浏览者带来一种身临其境的感受。在页面中通过丰富的视觉表现，在带给用户娱乐享受的同时，也吸引用户去探索电影的内容。

专家支招

体验型网站的心流设计应该通过在网站页面中使用更多的视觉元素来吸引浏览者的注意力从而达到心流体验。

在目标导向型的心流体验中，完成任务的难度越大会给用户带来越多的激励，但是也会让用户感到焦虑并且在遇到困难时较少地进行创造性的思考。所以对目标导向型的心流设计来说，应该尽量减少不必要的干扰因素，为用户完成任务提供方便，包括使用较少的视觉元素、即时地提供明确的反馈，也就是说要提高互动设计的可用性。除此之外，对于目标导向的互动设计，加入适当的娱乐元素比单纯的目标导向操作更能够激发心流体验，例如定制个性化的界面。

“百度”就是一个典型的目标导向型网站，其页面采用极简化的设计使其功能突出，减少对用户操作的干扰。同时它也提供了个性化的页面风格，当用户通过所注册的账号登录以后，可以看到在其主体搜索功能的下方显示了相应的推荐信息，并且页面背景显示了个性化的背景图片，增强了搜索页面的个性与趣味性。

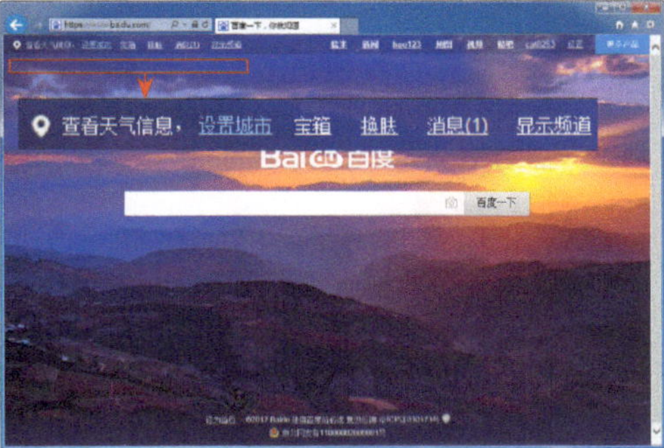

用户成功登录后，“百度”网站首页中主体搜索功能下方的推荐内容不仅可以让用户自定义感兴趣的内容，而且也可以自定义隐藏该部分内容。并且在网站左上角位置提供了多种个性化定制功能，例如可以定制天气预报，根据自己的喜好选择不同的背景图片等。个性化的设计增加了用户对“百度”网站的访问率和忠实度。

技巧点拨

当网站的交互操作特别困难或者无聊时，用户通常很难有足够的动力去完成它，这个时候，在网站中通过故事性的描述通常能够有效地提高用户的激励水平，吸引用户的浏览。

2. 提供探索的可能

心流的定义告诉我们当用户的技能超过网站交互操作带来的挑战时，用户就不会全身心地投入到网站体验中，甚至会觉得无聊。为了避免这种情况的出现，交互设计必须提供探索更多功能和任务的可能性。

对于以内容诉求为主的交互设计，例如新闻类网站，需要及时更新内容并通过适当的方式吸引用户的注意。

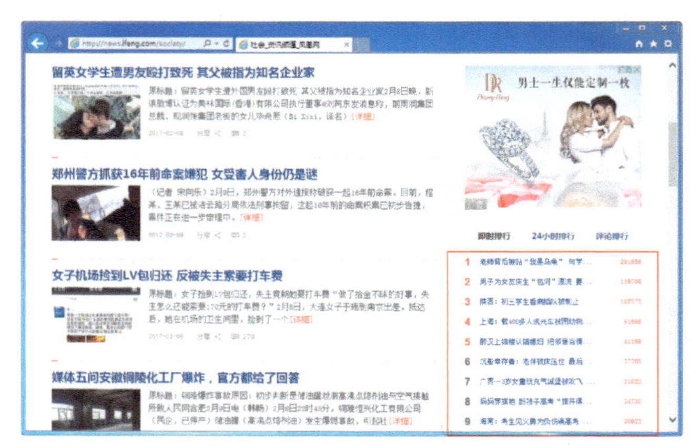

例如“凤凰网”的社会新闻频道首页，在页面右侧的广告图片下方提供了最热门的社会新闻资讯排行，按照 3 种方式组织排序，分别是“即时排行”“24 小时排行”和“评论排行”。即使这些新闻的选择不是基于每个用户的，但是却反映了多数用户的关注点，因此能够抓住用户的注意力。

以功能诉求为主的交互设计，例如在线购物网站等，可以通过扩展交互功能的方式帮助用户进行探索。

例如“苏宁易购”网站的商品页面中，不仅为用户提供了商品分享、商品收藏、用户评论、在线咨询等交互操作，还为用户提供了“商品对比”的功能，单击商品名称右侧的“开始对比”按钮，即可将该商品加入到页面右侧的对比栏中，帮助用户探索页面中更多的交互功能。

3. 吸引注意并避免干扰

将用户的注意力集中在正在执行的任务上是实现心流体验的基本要素之一。网站交互应该通过合理的设计，长时间吸引用户的注意力，避免干扰。因此，应该尽量避免使用弹出式对话框，即使一定要出现，也应该采用合适的形式和语气。很多网站在设计时就试图把对话框的出现频率降到最低。

这是某品牌的官方商城，页面的设置非常简洁，重点突出商品的展示。将页面相应的操作选项集成隐藏于左侧的深灰色矩形块中，单击相应色彩的圆点，可以在页面中显示相应色彩的商品，只有单击展开按钮才能够展开该部分选项。这些操作功能处于用户视觉范围的边缘，不会干扰用户在页面中的浏览。

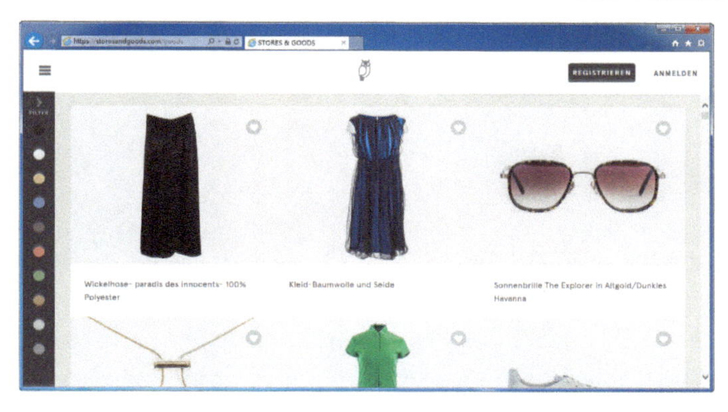

另外一个避免干扰的方法是通过交互动画效果来实现两个屏幕显示的切换。尽管动画在交互设计中可以以很多方式出现，但是这样的方式会让用户明白页面是怎样发生变化的，避免用户花费精力去搞清楚这两个页面是如何进行切换的，也有助于将用户的注意力集中在交互操作上。

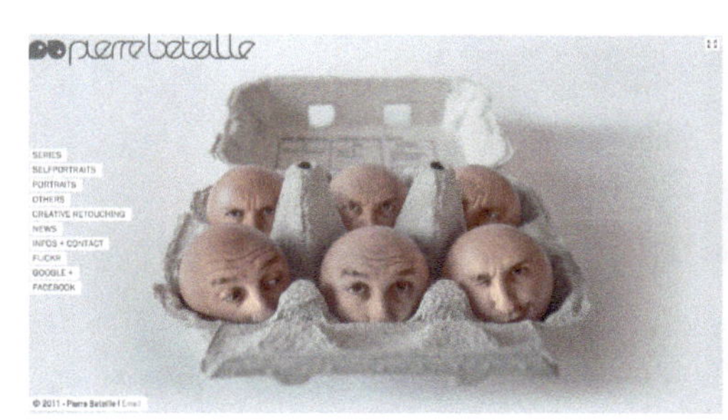

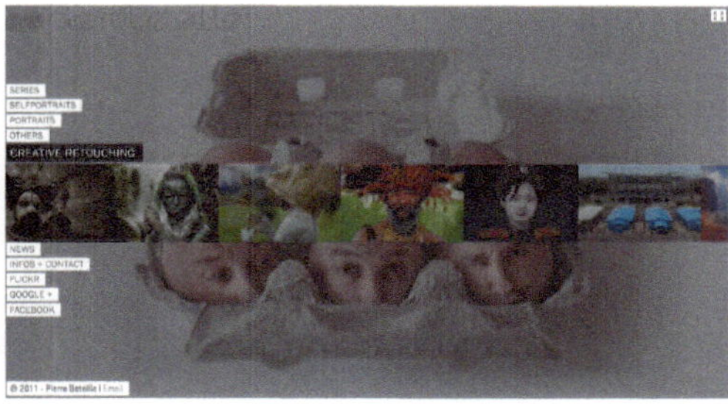

这是一个图片摄影网站，当用户单击左侧导航菜单中的任意一个选项后，即会以交互动画的方式在页面中呈现相应的内容，但是页面的大小、导航位置、背景等均不会发现任何变化，保证了页面切换的连续性，也使得用户在网站的交互操作中获得愉悦感。

专家支招

在网站中具有联系的页面之间使用交互动画的方式来显示页面的过渡和切换效果，不会干扰用户在网站中的操作，而且有助于保持心流状态。

4. 保持用户的控制感

心流体验要求建立用户对网站交互的控制感。目前交互设计中常用的适应性界面，即交互产品自动根据用户的行为调整界面设计，尽管从某种程度上让互动产品看起来非常人性化和智能化，但是剥夺了用户对界面的控制权，实际上有损用户的心流体验。合理的解决方案就是不要让交互设计自己决定界面该怎么变化，而是全权交给用户决定。

这是一个设计网站页面，页面中的信息内容较少，在首页面中通过交互操作的方式来展示最新的项目作品，但是其并没有采用自动轮换展示的方式，而是将控制权交给用户，用户可以通过鼠标滚动页面的方式或者单击页面下方具有引导提示的向下箭头，也可以单击页面右侧的小圆点在各项目展示之间进行切换，选择需要查看的项目。用户掌握了交互操作的控制权，使用户更有兴趣去探索网站中的内容。

5. 对时间的失真感

处于心流状态时，用户常常感觉不到时间的流逝。但是，如果交互过程被中断，用户会认为他们花费了比实际更长的时间进行操作，这种现象被称为相对主观时间持续感。除此之外，如果让用户执行一系列复杂的网站任务，并给予相应的帮助，然后要求每个用户估计执行每个任务的时间。通常，任务越困难，用户越认为他们花了比实际更长的时间去处理。尽管这个发现不能转化为直接的交互设计原则，但是相对主观时间持续感可以用来测试干扰和任务设计的难度和复杂度，有助于设计决策。

观点总结

心流体验理论是用户情感体验的重要内容，用户的心流体验能显著地影响网站用户黏性。根据以上的分析，在用户体验设计中，要让网站给用户带来心流体验，应该从以下 4 个方面入手。

（1）故事化：让用户从事的浏览活动具有一定的故事情节，能吸引用户融入其中。

（2）目标化：让所开发的网站有一个明确的行为目标，而且让用户较容易地产生目标。

（3）步骤化：让用户在实现自己目标的过程中分出明确的步骤，让其对整个过程有可控性。

（4）可对话：给用户充足的反馈，在合适的时候给出合适的结果提示，让用户明确自己的位置。

沉浸感

沉浸感也称为临场感，最早用于虚拟现实，是指用户感觉其作为主角存在于模拟环境中的真实程度。在网站设计中，良好的沉浸感可以使用户被网站深深地吸引，从而获得更好的用户情感体验。

知识点分析

在网站设计中既包含丰富的感官经验，又包含丰富的认知体验的活动，才能创造最令人投入的心流。沉浸式设计要尽可能排除用户关注内容之外的所有干扰，让用户能够顺利地集中注意力去执行其预期的行为，并且可能会利用用户高度集中的注意力来引导其产生某些情感与体验。

关于沉浸感体验，将通过以下几个方面分别进行讲解。

1. 什么是沉浸感
2. 沉浸感设计原则
3. 沉浸感在游戏网页设计中的应用

什么是沉浸感

在某些资料中，沉浸感被认为和存在感是同一种概念，但实际上，两者有很大的区别。存在感强调对虚拟环境的感官知觉，主要用于描述现实技术带来的感知仿真性。沉浸感则强调对虚拟存在的心理感受，不一定是在虚拟的环境中，也可以用来描述任何置身非现实世界的体验，如对文学世界的沉浸等。

沉浸感经常被认为是游戏中用户体验的重要维度。游戏中的沉浸感可以分为两个层次：一是由叙事所构建的游戏世界；二是玩家对互动参与游戏策略的兴趣。这两者在一定程度上是互斥的，因为游戏中的叙事目前主要是通过线性视频来实现的，不需要玩家的参与，所以，强调叙事就会增加视频而减少玩家的互动参与，反之亦然。

沉浸感设计原则

网站设计需要实现用户的沉浸感，通过沉浸在网站所营造的世界中，用户更加容易体验心流，从而享受网站设计所带来的心理和精神上的愉悦体验。实现沉浸感的设计原则如下。

1. 多感知体验设计

多感知是指除了一般计算机所具有的视觉能力外，网站设计还应该具有听觉、触觉，甚至味觉和嗅觉等感知能力，这些主要是通过多媒体技术来实现的。

专家支招

现代多媒体技术是将声音、视频、图像、动画等各种媒体表现方式集于一体的信息处理技术，它可以把外部的媒体信息，通过计算机加工处理后，以图片、文字、声音、动画、影像等多种方式输出，以实现丰富的动态表现。通过多媒体技术激发用户的多感知体验。

理想的网站设计应该能够激发用户的一切感知，但是由于目前基于网络的互动设备一般是由显示器、音响、鼠标和键盘等组成的，因此带给用户的通常是视觉和听觉体验。但是由于人的各种感知相互连通、相互作用，因此对视觉和听觉信息的巧妙设计有时也会引起用户其他的感知体验。

在网站设计中，色彩和构图是实现用户感知的重要途径，每种颜色都会反映一定的情感，这些情感会触发用户的其他感知。反过来，在进行网站设计时，也可以通过其他的感知来指导网页的配色。

在该美食网站的首页面中，使用两张高清晰度的美食图片分别作为页面左右的背景图片，这两张美食图片在网页中所占据的视觉比重最大，并且当鼠标移至图片上方时，还会出现相应的交互效果。通过简单的构图和大尺寸的图片突出了美食的诱惑力，也在一定程度上引起了用户的味觉体验。

2. 直接操作的交互设计

用户在生活中与产品的互动不会通过点击按钮去触发，而是直接操作。营造沉浸感的交互设计，不应该通过对话框或者命令来实现某项功能，而应该通过直接操作。例如用户看见门上的把手，就会采取推或者拉的行为将门直接打开。因此，合理的设计应该打破界面的限制，将直接操作作为理想的互动方式。

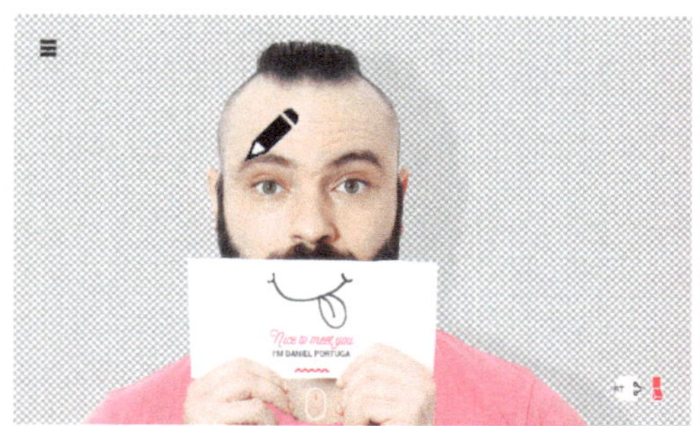

这是一个非常个性的设计类网站，当打开该网站页面时，页面中的光标会显示为铅笔形状，可以模拟现实生活中的铅笔的使用方法，在页面中人物图片上的任意位置绘制图形，增强了页面的趣味性。并且在网站右下角还设置了一个开关按钮，单击该开关按钮，结合动画与声音的表现实现页面背景的切换，该开关按钮的图形与交互表现都是完全模拟现实生活中的场景，具有很强的个性。

3. 超越界面的设计

界面设计的终极目标就是让人们根本感觉不到物理界面的存在，使交互操作更加自然，类似于现实世界中人与物的互动方式，随着技术的发展，这一天一定会到来。在目前浏览器和鼠标为主的互动条件下，设计师也采用一些方式来打破"界"的限制，将互动空间和互动方式进行扩展，其中一个趋势就是三维界面。

三维界面是将用户界面及界面元素以三维的形式显示，从而在浏览器中创造一个虚拟的三维世界。三维界面具有丰富的多媒体表现力，很强的娱乐性和互动性。三维界面使用虚拟现实技术模仿真实世界，因此，声音、影像和动画元素是必不可少的。

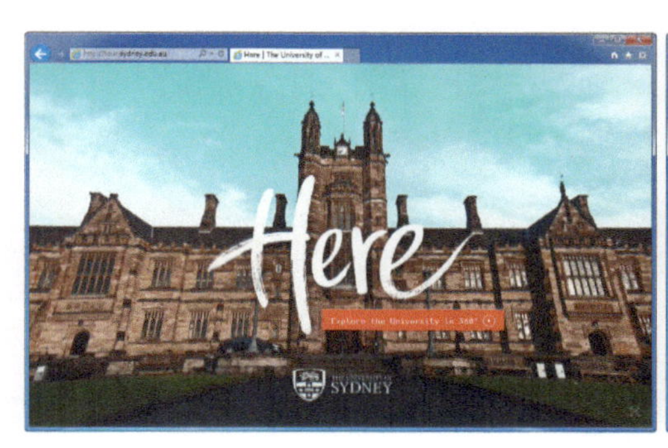

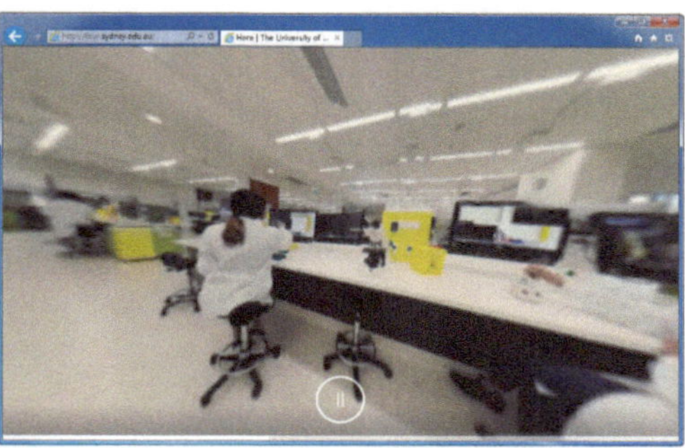

该学校介绍网站就是利用影像来塑造沉浸空间的，它将实景拍摄的校园影像与网页结合，营造了一个真实的校园概貌。在网页中通过鼠标的拖动控制，浏览者行走在计算机数据所建构的虚拟世界中，感觉就像真的行走在校园中的各个角落，或仰视、或俯视，完全是一种身临其境的感觉。

技巧点拨

目前网页中实现的三维技术主要是通过全景视频来实现的，通过拍摄真实世界，然后利用拼接柱形或球形的全景图来实现。全影视频是连续的全景图片展示形式，可以在任意一点展示360°全景图片，突破了点与点断连接的方式。

专家支招

与二维界面相比，除了视觉元素呈现三维立体感之外，三维界面中的音效也是立体的、富有真实感的。在三维界面中，动态视频影像仍然是不可或缺的媒体要素，并且是实时渲染的，增强了界面的互动能力。

与二维网页相比，三维网页具有更强的娱乐性和交互性，比较适合虚拟博物馆、景点宣传、网上商店及网络游戏等领域。

沉浸感在游戏网页设计中的应用

1. 尽可能打造一个偏真实的场景

用户往往对真实的场景有一种亲近感，因此，如果能够将真实场景融入到网站设计中，很容易让用户产生一种愿意自我带入情境的感觉，有利于引起他们对网站中其他内容的兴趣。

美轮美奂的游戏场景配合动画与音效的效果表现，当浏览者打开网站时就能够被精美的视听感受所吸引，仿佛置身于虚幻的游戏世界当中，从而使浏览者对该游戏产生兴趣，并能够逐渐沉浸其中。

2. 通过讲故事来带动用户的情绪

生动有趣的情节能够将用户吸引到整个故事中，这对引起用户情感上的共鸣有很好的效果，故事情节不仅可以带动用户的情绪，也能够让用户顺势展开想象，逐渐沉浸在网站中。

在该游戏网站的设计中，在首页通过游戏场景搭配简洁的故事情节介绍，并没有过多的其他内容，并且用户可以通过左右箭头按钮来浏览故事情节，使用户沉浸到游戏故事当中，从而带动用户的情绪，使用户沉浸其中。

3. 利用小的交互设计让用户充分参与到网站中

前期由于用户长时间观看网站进入疲劳阶段，此时，如果出现一个非常适宜的小交互操作，让用户亲自操作去达成相应的效果，无疑可以将用户的情绪重新唤醒至兴奋状态。

这是一款游戏的宣传介绍页面，为了使浏览者能够参与到游戏中来，在网页中设计简单的互动操作。只需要通过鼠标的操作就能够模拟表现出游戏的场景，从而更好地吸引浏览者。

4. 尝试唤醒用户内心潜在的情绪

这方面其实在目前朋友圈里广泛传播的一些 HTML5 页面中有很好的体现，可以想象一下当我们体验完一个 HTML 页面准备分享的那一刻，除了对创意、执行、技术方面的赞叹以外，是不是还有别的原因？一定是触发到了你内心的情绪，从而看完后会心甘情愿地去推广。

这是“必胜客”在移动端的一个新品宣传推广活动页面设计，将精美的设计风格、简洁的构图、引人入胜的文案综合在一起，带领用户逐步了解该新产品的原料及创作手法，最后再通过优惠券来诱惑用户，怎能不唤醒用户蠢蠢欲动的心呢。

观点总结

创造一种令人着迷的交互体验不是简简单单地把功能添加到网站上就可以了，需要有计划地去实现，这不仅需要分层的设计技术还需要对用户的浏览和行为习惯了如指掌，如果能够把视觉透视、长轴滚动和背景视频等技术结合起来，这样的网站设计就可以从视觉上吸引并留住客户，使浏览者获得更好的沉浸式体验。

情感化设计

情感是人类最敏感和复杂的心理体验。网页设计经常讲到要简洁、要大气。什么是简洁？怎样算大气？其实没有一个具体的标准，所有这些都要靠网页设计师凭主观去判断，主观的东西就往往会带有情感了，所以归根结底，网页设计就是将情感融入设计，也就是我们今天要讲的情感化设计。

知识点分析

功能是理性，带有逻辑性思维的认知，而情感是感性的，用户对于一个界面的第一印象往往决定了他们对其的喜爱程度。情绪可以左右人们的思维，我们应该学会换位思考，将自己想象成用户，真正地将人性化的理念带入到设计中去，让用户与网站进行朋友般的情感互动，产生对网站的情感依赖，才能设计出更好的网站。

关于情感化设计，将通过以下几个方面分别进行讲解。

1．什么是情感化设计

2．网站的情感化设计

3．网站情感体验的 3 个层次

4．网站中形式要素的情感化设计

什么是情感化设计

传达情感是人类最重要的日常活动之一，是人类适应生存的心理工具，也是人际交流的重要手段。情感化设计是指旨在抓住用户注意、诱发用户的情绪反应（有意识的和无意识的），从而提高执行特定行为的可能性的设计。情感影响着人类的感知、行为和思维方式，进而影响了人类与一切事物及其他个体的互动行为。人性化是人机交互学科中很重要的研究，充分考虑到用户的心理感受，将产品化身成一个有个性、有脾气的人，相比冷冰冰的机器更能够得到用户的好感和共鸣。

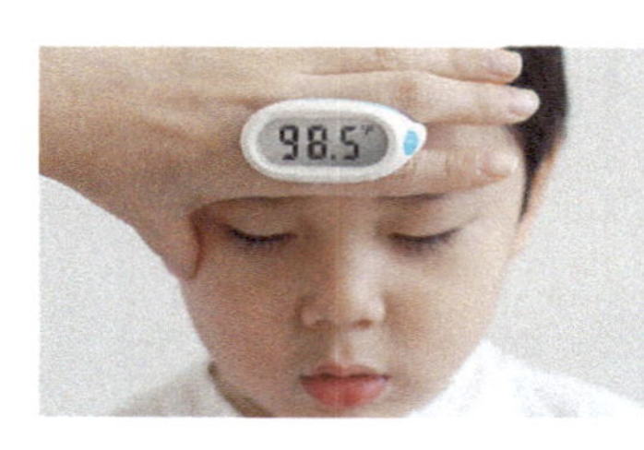

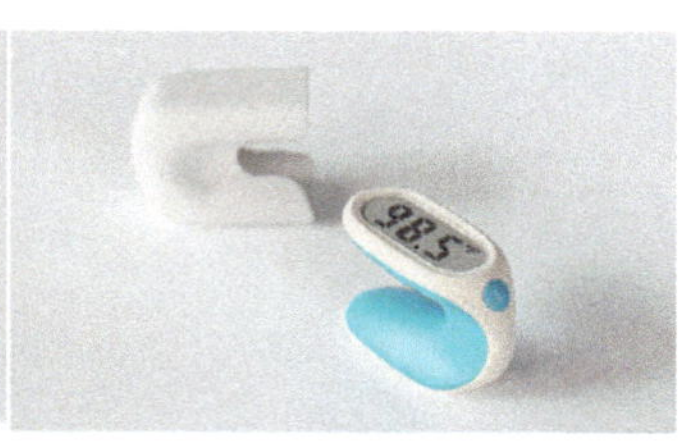

该温度计产品设计将充满距离感的温度计和最自然的手结合在一起，让我们用最自然的方式来替自己的小孩量体温。这样的设计是不是更加人性化，更加能够引起用户的情感共鸣呢。

产品真正的价值是可以满足人们的情感需要，最重要的就是建立其自我形象和在社会中的地位。只有当产品触及用户的内心，使用户产生情感的变化时，那么产品便不再冷冰冰，用户通过眼前的产品，看到的是设计师为他设计的使用体验，对每一个细节的用心琢磨，即便是批量生产也依然有量身定制的感觉。

网站的情感化设计

前面已经介绍了产品方面的情感化设计应用，那么对于网页设计，随着大家对用户体验关注度的逐渐提高，情感体验设计也在网页设计中越来越受到重视。

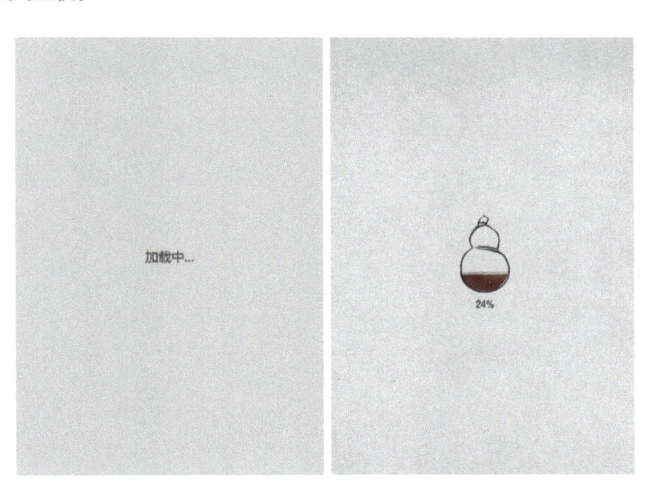

这是两个不同设计的加载页面，第一个页面只给出“加载中”3个字，然后不停闪烁，对于这种加载无疑是令人抓狂的，不知道会等待多久。相比之下，第二个加载页面的形式就要好很多，用户可以清楚地知道当葫芦加载满页面即可打开，下方的数字也交代了当前的进度，而且通过葫芦的形式也多少给用户带来了一些关于页面的信息。

互联网从出现一直走到今天，它之所以如此受人青睐，正是因为它在不断地激发人们的内在动机。有时候，网络比现实更能满足我们心底的需要。作为设计师，要设计出有情感的网站，首先必定是一个有爱，懂得热爱生活和感悟生活的人，这样才能创造出更好的用户体验。

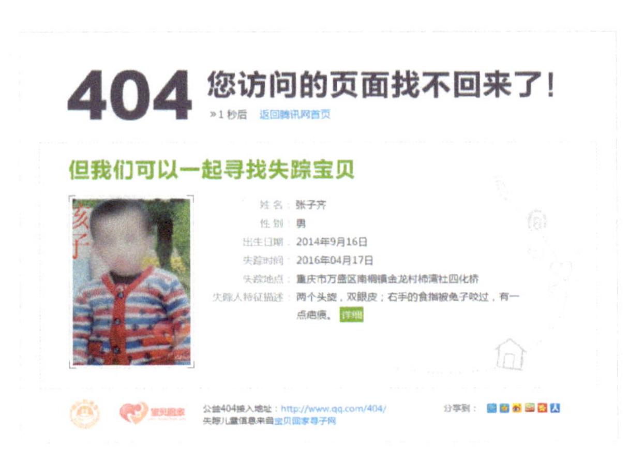

这是“腾讯网”广为流传的QQ公益404页面，这样的设计让原本冷冰冰的网站错误信息反馈页面变得充满人情味，从而也更加能够引起用户在情感上的共鸣。

这是“暴雪”游戏网站的 404 页面设计，它并没有让用户感觉自己立刻脱离整体网站的大环境，而是打造了一个被破坏的场景，一句简单的“Grats.You broke it”告诉用户是你搞砸了网站，看到这，用户是不是还有点沾沾自喜呢。

社会化媒体发展为什么能红？很大程度上是因为人喜欢和人交流，而不是机器。所以你的网页设计要能给用户带来情感上的依赖。情感化设计的目的是引起共鸣，但又点到即止，给用户留下无限的遐想。

这是网易邮箱的登录界面，通过背景图像来渲染整个页面的情感化表现。小邮差的背景设计，瞬间唤醒孩童时的记忆，能够很好地引起用户对许多美好回忆的共鸣，这也是网站情感化设计的体现。

网站情感体验的 3 个层次

从设计角度来看，没有情感因素的网站会让人感觉非常冰冷，无法与浏览者建立起良好的情感联系。通常，用户与网站进行交互时会产生 3 种不同层次的情感体验，分别是本能体验、行为体验和反思体验。根据这 3 个层次的不同特点，网站交互设计也应该遵循不同的设计原则，从而建立起网站与用户之间的情感纽带。

1. 本能体验

本能体验是指在交互操作发生之前，用户对网站的视觉、听觉、触觉等感官感觉的本能直接反应，也被称为直觉反应。简单来说，本能体验就是指网站设计给用户带来的感官刺激，一般指用户界面、专题、视觉风格等设计对用户的刺激。

专家支招

本能体验通常是由网站的视觉表现所激发的，形成了用户对网站的第一印象，可以很快帮助用户做出判断，什么好，什么不好，是否安全等。

本能体验设计的基本要求是符合人类的本能。本能体验是用户情感体验的基础，也是网站能否引起用户的兴趣，进而产生后续两个体验过程的决定因素。

这是某服装品牌的活动页面，将品牌形象与活动主题的卡通形象相结合，在页面中着重使用流畅的交互动画效果来吸引浏览者，并且为页面搭配相应的音乐，给浏览者带来全方位的视听感受。页面中色彩的搭配比较简洁，通过红色来突出展现页面中的重要信息。

技巧点拨

本能体验的设计超越了文化和地域的限制，好的本能体验设计会在不同文化和地域的用户中达成共识。在网站设计中，本能体验设计更加关注网站内容的直观性和感性设计，使用户的视觉、听觉甚至是触觉处于支配地位。

2. 行为体验

行为体验是情感体验的中间层，发生在用户与网站的交互操作过程中。在行为体验中，用户开始真正地使用网站，与网站进行互动，超越了感官的视觉层面，开始在网站中有了实际的操作行为。

行为体验的设计讲究的是效用和性能。行为体验的设计原则应该包含 4 个方面：功能、易懂性、可用性和物理感觉。以往的交互设计基本都仅仅考虑了这个水平上的用户体验，尤其是对可用性的强调，已经成为交互设计的首要关注点。

该网站页面突破了传统网站图文结合进行展示的方式，而是通过简洁的主题文字搭配动态交互背景，页面的表现效果非简洁，使浏览者仿佛置身于该网站的自然环境之中，搭配悠扬的背景音乐，更加能够渲染整体环境的气氛。整个网站以交互的方式进行体现，能够给浏览者带来很强的交互体验感。

专家支招

行为体验的设计以理解用户的需求和期望为起点，强调以用户为中心的设计。用户的行为体验可以增强和约束较低层的本能体验和较高层的反思体验。反之，行为体验也受到本能体验和反思体验的制约。

3. 反思体验

反思体验设计位于用户情感体验的最后水平，是由于本能体验和行为体验的作用而在用户内心中产生的更深层的情感体验。反思体验的设计注重信息、文化及网站功能的意义。

反思体验建立在行为体验的基础之上，和本能体验没有很直接的联系。因为反思体验主要依靠加强记忆和重新评估的认知过程，而不是通过直接的视觉感官产生。但这并不是说，本能体验的好坏不影响用户的反思体验，而是反思体验更加注重用户在网站的交互体验与网站设计的内在联系，随着时间的推移，将网站的意义和价值与网站本身联系起来，决定用户对网站的总体印象。

激发用户情感体验的有效方法之一就是增加设计的趣味性。例如该饮料的节日活动页面，将传统节日元素与产品形象巧妙地结合起来，并通过动画的方式展示给用户，增加了设计趣味性，吸引了用户的参与，在用户与网站互动的过程中，品牌与产品自然被用户注意和接受。

专家支招

反思体验不仅仅是互动过程中的一处体验，更是互动之后用户对网站意义和价值的体会，从而建立起长期的用户与产品的关系。因此，反思体验设计关注的文化意义和带给用户的感受和想法，超越网站可用、易用的特性，让用户得到情感上的升华与反思。

网站中形式要素的情感化设计

1. 别出心裁的创意

创意是设计的灵魂。设计的基本概念是人为了实现意图的创造性活动，它有两个基本要素：一是人的目的性，二是活动的创造性。人们最初设计出一些东西，往往只是为了方便自己的生活，注重实用性，但是日子一长，人们往往会觉得这些用品变得枯燥乏味，于是开始探寻一条新的设计之路，将感性的情感和抽象的创意思维融入设计中，于是便有了与众不同的设计理念，将设计变成了一件有意义的事情。

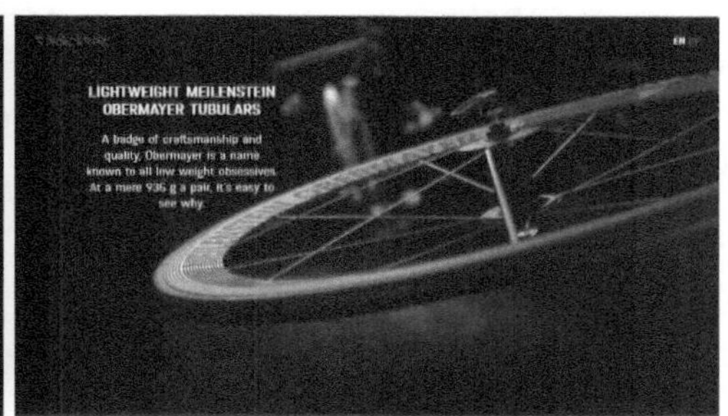

该自行车宣传介绍网站打破了传统的图文结合的介绍方式，而是采用非常简洁的页面布局与交互操作方式来介绍该自行车及其各部件。当用户在网页中滚动鼠标时，页面中的产品图片会进行 360° 旋转展示，并对其重要的组成部分分别进行介绍，简洁的介绍方式加上独特的创意，给人留下深刻的印象。

2. 打动人心的色彩

通常当用户浏览网页的时候，留下的第一印象就是网页的色彩设计。网页中色彩要素的设计主要包括网页的主色调、文字的颜色和图片的色调等。

技巧点拨

对于网站设计色彩的情感化体验，将在本章中的"善用色彩情感"部分进行详细的介绍。

3. 合理统一的布局

一个网页布局的成功与否在于它的元素编排是否能够有利于信息传达，以及是否能让用户产生视觉记忆。网页的布局是指在一个有限的网页界面中，将图形、文字、色彩等多种元素进行有机的组合、合理的编排，使整个画面和谐统一、均衡调和。以人为本的情感化设计也正是网页布局中应该重视的内容，合理的布局，以易操作性为主导思想，使用户在使用过程中觉得便捷、高效，并能够产生情感依赖是一个网页设计成功的标志。

在该旅游网站中，在页面首屏使用该旅游目的地的全景图片充分展示该旅游目的地的风景，从而有效地吸引浏览者的关注，向下拖动页面，则通过相应的布局方式分别介绍了该旅游目的地的景点、酒店、美食等内容，简洁而统一的布局方式给浏览者带来一种简洁、舒适的感受。

4. 方便易用的功能

设计的最初目的是使生产、生活工具变得简单易用，所以在网页设计中，设计师应该以易操作性为设计的前提，方便易用的功能能够帮助用户更快地接受这个应用，更好地进行操作。

5. 和谐统一的交互

交互设计是一种如何让产品易用、有效，并且可以让人产生愉悦心情的技术，是检验网页设计是否成功的一个重要环节。一个好的应用，是可以进行交互，活生生地动起来，完成用户的需求和情感表达的。网页应用界面中的人机交互需要设计师灵活运用各种设计方法，让人机信息交互顺利地进行，使设计的产品更加打动人心。

这是一个上传母亲照片的活动网站，在该网站页面中使用交互动画以照片墙的方式展示了网友上传的母亲照片，鼠标在页面中移动可以切换不同年代的母亲照片，搭配温婉的背景音乐，给用户带来强烈的温馨感，也能够引起用户的情感共鸣，使用户参与到网站交互中来。

观点总结

不管你接不接受，情感化设计已经越来越受到关注，它让我们接触到的各种产品越来越人性化。网页设计似乎已经达到了一个瓶颈，似乎再富有创造力都难以突破。不过事实上，网页设计还有发展的空间，很多人都说取决于细节，而细节靠情感化的设计才能有所突破。

网站用户分类

在网站分析中，根据用户的基本信息和行为特征可以将用户分为许多类别，衍生出各种各样的用户指标，对于用户总体的统计可以让我们明确用户的整体变化情况，而对于各用户群体的统计分析，可以让我们看到用户每个细分群体的变化情况，进而掌握网站用户的全面情况。

知识点分析

现在产品和服务都是围绕用户来进行展开的，用户的需求、反馈、满意度、体验度等越来越受到关注。所以，我们需要对用户进行精细的研究，以便推出更好、更有针对性的产品和服务。那么如何对用户进行分析呢？在分析前该如何对用户进行分类呢？

关于网站用户分类，将通过以下两个方面分别进行讲解。

1．用户分类

2．用户分析的 3 大重点指标

用户分类

根据用户的行为表现有访问用户 、新 / 老用户、流失用户、留存用户、回访用户、沉默用户、购买用户、忠诚用户等，这么多指标该如何进行系统的分类以便进一步分析呢？我们知道，用户的细分关键得建立在以合理的体系再去将用户分成几个类别，并且每个类别都能发挥其功效，不存在累赘和混淆。

通常，将用户分成 5 种类型：访问用户数、新用户数、活跃用户数、流失用户数、回访用户数。

用户类型	说明
访问用户数	即每天的 UV，主要体现在网站的访问量，能够直接反映网站的受欢迎程度。
新用户数	即首次访问网站或刚刚注册的用户，新用户数可以用于计算网站的新用户比例，用于分析网站的发展速度和推广效果。
活跃用户数	通常会根据网站的性质设置某个要求，达到要求即为活跃用户。活跃用户用于分析网站真正吸引的用户量，因为只有真正的活跃用户才能为网站创造价值。

（续表）

用户类型	说明
流失用户数	即一段时间未访问或未登录网站的用户，这里也需要根据网站性质设置一个标准，满足标准则为流失用户。例如对于微博网站而言，超过一个月未登录可能就属于流失用户；而对于电商网站而言，3 个月或半年没有在网站中消费才被认定为流失用户。
回访用户数	即之前流失，现在又重新访问的用户数量，主要用于分析网站挽回用户的能力。

通过上面的分析，了解了网站的访问用户数、新用户数、活跃用户数、流失用户数、回访用户数后，接着就可以推算出老用户数、留存用户等衍生指标，同时得到了新用户比例、活跃用户比例、用户流失率、用户访问率等指标。这些指标其实已经足够我们去分析网站的用户行为了，通过对用户行为的分析，可以及时对网站进行调整，从而提升网站的整体用户体验。

用户分析的 3 大重点指标

对网站用户进行合理的分类后，哪些指标值得重点关注呢？在指标报告或者领导了解网站用户情况的时候一般问的都是活跃用户有多少、新用户有多少、用户流失多少，所以这几个指标是我们需要重点关注的指标。

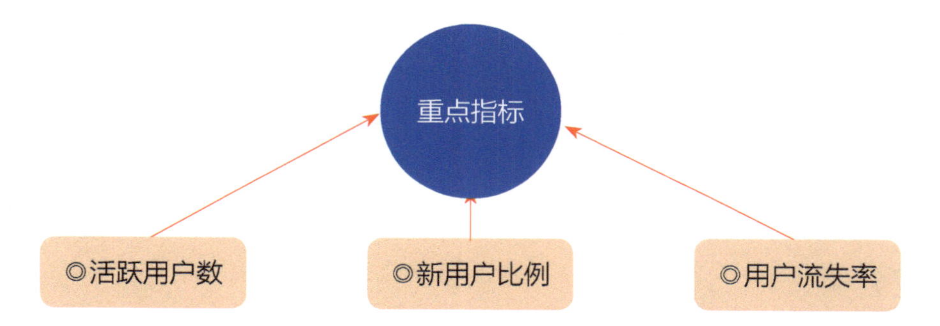

新用户比例大于流失率，说明网站正处于发展成长阶段；新用户比例与流失率持平，说明网站处于成熟稳定阶段；新用户比例低于用户流失率，说明网站处于下滑衰退阶段。

1. 新用户比例

通过分析新用户比例可以知道老用户有多少，分析新老用户是为了更好地留住老用户、发掘新用户。老用户一般是网站的忠诚用户，黏度较高，是为网站带来价值的重要用户群体。所以，老用户是网站生存的基础，新用户是网站发展的动力，网站得在维护老用户的基础上不断地提升新用户数。

2. 活跃用户数

在留住老用户和挖掘新用户之后还需要提高用户的质量，所以我们需要关注网站的活跃用户数。活跃用户可以为网站带来活力并创造持久的价值，而一旦用户活跃度下降，用户很可能就渐渐流失。

专家支招

通过分析活跃用户可以熟悉网站当前真实的运营现状，由于活跃用户需要人为地根据实际情况设置一些条件，用户完成设置的条件即为活跃用户。例如社交类网站完成注册指标即为活跃用户，论坛则是用户发帖或评论即为活跃用户，而视频网站则是用户播放视频等。

3. 用户流失率

在留住老用户、挖掘新用户、关注活跃用户数之后，我们还需要关注流失用户。分析用户流失率可以了解网站是否存在被淘汰的风险，以及网站是否有能力留住用户。

我们认为用户长时间不登录 APP 或者网站即为流失用户，一般流失用户都是对于那些需要注册、提供应用服务的网站而言的，比如微博、邮箱、电子商务类网站，因为注册用户更容易识别，访问情况可以准确地被识别，同时针对注册用户用流失率这个概念更加有意义。

观点总结

不同的用户分类群体可能会有不同的行为表现，可以通过分析各种用户分类的用户行为指标来区分各类用户的特征及对网站的期望要求，进而针对各类用户群体及时地对网站做出调整和改进，提升网站的用户体验，进行定向的营销推广。

会员激励

激励用户是网站运营工作中极其重要的一部分，甚至可以说，网站运营就是通过各种方法激励用户，以使其做出符合网站运营预期的行为，预期行为可以是活跃、发帖、互动和消费等。

知识点分析

会员激励一方面是为了提升网站的用户活跃度、增加留存、黏住用户，另一方面也是为了度量每个用户在网站中的成长过程和价值，便于对网站用户进行分群运营。

关于网站用户分类，将通过以下几个方面分别进行讲解。

1. 会员激励方式
2. 网站的积分与会员体系
3. 网站会员激励的具体方式

会员激励方式

1. 物质激励

物质激励包括实物和虚拟物品，用户会受到利益驱动做出一些行为。

社区类网站往往会提供一些社区周边物品作为会员奖励，例如吉祥物玩偶等。一些抽奖类活动则会选择价格较高的大众消费品作为奖品，甚至有些网站活动直接用现金激励用户。在电商类网站中，往往通过发放优惠券或满减等优惠措施来刺激用户购物；游戏类网站则会通过奖励游戏装备等来激励用户参与到网站活动中来。总之，不同的网站会根据其主营业务、网站特点、用户特征来选择合适的物品。

2. 精神激励

精神激励是通过满足用户情感诉求来激励用户的一种方式，包括存在感、荣誉感和权力等，这也是用户情感体验所在。

社区或社交类网站中，点赞、评论和关注等互动是给用户存在感的一种极为重要的方式。一些网站会通过榜单的形式来刺激用户做出努力以求得榜单前列的位置，例如微信运动。一些网站也会设置一套会员等级体系来刺激用户做出某种行为以使其获得较高的头衔或等级。

专家支招

特权也是在社区类网站中比较常用的会员激励手段，对那些高活跃、高贡献用户赋予某种网站特权，使其更乐意为社区做出贡献，例如论坛网站中的版主。

技巧点拨

在大多数产品中，物质激励和精神激励同时存在，在产品和运营中也都有体现，只是在不同阶段，有不同的侧重点。对于运营来说，除了和产品配合将激励体系植入产品设计中之外，还需要做大量运营活动来激励，在明确激励方式的前提下，可以在实现途径和环节上做更多有趣的尝试。

网站的积分与会员体系

网站的积分与另外几个概念常常同时出现，例如"会员" "等级" "特权" "积分商城"等，这些概念让人眼花缭乱，其核心就在于用户在网站中进行了某些操作，而网站因此赋予用户某些特权或现金等价物的回报。这是网站情感体验中非常重要的一方面，能够有效地增强用户参与到网站中的热情。

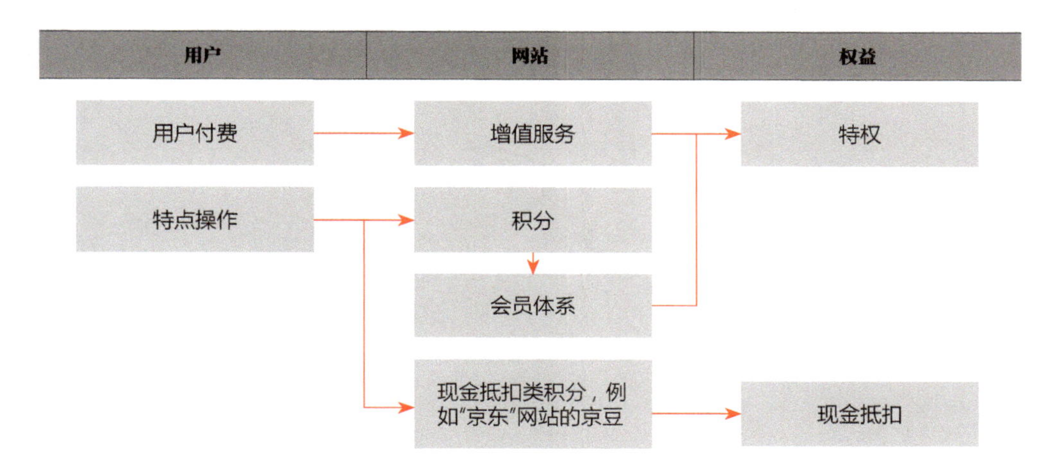

下面以"京东"网站为例，介绍网站的积分与会员体系，"京东"网站的会员体系包括"会员等级" "京豆" "会员plus"。

（1）会员等级

网站中会员体系的存在主要是用于回馈网站的忠实用户，鼓励用户多进行购买操作。此处说的会员体系只是用户积攒积分，积分到达一定额度后会员等级的提升，而非付费用户。

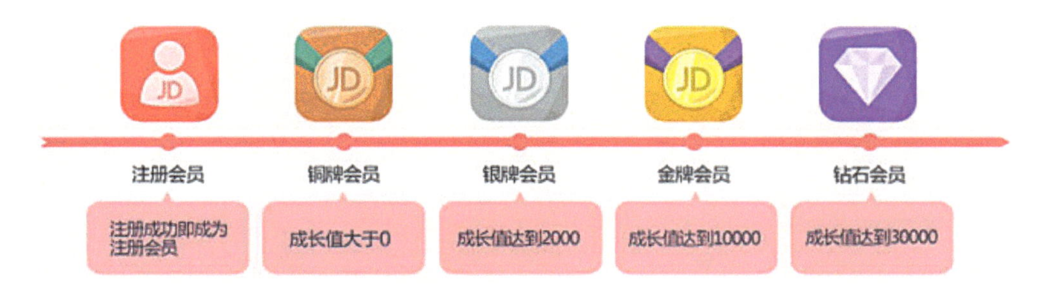

同时，不同等级的会员在网站中都具有独享的特权，这些特权主要有两个作用，一是有效地激励用户在网站中多消费提升会员等级；二是通过刺激用户的攀比心理，使用户在网站中多消费。

会员特权	注册会员	铜牌会员	银牌会员	金牌会员	钻石会员
自营免运费	满99元免运费*	满99元免运费*	满99元免运费*	满99元免运费*	满79元免运费*
售后运费	单免	单免	单免	单免	双免（限自营商品）
评论奖励	可享	可享	可享	可享	可享
会员特价	无	铜牌会员价优惠	铜、银牌会员价优惠	铜、银、金牌会员价优惠	全部会员价优惠
生日礼包	无	无	可享	可享	可享
专享礼包	无	无	无	金牌礼包*	钻石礼包*
装机服务	可享	可享	可享	可享	可享
贵宾专线	无	无	无	无	可享
运费券	无	无	无	无	每月2张*

通常会员体系中的积分都会采用网站中最核心的操作为依据，例如 QQ 和微博采取登录时长，而京东、天猫等电商网站则采用消费金额作为依据。

专家支招

在设置网站会员体系的等级时，需要确立用户的行为（特定任务）、积分、会员等级之间的关系。会员等级本身就意味着某种特权，所以积分和会员等级之间的关系其实就是考虑积分与特权之间的关系。

（2）京豆

"京东"网站中的京豆与会员体系中的积分不同，京豆可以作为虚拟货币在用户购买商品时进行抵扣，网站在用户使用这种特殊的积分时，是实实在在地让出了一部分利润的。京豆作为一种回馈用户的方式，能够有效地促进用户在网站中的消费。

类似于"京东"网站中的京豆这种激励会员消费的方式在许多电商类网站中都有，只是名称不同而已，例如"淘宝"网站中的淘金币，可见这种方式在会员体系中对用户还是具有很强吸引力的。

（3）会员 plus

会员 plus 是一种增值服务，是在会员体系上的更进一步升级。在普通的会员体系中，积分的来源是用户的操作，而增值的会员服务即"京东"网站的会员 plus 的来源则是用户付费。

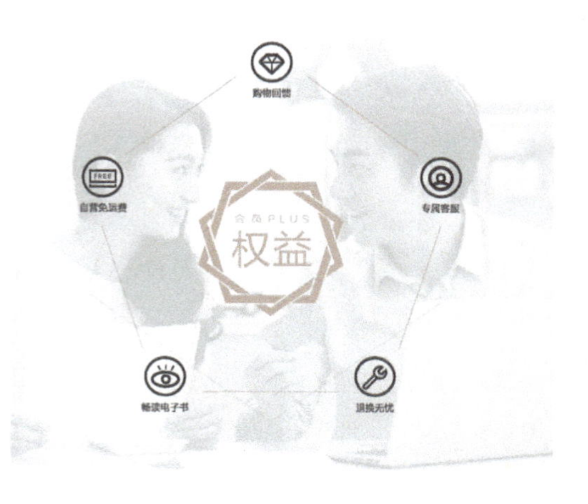

会员 plus 可以做什么呢？它作为一种增值服务，为付费的会员提供了比网站普通会员体系更多的特权。也就是说，它为更富有、更忠实的用户提供了多一种选项，就是通过额外付出一定的金钱来获得更多的特权。由于会员 plus 需要用户付费，所以赋予的特权也需要对付费用户具有额外的吸引力。

设置付费会员有两方面的好处：一是让有能力并愿意付费的用户有了获得更多特权的途径；二是有助于让用户成为网站的忠实用户（当用户每年为一个网站缴纳年费并享受一定特权的时候，用户在使用的过程中几乎不会想要换个网站使用）。

技巧点拨

除了会员积分与等级体系是通过网站设计来实现用户激励的以外，还有一些其他机制是存在于网站设计中的，例如很多互联网金融网站的邀请奖励机制。

网站会员激励的具体方式

1. 用户优惠券体系

优惠券是电商和 O2O 网站特有的吸引用户的手段。特别是初期网站上线后，经过简单的优惠券刺激就能把用户购买和活跃度进行短期的激活。特别是配合使用时间的限制，对一段时间内的需求和用户贪念无限制进行放大处理。优惠券体系特别适用于流量型网站和服务。

当浏览者打开“苏宁易购”网站时就会自动弹出新人红包领取的提示，在很大程度上吸引了初次来到该网站的用户领取红包，并最终促成在网站中的消费。当然网站在不同时期会根据节假日的特点适当地推出相应的促销活动，用户同样可以领取相应的优惠券，刺激用户在网站中进行消费。

2. 用户积分体系

用户积分就是对用户在网站中的成长体系的完美体现。可以将积分融入到网站会员体系，进一步对用户价值进行深度挖掘，也为用户长期使用网站奠定了基础。用户也可以通过积分等级不断提升，满足自己的价值。对于网站来说，用户价值得到提升，用户就有不断登录网站进行下一步消费的可能性。

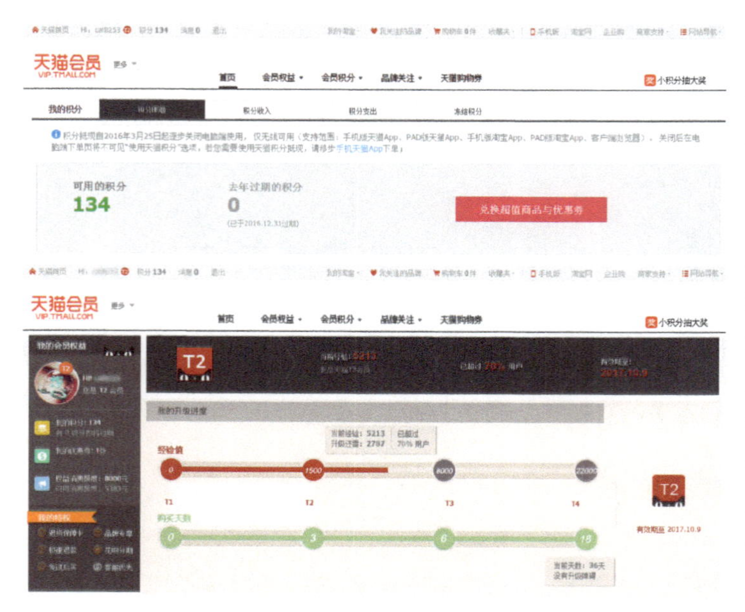

这是“天猫”网站的会员积分页面（上图）和会员权益页面（下图）。在积分页面中用户可以了解到用户相应的积分及积分的使用情况，并且使用较大的红色按钮突出显示“兑换超值商品与优惠券”，从而促使用户在网站中消费。在菜单中单击“会员权益”选项，进入到会员权益页面中，可以看到会员的成长进度及当前可享受的会员权益，从而满足用户的自身价值体现。

3. 用户积分商城体系

创建积分商城主要是对用户进行深度的活跃激励，有些用户为了通过积分去换取某些便宜的东西，都会经常想尽办法去获取积分。用户对于积分商城的依赖不亚于别的网站浏览度，用户通过积分商城可以实现自己的需求并获得满足感。

这是“天猫”网站的会员积分商城页面，将可以使用积分进行兑换的商品进行分类，便于用户查找，用户可以通过会员积分兑换商品，大大促进了会员的忠诚度。并且“天猫”网站的会员积分还可以进行抽奖，充分体现了网站会员积分的价值。

4. 用户登录体系

用户登录是对网站活跃度一个很好的保证，登录行为是对于一个网站的信任，所以我们可以通过登录签到的形式保持用户的活跃度。用户只要有了打开网站的机会，那么就会有机会进行下一步浏览行为，这样唤醒一个老用户的成本远远低于拉入一个新用户。

许多电商类网站，特别是电商类APP都会添加用户登录签到的功能，通过登录签到可以奖励积分甚至是现金优惠券，极大地提升了用户参与的热情，从而保持用户的活跃度，进而促进用户在网站中的消费。

5. 用户邀请体系

通过用户出于对网站的喜爱去传播给其他用户，过程中除了为网站拉来新用户外，老用户也会有一定活跃所在里面，因为可以通过激励去完成某些奖励之后，可以得到一些优惠或奖品。

许多刚上线的网站和APP，特别是社交类和电商类网站，为了快速地发展新用户，都会采用用户邀请体系，通过老用户邀请新用户进行注册，从而给予老用户一定的奖励。通过这种方式一是能够活跃网站的老用户，二是能够发展新用户。

6. 价格对比

在网站中通过价格对比，最简单的方式就是市场价多少，我们的价格比市场价低了多少，这种价格比较实际上就是和竞争对手的价格比较。还有一种就是我们的自己商品或服务在这个程度上又便宜了多少，这就是网站自身的价格对比，促进了用户进一步消费的可能性。

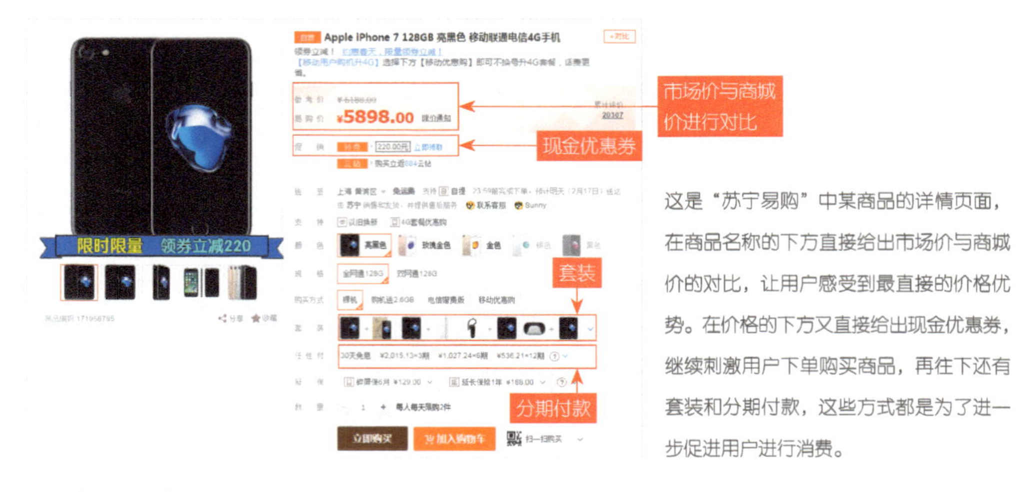

这是“苏宁易购”中某商品的详情页面，在商品名称的下方直接给出市场价与商城价的对比，让用户感受到最直接的价格优势。在价格的下方又直接给出现金优惠券，继续刺激用户下单购买商品，再往下还有套装和分期付款，这些方式都是为了进一步促进用户进行消费。

7. 抵扣、折扣与满减

抵扣是对于某一种单品或者某大类的商品进行促销的行为，主要用于带动流量商品的购买量。折扣是针对某个商品进行百分比抵扣的方式，主要用于高价值的单品售卖，提高客单价。而满减是对于很多商品进行打包销售的策略，主要用于提高客单价和购买量。这些方式都能够对促进网站用户的活跃度有很大的帮助。

这是“途牛”旅游网的旅游产品特卖页面，在该页面中无论是顶部的推荐产品还是页面中各旅游产品都通过“折扣”“立减”“必抢”等描述来突出产品的价格优势，从而给用户一种很便宜的感觉，在很大程度上促进了网站用户的活跃度，促使用户快速购买产品。

8. 套餐

套餐是对商品进行合理打包销售的过程，在这个过程中，已经有大量的优惠政策在里面，而且套餐也适用于网站流量品的打造。套餐会对用户的购买欲望起到刺激的作用，从而达到活跃用户和刺激用户购买的目的。

这是“京东”网站某款商品的详情页面，可以看到在商品价格下方的“促销”信息中包含“赠品”“满送”“加价购”等促销信息，这些都能够有效地促使用户尽快下单购买。在商品基本信息的下方，特意设置“人气配件”栏目，根据当前商品推荐相应可搭配购买的商品进行打包销售，当然打包销售的价格比单独购买要省一些费用，这样极大地刺激了用户的购买欲望。

观点总结

由于很多激励措施是长期且贯穿网站始终的，因此将激励措施融入网站设计之中是一种明智的选择。积分系统、成长等级等体系是比较普遍的融入到网站设计中的激励体系，这种设计广泛用于电商、社区、社交等网站中，也有助于网站与用户建立起情感联系。虽然积分和会员体系并不是万能灵药，但在大多数情况下，运作良好的积分体系可以反哺网站主业务本身。

提升用户满意度

网站的用户满意度是指用户对在网站中获取信息和相关功能的要求已经被满足程度的感受，而这种被满足程度的感受就是用户的情感体验。为用户提供满意的情感体验是网站发挥作用的重要保障。

知识点分析

一个优秀的网站不能仅仅满足于拥有丰富的信息资源，从信息构建的角度来说，资源丰富只是保证网站让用户感到满意的基本条件，如果信息是杂乱无章地放置或者内容只是基本有序但过于庞杂，用户在利用这样的网站时仍然还是不知所措，很难完成自己预定在网站上完成的任务，这必然会降低用户的满意度。

关于提升用户满意度，将通过以下几个方面分别进行讲解。

1．用户满意度的影响因素

2．如何提升用户满意度

3．提高用户满意度的具体方法

用户满意度的影响因素

用户满意度是用户对产品或服务的预期与实际接受的产品或服务的感受间的差距，差距越小，满意度越高。对于以信息服务为主的网站而言，用户访问网站的预期就是找到自己需要的信息，完成既定的任务（寻找信息、购物、娱乐等）。那么如何衡量用户实际接受的网站服务的质量水平，进而推测它们之间存在的差距呢？对于用户对网站实际的感受，可以从以下 3 个方面体现。

◎ 用户在网站中是否完成预期任务。

◎ 完成任务过程中用户是否获得了良好的体验。

◎ 用户在浏览网站的过程中是否能够感受到网站的创意或者意外的收获，能够有效促进用户的情感体验。

专家支招

如果使用用户体验来描述用户对网站的满意度，那么用户满意度应包含以下几个重要要素：（1）交互的流畅性：功能操作的便捷性、系统的快速响应、工作流程的直观性；（2）信息和功能的易理解性；（3）易学性：快速、容易的学习过程；（4）所提供信息的准确性；（5）视觉的愉悦性。

如何提升用户满意度

提升用户满意度，我们可能需要做很多事情，从全局到细节，需要处处为用户的体验和感受着想。任务完成度对用户满意度会产生显著影响，所以我们可以先从提升用户的任务完成度开始。关于如何让用户在网页中更容易地找到所需要的信息，可以从以下 4 个方面着手。

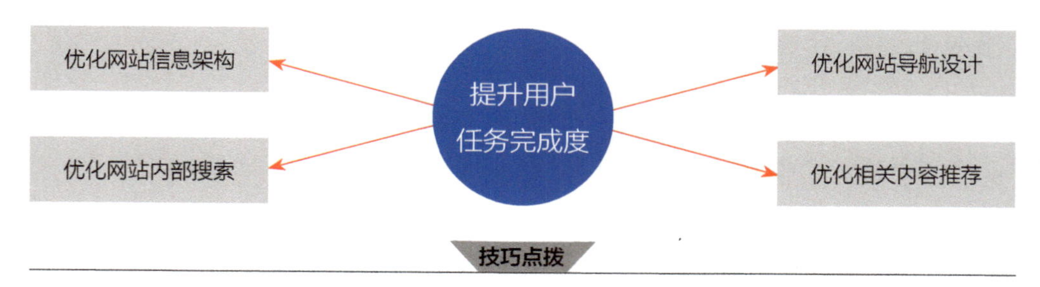

技巧点拨

这里所介绍的让用户在网页中更容易地找到所需要的信息的 4 个优化方面，已经在第 3 章中分别进行了详细的介绍。

通过对以上 4 个方面进行优化可以从普遍的层面上提高用户的任务完成度，但显然只靠这 4 个方面还是不够的，因为用户的知识构成存在着差异，用户遇到的问题也会各不相同，我们还需要针对各种用户（甚至个别用户）遇到的不同问题分别提供有效的解决方案，这也是为什么很多网站都会设置 FAQ 甚至在线客服的原因。

所以我们首先需要满足用户访问网站的最基本的期望就是完成他们预期的任务，然后在该层面的基础上提升网站的用户满意度。

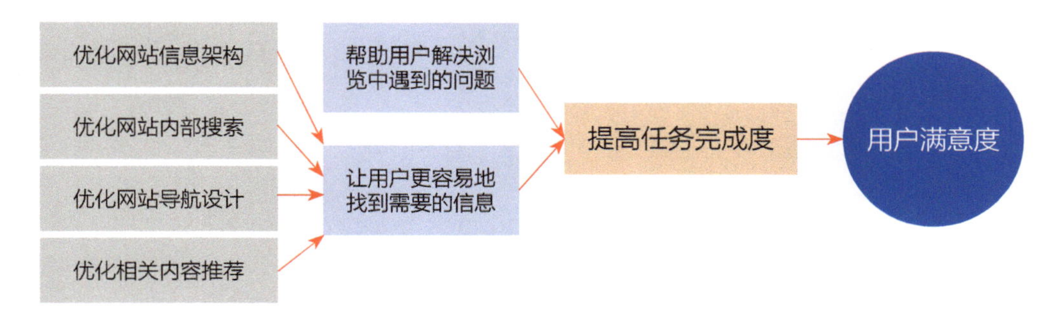

提升用户满意度的具体方法

用户体验在网站优化中所占的比重一直都是大头，但是想要抓住用户体验并不容易，毕竟用户体验是一种纯主观的感受，无法找到衡量的标准，并且用户体验在不同行业的表现形式也不同，想要找到行业用户的体验要从哪些出发点展开呢？我们认为离不开感官、交流和情感这 3 个方面。

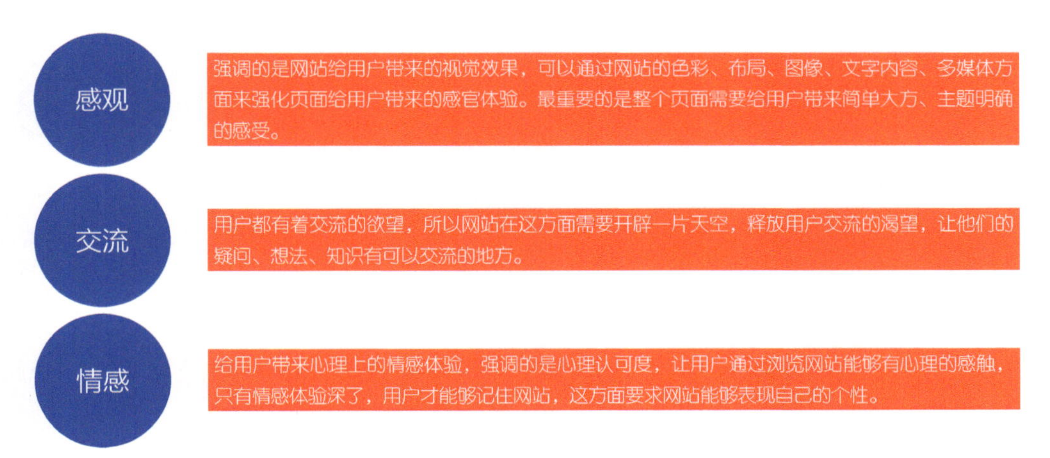

那么具体通过哪些方面来提升用户满意度呢？

1. 简单快速找到有用的内容

用户来到你的网站是因为用户有需求，所以你需要做的就是简单快速地满足用户的需求。首先网站中的内容是有用的内容，请注意是“有用的内容”，怎么判断是不是有用的呢？大家都有的内容就不需要了，大家都说过的观点就不需要再提了，网站中需要提供不同的原创内容，总结来说就是满足别的网站没有满足用户的需求。简单快速，就是要把用户获得所需要内容的操作步骤和方式简单化、快速化，减少用户获得有用内容的流程，使用户在网站中的浏览操作更加高效。

该网站页面的设计非常简洁，主要以展示公司的相关设计作品和服务为主，将导航设计为按钮形状放置在页面的左上角 Logo 下方，与页面中其他部分的表现形式相统一，便于浏览者查看相应的内容，简洁的布局非常便于浏览者对网站内容的浏览。

2. 主题鲜明，网站易用

网站的设计风格、色彩的搭配、页面的布局、页面的大小、图片的展示、网站字体的大小、Logo 空间、在线客服的位置等，都要考虑用户体验，用户打开网站页面就清楚网站的主题是什么，一看网页中的内容就能够懂得表达的意思是什么，还包括网站的打开速度、图片的展现等都要考虑用户体验。举个简单的例子，目前很多网站都会设置"返回顶部"的按钮，大大方便了用户使用网站，能够很好地提升用户体验。

该网站页面的主题非常明确，浏览者打开网站，就能明白该网站是一个葡萄酒品牌的宣传网站，在页面顶部放置导航菜单，使用木制纹理的背景来突出表现导航菜单，将导航菜单与页面背景图像相融合，给浏览者带来浓郁的田园气息，让人感觉舒适、自然。

3. 个性化，引发共鸣

网站有时候也需要拥有情怀，好的情怀能与用户产生共鸣。而网站个性化的设计能给用户带来新鲜感，同一行业的网站有很多，而大多数网站没有自己的情怀，没有自己的个性，用户无法与网站产生情感的共鸣，最后只能是慢慢淡忘。所以我们才需要网站更加富有个性化，突出表现网站的情怀，让用户看到自己的内涵，这样不仅能引起用户共鸣，还能够增加用户的停留时间。

该网站页面的设计具有很强的个性化风格，通过倾斜的矩形色块进行拼接处理，在相应的矩形色块中放置页面内容，而当浏览者在网站页面中进行操作时，矩形色块会通过重新排列的交互过渡方式来展示新的页面内容，给人留下深刻印象。

观点总结

随着经济的发展和社会的进步，用户精神层次的需求在不断提升。网站作为向用户提供服务的载体，必须深入挖掘用户的需求，研究用户特征和典型使用情境，不仅在技术层面上优化网站的性能，同时从"服务"和"体验"层面上着手，提升用户满意度，有效改善网站的用户情感体验。

友好的情感体验

友好是什么？看上去只可意会，不可言传。网站的用户体验要达到友好的境界需要做到如下工作：一是和用户建立友谊，最好是一见如故，或者过目不忘；二是亲近和睦；三是最终让大家变成真正的朋友。

知识点分析

友好的第一个层次就是和用户建立友谊，最好是一见如故，或者是过目不忘。要达到这样的效果，网站首先是一个有礼貌的网站，这里的有礼貌至少包括其语言、行为能够让用户第一印象就产生愉悦感。

关于友好的情感体验，将通过以下两个方面分别进行讲解。

1．快速响应是友好的基础

2．让页面奔跑起来

快速响应是友好的基础

"老板喜欢做事能够积极反馈的员工"这是职场上流行的一句话，因为只有积极反馈，老板才能知道你在干什么，同时好根据你的反馈做下一步的工作安排。

作为网站的用户，也应该如此，当用户在网站中单击某一个按钮之后，网站需要能够马上做出相应的响应。大量验证表明，能否快速响应和给用户反馈直接影响用户的满意度。这是除了视觉需求之外，用户最早感知的体验，它甚至比易用性、安全性来得更加直接。

没有什么比用户的时间更珍贵了，快速响应速度是网站给用户最好的礼物。那么如何减少用户的等待感呢？可以从以下 3 个方面着手。

1. 速度

速度是指网站本身的反应速度，这是物理性的。当一个网站响应速度很慢时，大约一半的用户会选择去其竞争对手的网站。通常，用户访问网站时可能会遇到的问题主要包括：网页负载和响应时间缓慢、多页面流程链接失败和超时、不同地域响应时间的巨大差异等。这些问题将直接导致用户流失、品牌形象受损、用户满意度下降和成本投入的骤增。

2. 流畅感

这是指用户在浏览网站的过程中，系统的反馈能否满足用户的等待耐性，这是浏览性的问题。

举一个简单的例子：当我们进入一家几乎爆满的餐厅时，我们叫服务员点菜有无反应，就是速度的问题。而点菜之后服务员是否告知我们大概需要等多长时间，在这个过程中，我们可以做什么，这就是流畅性的问题了。

从上述例子可以发现，流畅感是来自网站系统的反馈，它是关乎流程的。即使服务器的反应很慢，但是它一直在提示你下一步的动作，而不卡壳，也会让你感到整个流程非常流畅。

3. 少走弯路

当网站做得越来越大的时候，是照顾用户的体验，还是照顾商业需求是需要认真平衡的。可以对用户浏览一个标题链接后可以发生的情况进行拆分后分析。

第一种情况是：用户点击标题后，直接跳转到该标题内容页面，用户看完后关闭页面，给网站增加 1 个 PV，用户直接得到想要的，对网站感觉不错，以后可能会经常来看。

第二种情况是：用户点击标题后，跳转到频道或列表页面，一部分用户会因为没有马上获得自己需要的信息而直接关闭页面，增加了 1 个 PV。但是这里就会出现两种情况：一是用户感觉体验不好，以后再也不来这个网站了；二是尽管没有直接获得需要的信息，但是同类信息比较多，以后还会来。

需要说明的问题是，是否将标题链接到频道或者列表页面，就如同上面讲到的是照顾用户的体验还是网站的利益一样。一般来说，还没有强大的用户基础情况下，我们应该更多地照顾用户体验。

让页面奔跑起来

显然，关于网站的快速响应首先是涉及技术层面的，它的核心目的是让页面奔跑起来。为了解决网页打开时间的长短对浏览者心理的巨大影响，我们不能只是责怪服务器慢、数据太多、带宽不足，而应该仔细理解用户对响应时间的具体需求。

1. 影响网页响应速度的因素

对于网页的可用性而言，意味着网页需要在1秒左右的时间内显示出来，用户才会觉得自己在自由地浏览，如果慢于这个时间，他们会觉得计算机对自己的浏览造成阻碍。等待的时间越长，急躁的情绪也越大，大约10秒后，用户的情绪达到极限，内心将开始产生疑惑，超过10秒，用户往往会离开网站，用户会认为该网站是不好的，并且决定离开。

技巧点拨

如果网页响应时间超过1秒，就必须给予用户提示，因为1秒是用户开始等待网页响应的时间基点；如果网页响应时间超过10秒，就必须给予取消该项服务的反馈，如果此时不能给用户更好的引导，那么就应该提供给用户取消该服务的机会。

了解了网页快速响应的重要性，以及人们对时间体验的不同感受之后，我们需要了解是哪些因素造成了网站响应的缓慢。

因素	说明
HTML文档大小	如果在网页中嵌入过多的脚本、图像、多媒体等元素，就会造成HTML文档过大，加载时间过长。
HTML页面复杂程度	浏览器可以快速地展现简单的HTML页面，用户的接入速度会被页面访问的第三方内容所在服务器的访问速度影响。
DNS解析速度	这里包括网站域名及其页面中包含的外部域名的DNS解析速度。用户计算机的性能，如浏览器会因为系统消耗过多的资源在其他任务上而变得响应缓慢。
服务器响应速度	除了上述技术上的因素会导致网站响应变慢以外，还有一些设计上的因素。例如，为了避免页面加载过程中出现的页面区域错乱和无图像显示，页面被设计为需要页面内容完全加载完毕后才一起显示等。

2. 解决网页响应速度的方法

了解了造成网站响应速度缓慢的因素之后，我们就必须解决这些问题，从而使网站能够给用户带来友好的情感体验。对于如何解决网站响应速度缓慢的问题，我们在之前的章节中已经对一些方法进行了介绍，下面补充一些基本方法。

方法	说明
优化 HTML 代码	完成网站页面的制作需要发布网站时，需要对网站所有 HTML 页面中的注释代码及冗余的换行标记等进行清除，这样可以有效提高 HTML 页面的解析速度。
少包含外部引用	在网站的 HTML 页面中需要尽可能少地包含其他外部引用，减少文档之间的依赖。可以使用一个脚本将远程的 RSS 源缓存在本地，这样不仅可以避免 DNS 解析所造成的延时，而且也不会因为外部服务器的宕机影响到网站中的服务。
缩小图片	在页面中尽可能地缩小图片及包含图片元素的尺寸，这样不仅可以提高页面的加载速度，还可以避免页面展现时由于图片陆续加载而造成页面元素跳动的现象。
在页面末端加载大型脚本	在 HTML 页面的末端加载页面中所需要的大型脚本，这样页面可以在大型脚本加载完成之前就展示出来，如果把大型脚本放置在 HTML 页面的头元素中加载，则浏览器会等到脚本完全加载后才显示页面内容。

技巧点拨

需要特别强调的是，在网站页面的呈现方面一定要有轻重缓急，应该把一些非关键的影响页面响应的任务降低其优先级，分配后台进程去做，把更多的资源用于响应用户，把那些漫长的、无须马上反馈的任务放在一边。

观点总结

在用户情感体验这个问题上，我们必须相信，一种友好的体验会不断刺激我们重复“消费”这个体验，并且友好是可以传递的。

善用色彩情感

世界上任何东西，其形象和色彩都会影响我们的感情。某一种色彩或色调的出现，往往会引起人们对生活的美妙联想和情感上的共鸣。这就是色彩视觉通过形象思维而产生的心理作用，而当用户体验遇上色彩情感，我们又该如何选择呢？

知识点分析

颜色在潜意识里影响我们的思维和理性。我们一直面临着颜色的选择，从决定早上穿什么颜色的衣服开始，通常，我们会根据色彩传递的情绪和意愿来选择穿什么衣服。颜色研究和规划是设计过程的重要部分，在开始设计之前，必须选择适当的颜色，以有效地传达品牌形象和价值。

关于网站色彩的用户情感体验，将通过以下几个方面分别进行讲解。

1．色彩的情感意义

2．色彩情感在网站设计中的运用

3．根据商品销售阶段选择颜色

色彩的情感意义

色彩有各种各样的心理效果和情感效果，会引起各种各样的感受和遐想。比如看见绿色的时候会联想到树叶、草地，看到蓝色时，会联想到海洋、水。不管是看见某种色彩或是听见某种色彩名称的时候，心里就会自动描绘出这种色彩带给我们的或喜欢、或讨厌、或开心、或悲伤的情绪。

任何网页设计师都希望能够正确地利用色彩情感意义 因为正确的颜色能为你的网站创造舒适的心情和气氛。

色相	色彩感受	传递情感
红色	血气、热情、主动、节庆、愤怒	力量、青春、重要性
橙色	欢乐、信任、活力、新鲜、秋天	友好、能量、独一无二
黄色	温暖、透明、快乐、希望、智慧、辉煌	幸福、热情、复古（深色调）
绿色	健康、生命、和平、宁静、安全感	增长、稳定、环保主题
蓝色	可靠、力量、冷静、信用、永恒、清爽、专业	平静、安全、开放、可靠性
紫色	智慧、想象、神秘、高尚、优雅	奢华、浪漫、女性化
黑色	深沉、黑暗、现代感	力量、柔顺、复杂
白色	朴素、纯洁、清爽、干净	简洁、简单、纯净
灰色	冷静、中立	形式、忧郁

1. 红色

红色是一种激奋的色彩，传达了兴奋、激情、奔放和欢乐的情感，能使人产生冲动、愤怒、热情、活力的感觉，对人眼刺激较大，容易造成视觉疲劳，使用时需要慎重考虑。因此不要在网页中采用大面积的红色，它常用于Logo、导航等位置。

在该饮料的世界杯专题页面中使用纯度较高的红色与灰色相搭配，表现出喜庆的氛围，通过多种不同色相颜色的辅助，表现出欢乐的印象。

2. 橙色

橙色也是一种激奋的色彩，通常表现出激情、欢乐、健康等情感，具有轻快、欢欣、热烈、温馨、时尚的效果，与红色类似，也容易造成视觉疲劳。作为原色，它可以吸引和激励，作为次要的颜色，它也以不显眼的方式保留这些属性。橙色也有助于创造运动和充满能量的感觉。

该饮料宣传页面使用不同纯度的橙色渐变颜色作为网页背景，与明亮的红橙色相搭配，体现出快乐和活泼，也与产品本身的色彩相呼应。

3. 黄色

黄色具有快乐、希望、智慧和轻快的个性，它的明度最高，有扩张的视觉效果，因此采用黄色作为主色调的网站也往往呈现出活力和快乐的情感体验。黄色还容易让人联想到黄金、宫殿等，因此也代表着高贵和富有。不同的黄色会带来不同的效果，在设计时需要注意细节的差别。

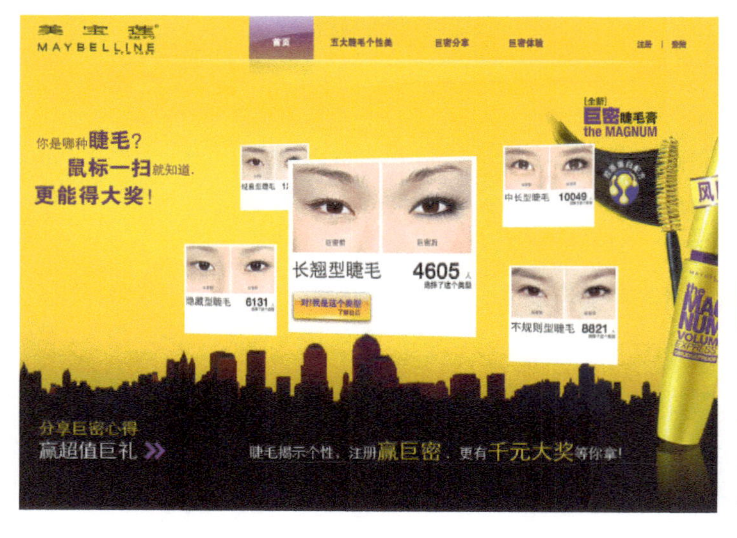

该化妆品网页使用高纯度的黄色与黑色搭配，产生强烈的视觉对比，高纯度的黄色可以给人一种快乐、愉悦的感受。

4. 绿色

绿色介于冷暖两种色系之间，是一种中性的色彩。绿色能够表现出和睦、健康、安全的情感，能够创造出平衡和稳定的页面氛围。它和金黄、白色搭配，可以产生优雅、舒适的气氛，常用于代表富饶、健康、生态、医疗等行业的网站。

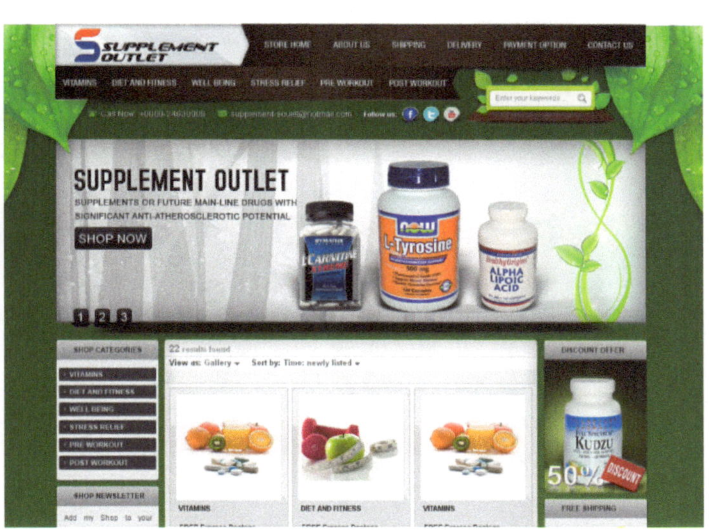

该保健品网页使用绿色和棕色搭配，纯净的绿色可视度不高，刺激性不大，对生理和心理作用都极为温和，给人以宁静、安逸、安全、可靠和可信任感，使人静神放松，不易疲劳。

5. 蓝色

蓝色的色感较冷，是最具凉爽、清新、专业的色彩，通常传递出冷静、沉思、智慧和自信的情感，就如同天空和海洋一样，深不可测。它和白色混合，能体现柔顺、淡雅、浪漫的气氛，同时，蓝色也是现代科技的象征色，很多科技公司都采用蓝色作为公司网站的主色调。

该手机宣传网页使用不同明度和纯度的蓝色进行搭配，使整个页面表现出一种蓝天、白云的清爽感，同时蓝色也非常符合手机产品的时尚与科技感。

6. 紫色

紫色的明度较低，给人以高贵、优雅、浪漫和神秘的情感体验，较淡的色调如薰衣草（带粉红色的色调）被认为是浪漫的，而较深的色调似乎更加豪华和神秘。但眼睛对紫色光的细微变化的分辨力很弱，容易引起疲劳。

该花店网站页面使用接近白色的浅灰色作为网页的背景色，与不同明度的紫色调相搭配，体现出一种优雅、芬芳和舒适的感觉，并且紫色调也能够与页面顶部的薰衣草大图相呼应。

7. 黑色

黑色往往代表着严肃、恐怖、冷静，具有深沉、神秘、寂静、悲哀、压抑的情感表现。它本身是无光无色的，当作为背景色时，能够很好地衬托出其他颜色，尤其与白色对比时，对比非常分明，白底黑字或黑底白字的可视度最高。

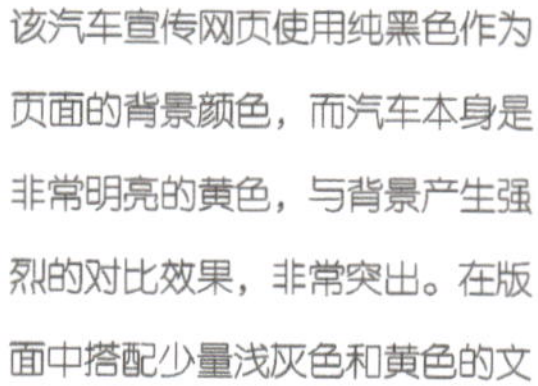

该汽车宣传网页使用纯黑色作为页面的背景颜色，而汽车本身是非常明亮的黄色，与背景产生强烈的对比效果，非常突出。在版面中搭配少量浅灰色和黄色的文字，页面简洁，效果突出。

8. 白色

白色是全部可见光均匀混合而成的，称为全色光，具有洁白、明快、纯真、清洁与和平的情感体验。白色很少单独使用，通常都与其他颜色混合，纯粹的白色背景对于网页内容的干扰最小。

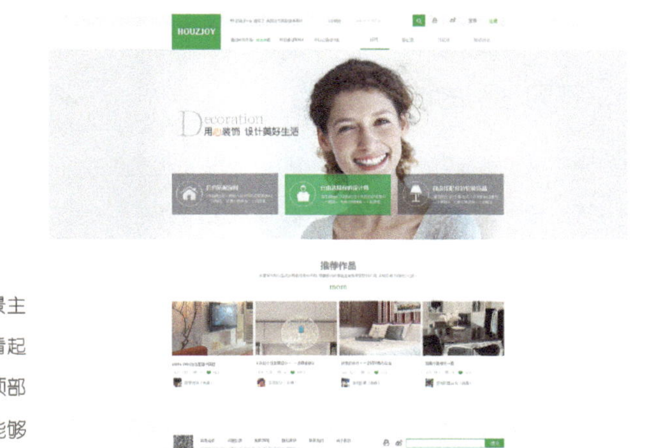

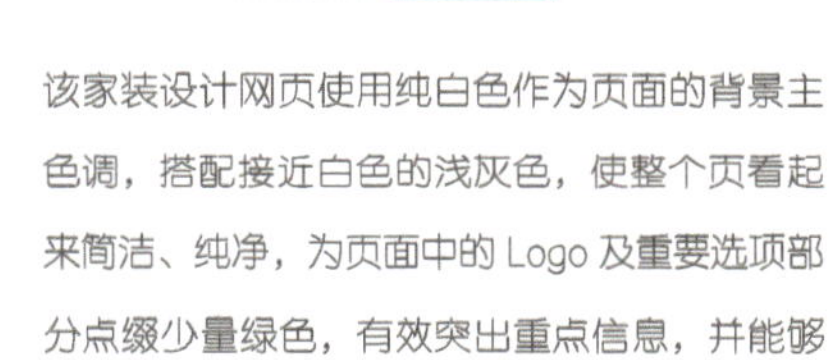

该家装设计网页使用纯白色作为页面的背景主色调，搭配接近白色的浅灰色，使整个页看起来简洁、纯净，为页面中的 Logo 及重要选项部分点缀少量绿色，有效突出重点信息，并能够给浏览者带来健康、清新的感受。

9. 灰色

灰色具有平庸、平凡、混合、谦让、中立的情感表现，它不容易产生视觉疲劳，但是也容易让人感到沉闷。当然灰色运用得当也会给人高雅、精致、含蓄的印象。

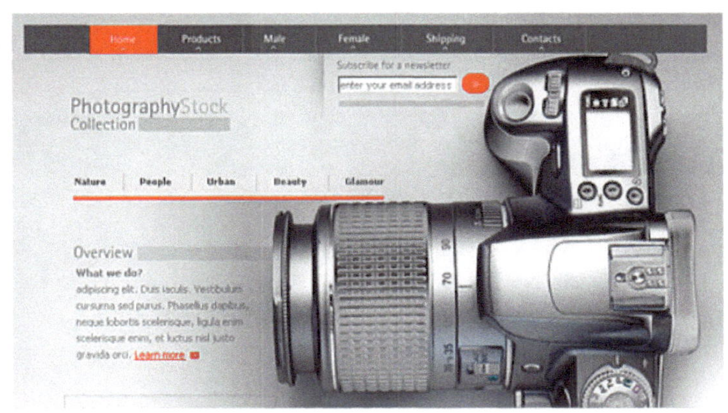

该数码相机网站页面使用灰色作为页面的主色调，背景的浅灰色与相机的色彩相呼应，给人一种精致而高档的感受。在页面局部点缀少量的红色来突出显示重点信息，也有效地打破了页面的沉闷。

专家支招

在人类历史上，大师级画家和其他艺术家操控色彩的能力得到了全世界的认可。现如今，色彩的这种艺术形式在商业中得到了广泛应用，一开始是在广告行业，现在是用于网页设计。色彩，对于人类而言，始终属于自然界最神奇的奥妙之一，永远都在激发着我们的好奇心和创造力。

色彩情感在网站设计中的运用

色彩是我们接触事物所第一个感受到的元素，也是印象最深刻的元素。打开网站，最先感受到的并不是网站所提供的内容，而是网页中的色彩搭配所呈现出来的一种感受，各种色彩争先恐后地沿着视网膜印在我们脑海中，色彩在无形中影响着我们的体验和每一次点击。

1. 不同性别的色彩喜好

色彩带给人的感受存在着客观上的代表性意义，但是在每个人的眼中所实际感受到的色彩存在着大大小小的差异。设计者如果想在网站设计中通过色彩恰当地传递情感，就要从多个方面考虑色彩的实用性。首先，在设计网页之前必须要确定目标群体，根据其特性找出目标群体对色彩的喜好及可运用的素材，做好充分的选择，这对网页设计者来说是十分有帮助的。

男性		
男性	喜欢的色相	蓝色 深蓝色 绿色 黑色
	喜欢的色调	暗色调 深色调 钝色调

该篮球俱乐部网站使用明亮度较高的暗绿色调与同色系相搭配，表现出顽强的生命力，表现出青春、朝气与积极向上的情感共鸣。使用橙色和灰色搭配，突出内容。

女性	喜欢的色相	红色 粉红色 紫色 紫红色 浅蓝色	
	喜欢的色调	淡色调 明亮色调 粉色调	

该女性化妆品宣传网站，使用纯度较低的粉红色作为网页的主色调，搭配同色系的洋红色和深红色，表现出女性的优雅和知性，这样的色彩搭配非常容易唤起女性群体的情感共鸣。

2. 不同年龄段的色彩喜好

不同年龄段的人对颜色的喜好有所不同，比如老人通常偏爱灰色、棕色等，儿童通常喜爱红色、黄色等。

年龄层次	年龄	喜欢的颜色	
儿童	0~12 岁	红色、橙色、黄色等偏暖色系的纯色	
青少年	13~20 岁	以纯色为主，也会喜欢其他的亮色系或淡色	

（续表）

年龄层次	年龄	喜欢的颜色	
青年	21~40 岁	红、蓝、绿等鲜艳的纯色	
中老年	41 岁以上	稳重、严肃的暗色系或暗灰色系、灰色系、冷色系	

该移动通信活动宣传网站使用明度和纯度较高的多种色彩进行搭配，表现出青少年的活跃、年轻和充满活力，特别容易吸引青少年的情感共鸣。

该楼盘宣传网站使用纯度接近于灰色的黄色作为主色调，搭配简单的文字和图形，使整个页面稳重、宁静，并且竖排的方式及毛笔字体的应用与楼盘的风格相搭配，能够吸引中老年人对传统文字的情感渴求。

3. 色彩能够决定转化率的差距

通过测试我们可以发现，不同的颜色对于用户点击率也会有所差异。

左右两个测试页面在内容上完全一致，唯一不同的是按钮的颜色，在超过 2 000 人次的样本测试中，最终红色方案的点击率超过绿色方案的点击率足足 21%。因为就直觉而言，绿色代表着通行、准许通过的意思，而红色则更倾向于警告、阻止的意味。

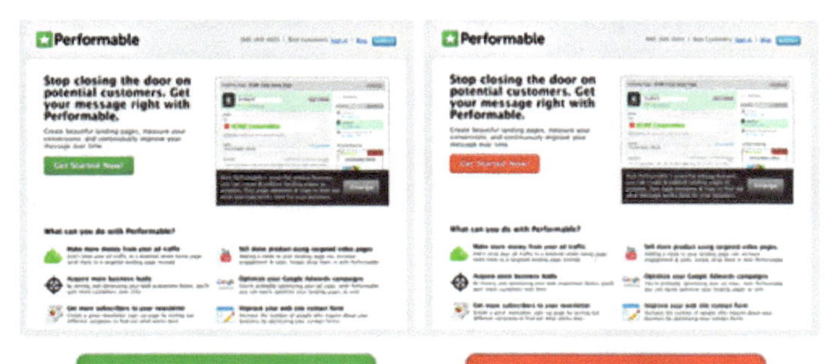

因为红色具有刺激心血的紧迫感，常出现在清仓场景，而橙色的呼叫意味浓厚，用于创建下订、购买、出售的行动，所以红色和橙色一般用于购物网站或 App 的购买和支付按钮。另外还会用于一些错误提示页面，警示提醒注意。

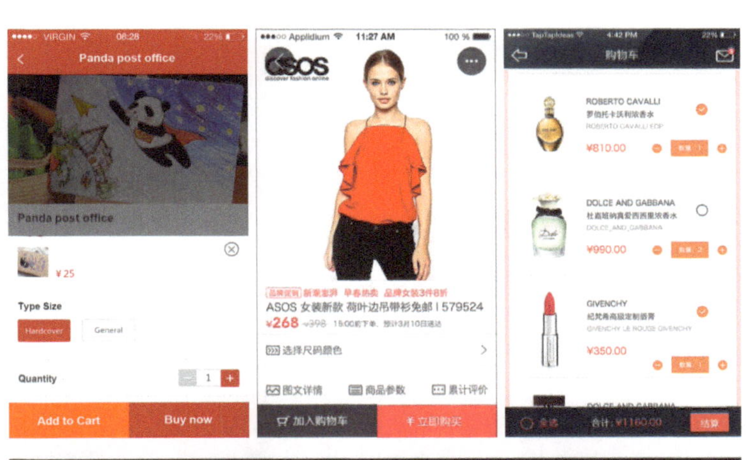

因为绿色代表着安全、通行、准许的意思，可以让人感到轻松，缓解压力，所以绿色通常用于开始按钮和下载按钮，还有成功提示页面。

技巧点拨

当然色彩的运用不是限定死的，并非说购买按钮一定要使用红色或橙色，而下载按钮一定要使用绿色。具体的色彩风格需要认真地了解设计需求，讨论好网站的定位与给人的情感印象，例如：稳重、可信赖、活泼、简洁、科技感等，确定了网站的定位，就可以确定如何选择合适的色彩方向来进行设计。

根据商品销售阶段选择颜色

色彩也是商品重要的外部特征，决定着产品在消费者脑海中是去是留的命运，而色彩为产品创造的高附加值的竞争力更为惊人。在产品同质化趋势日益加剧的今天，如何让你的品牌第一时间“跳”出来，快速锁定消费者的目光呢？

1. 新品上市期

新的商品刚刚推入市场，还并没有被大多数消费者所认识，消费者对新商品需要有一个接受的过程。如何才能够强化消费者对新商品的接受呢？为了加强宣传的效果，增强消费者对新商品的记忆，在该新商品宣传网站页面的设计中，尽量使用色彩艳丽的单一色调，以不模糊商品诉求为重点。

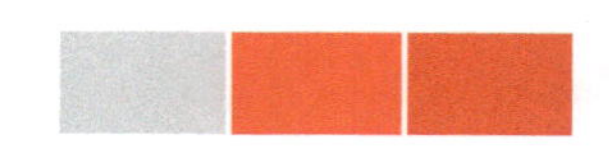

该快餐品牌宣传网站使用浅灰色渐变为背景主色调，搭配不同纯度的红色，突出商品的表现效果，直观并且重点突出。红色是具有刺激性的色彩，能够有效激发浏览者的情感。

2. 产品拓展期

经过了前期对产品的大力宣传，消费者已经对产品逐渐熟悉，产品也拥有了一定的消费群体。在这个阶段，不同品牌同质化的产品也开始慢慢增多，无法避免地产生竞争。如何才能够在同质化的产品中脱颖而出呢？这时候产品宣传网页的色彩必须要以比较鲜明、鲜艳的色彩作为设计的重点，使其与同质化的产品产生差异。

该剃须刀产品宣传网站使用高纯度的蓝色作为网页主色调，与高纯度的黄色和绿色搭配，网页色彩鲜明、对比强烈。

3. 稳定销售期

经过不断的进步和发展，产品在市场中已经有了一定的市场占有率，消费者对该产品也十分了解了，并且该产品拥有一定数量的忠实消费者。这个阶段，维护现有顾客对该产品的信赖就会变得非常重要，此时在网站页面设计中所使用的色彩，必须与产品理念相吻合，从而使消费者更了解产品理念，并感到安心。

该知名饮料产品宣传网站，使用鲜明的黄色作为该网页背景主色调，搭配产品的红色和绿色，使人感觉温暖且与产品理念相吻合，保持了该饮料产品在人们心目中统一的印象。

4. 产品衰退期

市场是残酷的，大多数产品都会经历一个从兴盛到衰退的过程，随着其他产品的更新，更流行的产品出现，消费者对该产品不再有新鲜感，销售量也会出现下滑，此时产品就进入了衰退期。这时要维持消费者对产品的新鲜感，便是最大的重点，这个阶段网站界面所使用的颜色必须是流行色或有新意义的独特色彩，将网站界面从色彩到结构做一个整体的更新，重新唤回消费者对产品的兴趣。

该餐饮美食网站使用墨绿色与朱红色搭配，在网页中形成柔和的对比效果，给人眼前一亮的感觉，重新唤起人们对产品的兴趣与热情。

观点总结

无论选择什么颜色对网页进行设计，都会对网页整体有一个明确的影响，那就是唤起浏览者不同的情感印象。在设计网站页面时，不能单纯凭借自己的喜好去配色，还有很大一部分原因是由产品本身的定位，以及标准色和整体的色调而决定的，另外我们还需要充分地考虑用户的感受，虽然不能完全满足所有用户，但起码我们要顾及到大部分的用户。

网站帮助

这个世界有两种人，一种是为朋友两肋插刀的人，一种是不能为朋友两肋插刀的人。显然我们都喜欢那种为朋友两肋插刀的人，因为他是友好的。用户也需要这样的网站，在网站中为用户提供即时的帮助服务，会让用户感觉友好，增强用户的情感体验。

知识点分析

网站能成为用户的朋友首先就需要能够帮助用户解决问题，这是我们不断强调的网站的核心功能问题。而对于用户情感体验来说，用户在使用网站的过程中也是需要得到帮助的，如果得不到帮助，它就无法感受到网站的友好，更不可能获得情感上的共鸣。

关于网站帮助的用户情感体验，将通过以下两个方面分别进行讲解。

1．为用户即时提供帮助

2．电商网站帮助中心设计思路

为用户即时提供帮助

在网站的呈现上，帮助中心是网站提供帮助的核心设计。事实上，用户究竟需要什么样的帮助中心呢？

1. 快捷帮助用户解决问题

用户之所以来到网站的帮助中心，那么他一定是在浏览和使用网站的过程中遇到了问题，那么网站帮助中心的核心功能就应该是最简单、直接地帮助用户解决问题。

帮助用户解决问题最简单、直接的方法，一定不是密密麻麻的菜单和问题说明，这样一定会让人发晕。用户本身就因为有了问题而不知所措，现在又给他一个包罗万象的使用说明书，怎么能获得良好的用户体验呢？

可以把这样的场景还原到现实生活中来，当我们来到一个陌生的城市迷路了，你是找地方去买地图还是找人问路呢？答案肯定是后者，因为这样最直接，效率也是最高的。

所以网站帮助中心的设计也需要通过这种最直接和高效的方式呈现给用户，例如在帮助中心页面中设置一个内部搜索框。事实上"有问题百度一下"已经被百度培养成了一种群体性用户习惯，那么当用户在网站中遇到问题，如果能够在帮助中心页面中提供一个搜索框，是不是就能够更加直接高效地帮助用户解决问题了。

这是"腾讯"网站的客服中心页面，当用户进入到该页面时，就会从页面设计中感受到一种亲切感，运用客服代表的实景图片作为页面的背景，在页面中间位置放置问题内部搜索框，并且提供了热门搜索关键词，呈现给用户最直接、高效的解决问题方法。而在搜索框上方的服务口号，更是能够让用户感觉到温暖。

专家支招

如果用户遇到问题和困惑能够得到"帮助中心"的集中解答，不仅可以提高用户体验，网站也可以在运营上减少人力投入，降低网站的运营成本。

2. 为用户彻底解决问题

网站的帮助中心既然是帮助用户解决问题的，那么就需要能够为用户彻底解决问题。上面谈到的在网站的帮助中心页面中添加一个内部搜索框只是帮助用户能够更加快捷地找到解决问题的办法。

说得更直接一点，帮助中心要为用户想得更加周全，这样才会让用户体会到网站的友好，促进网站与用户之间的情感共鸣。

在网络世界中，用户忘记密码的事情经常发生，通过网站的帮助中心，用户好不容易知道了如何找回密码，但是这个过程如果不够顺畅，用户往往就会失去耐心，要么从此消失，当然也有人愿意重新注册一个账号。

那么，网站的帮助中心如何才能够真正做到周全，真正帮助用户彻底解决问题呢？以下是两种基本的方式。

（1）在帮助中心页面中加入更多的链接，使用户能够直接跳转到相应的页面。

（2）为用户提供个性化的帮助服务，让用户自己选择。

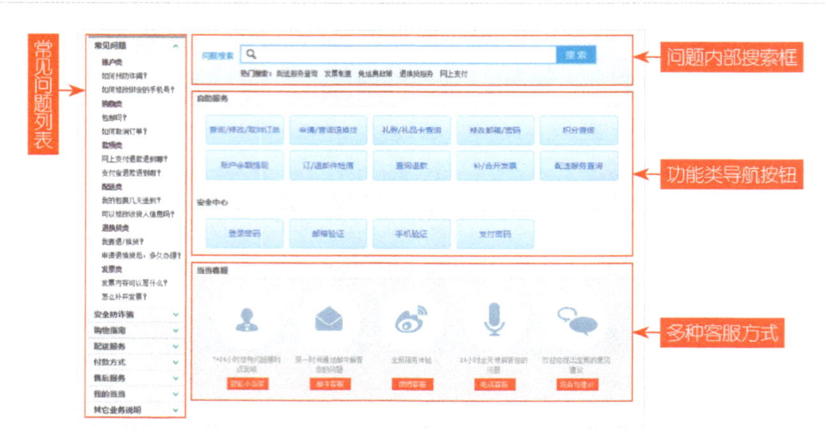

在“当当网”的客服中心页面中，各部分功能的排列划分非常整洁有序，为用户提供了多种解决问题的方法。左侧为常见问题列表，右侧从上至下分别提供了问题内容搜索框、功能类导航按钮和多种客服方式。光是客服方式就提供了 5 种，非常全面，这样用户在帮助中心页面中就可以自由地选择解决问题的方式。

技巧点拨

在网站的帮助中心设计上，必须区别对待我们的用户。如果是新用户，就应该提供一些新手常常遇到的问题集锦；如果是浏览过程中遇到的问题，就应该让用户直接到浏览问题中心去查看和提问；如果是交易中的问题，就应该让用户直接到交易问题中心去查看和提问。

电商网站帮助中心设计思路

从目前的使用习惯来看，网站的帮助中心大多数适用于互联网初级用户，特别是电子商务网站对网络购物不是很了解或者该网站的整个购买流程比较特殊的都需要在帮助中心页面中进行单独说明。那么怎么能更好地帮助互联网初级用户呢？目前，网站帮助中心主要分为两大部分内容，一是功能类导航，二是使用介绍。

1. 功能类导航

对于电商网站来说，用户在使用过程中想对整个购物流程中的某一个环节进行操作但又不知道这个功能在哪里，或者是用户在购物过程中的某个环节遇到了问题，在网站帮助中心的首页中设计一个功能类导航就能够起到很好的作用，这样可以帮助用户快速地理清整个网站的购物流程，也能够针对购物流程中某个环节的问题得到相应帮助。

这是“苏宁易购”网站的帮助中心页面所设计的功能类导航，“苏宁易购”作为具有代表性的电商网站，其帮助中心页面中的功能导航就按照售前、售中和售后的不同功模块进行划分，按照用户的关心程度对功能导航按钮进行排序，非常直观。并且当用户将鼠标移至功能按钮上方时，还会通过交互动画的方式展现该功能的相关说明，给用户很好的提示，很好地提升了用户体验。

2. 使用介绍

网站帮助中心页面中的使用介绍部分，又可以分为两种形式，一种是操作流程，另一种是文字说明。

（1）操作流程

操作流程在网站帮助中心页面中主要讲解该电商网站的整个购物流程，包括从用户注册到最终购买结束以及发表评价等，主要是以图示的方式进行介绍，使用户清晰、易懂。

“苏宁易购”网站的帮助中心页面中设置了一个“新手教学”栏目，在该栏目中就是以图示的方式按照售前、售中、售后的顺序介绍了在网站中进行购物的流程（如上图），单击其中任意一个图标即可在打开的新页面中对该模块功能进行介绍，并且使用了直观的操作示意图进行展示，没有冗余的文字介绍，非常直观、清晰，对于需要使用帮助中心的初级用户很容易理解。

（2）文字说明

文字说明是网站帮助中心页面中常用的一种介绍方式，通常情况下对网站中的一些功能或概念进行说明，常采用图文相结合的方式，利用简短、通俗易懂的方式进行说明。

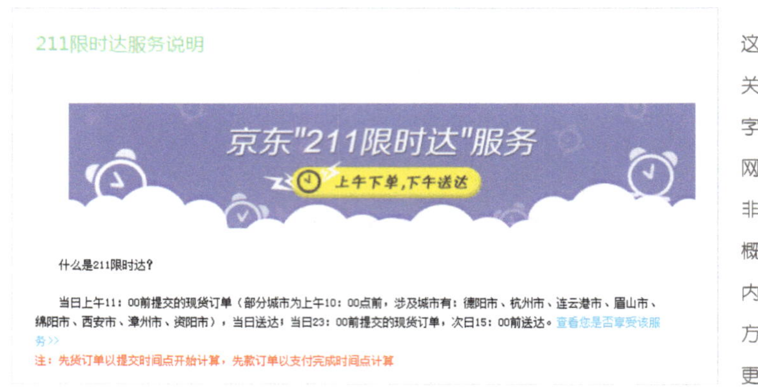

这是“京东”网站帮助中心中关于“211 限时达”服务的文字说明，因为该服务是“京东”网站所特有的服务概念，所以非常有必要在帮助中心中对该概念进行说明，为了避免文字内容的枯燥，采用图文结合的方式介绍，文字内容简洁、易懂，更容易使读者理解。

技巧点拨

网站的帮助中心是用户在浏览和使用网站的过程中遇到问题，为用户解决具体问题而设计的，并不需要像网站使用说明书一样大而全，唯恐网站哪个功能讲解得不全面。

观点总结

我们认为在网站设置帮助中心是非常有必要的，特别是对于网站的新用户来说，当用户在网站中遇到问题时能够及时地得到解决，这样会大大地提升用户对网站的好感。但是网站的帮助中心并不是网站的核心功能，就目前的网站设计主导思想来讲，如果一个网站不能让用户简单、易上手地进行操作，即使帮助中心做得再出色，也无法给用户带来良好的体验。

网站地图

为网站设置网站地图对于网站优化来说是非常重要的，通过网站地图可以使用户和搜索引擎更加方便、快捷地访问网站中的各部分内容，起到一个很好的向导作用，同时能够增加用户对网站的好感度。

知识点分析

一个符合用户体验的网站是一个好网站，一个符合搜索引擎抓取的网站更是一个好网站。所以对于许多信息量较大的网站来说，网站地图对于网站优化来说是必不可少的。

关于网站地图，将通过以下几个方面分别进行讲解。

1．什么是网站地图

2．网站地图的作用

3．网站地图的注意事项

什么是网站地图

网站地图又称为站点地图，其实可以将其理解为网站中一个普通的页面，在该页面中放置了网站中所有频道页面及重要页面的链接。当用户在浏览网站的过程中找不到自己所需要的信息时，可能会将网站地图作为一种补救措施，并且搜索引擎也非常喜欢在网站地图中抓取网站的重要信息内容。

网站地图通常可以分为两种格式，分别是 HTML 格式和 XML 格式。

HTML 格式的网站地图一般是针对用户的，即浏览者通过网站地图可以清晰地了解整个网站的结构，而且可以方便快捷地到达自己想要去的页面。

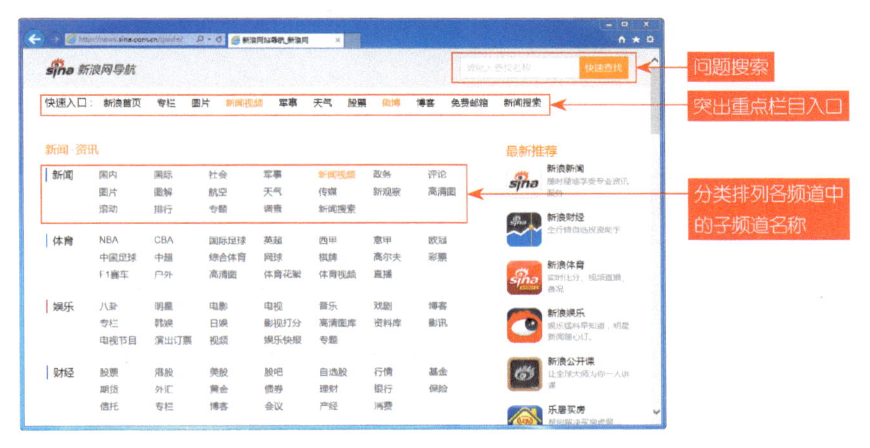

这是“新浪网”的网站地图页面，在该页面的顶部提供了重点频道的快速入口，下方则按频道分类排列了各频道中的子频道页面，分类清晰、简洁，用户很容易找到需要的页面。针对像“新浪网”这样的大型门户网站，在网站地图页面中还提供了内部搜索的功能，从而为用户提供更加便捷、高效的服务，有效提升用户体验。

专家支招

HTML 格式的网站地图对于搜索引擎来说也是有好处的，一旦搜索引擎收录了一个网站的网站地图，那么搜索引擎就可以通过这个页面更好地来了解整个网站的架构布局，可以顺着网站地图所提供的内部链接来搜寻网站中的其他网页。

XML 格式的网站地图主要是针对搜索引擎的，方便搜索引擎快速、便捷地抓取网站中的内容，有利于网站内容被搜索引擎收录。

网站地图的作用

网站地图能够为浏览者指明方向，并且帮助网站中迷失的浏览者找到他们需要的页面。网站地图不仅对网站优化有一定的好处，而且能够为浏览提供良好的用户体验。对于网站优化来说网站地图主要包含以下 4 个作用。

（1）为搜索引擎提供可以浏览整个网站重要节点的链接，并且表现出网站完整的信息架构。

（2）为搜索引擎提供一些链接，指向动态页面或者采用其他方法比较难以到达的页面。

（3）作为一种潜在的着陆页面，可以为搜索流量进行优化。

（4）如果浏览者试图访问网站所在域内并不存在的 URL，那么这个浏览者就会被转到"无法找到文件"的错误页面，而网站地图可以作为该页面的"准"内容。

专家支招

网站地图可以说是整个网站的链接容器，尤其对于一些结构层次比较深的网站，网站地图将内容链接归档到一个页面，为用户和搜索引擎都提供了便利。

网站地图的注意事项

网站地图对于网站优化是必不可少的关键因素，无论是用户体验还是索引收录，网站地图都起到了重要作用，在设计网站地图时需要注意以下几个方面。

1. 链接真实有效

网站地图的主要目的是方便搜索引擎对网站频道及内容的抓取，所以一定要保证网站地图中的链接真实有效。如果网站地图中存在过多的死链，不但起不到预期的效果，反而可能会被搜索引擎视为垃圾网站，同时也降低了网站的用户体验。

2. 包含重要内容

在网站地图中不要出现重复的链接，要采用标准 W3C 格式的地图文件，布局要求简洁、清晰。如果网站地图中包含了太多的链接，用户在浏览的时候就会迷失，因此需要在网站地图中放置网站中最重要、最关键的页面。

技巧点拨

网站地图页面的布局一定要简洁，不要使用图片来做网站地图中的链接，因为这个不利于搜索引擎的抓取。一定要使用标准的 HTML 文本来做链接，链接中要包含尽可能多的目标关键字。

“途牛旅游网”的网站地图采用了与传统表现形式不同的特殊表现形式，当用户将鼠标移至页面顶部的“网站地图”文字链接上方时，网站地图页面内容将会以弹出层的形式显示在当前页面的最上方，并且精选了网站中重要的页面进行分类排列，给人简洁、直观的感觉，并且便于用户在浏览过程中随时进行访问。

3. 保持更新

建议经常更新网站地图，便于培养搜索引擎抓取的频率。经常有新的地图内容生成，久而久之，搜索引擎会更加关注这样的网站，网站内容能更快地被搜索引擎抓取收录，可以早日被搜索引擎检索。

技巧点拨

尽量在网站地图中添加文本说明，这样会给搜索引擎提供更加有索引价值的内容，以及相关内容的更多线索。

这是“站酷网”的网站地图页面，因为在该网站的频道页面中并没有再细分子频道，所以其网站地图页面中，在各频道中精选了相应的重点关键词，这样可以为搜索引擎提供更有价值的索引内容，并且可以经常对这些关键词进行更新，从而提高搜索引擎对网站的关注度。

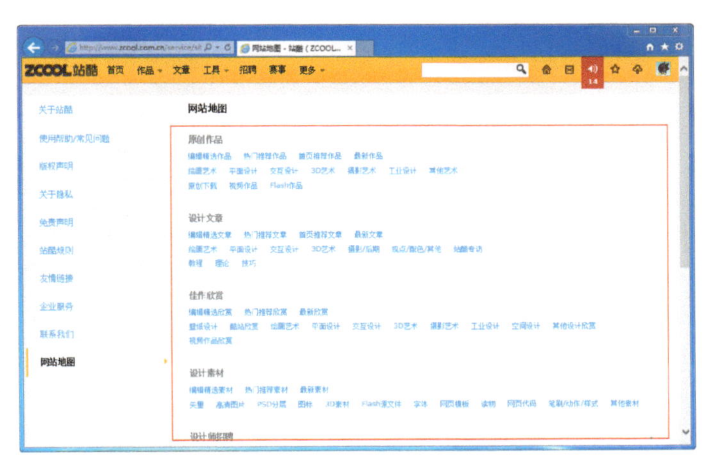

4. 多样性

在前面已经介绍过，网站地图通常包含 HTML 和 XML 两种格式。针对不同的搜索引擎，应该为网站制作相应的网站地图文件。例如"百度"搜索引擎喜欢 HTML 格式的网站地图，而"谷歌"搜索引擎喜欢 XML 格式的网站地图。

观点总结

网站地图的存在不仅是满足搜索引擎对网站内容的抓取，更多的是方便网站浏览者快速在网站中查找需要的页面，特别是门户型网站这样信息量很大的网站，很多浏览者都是通过网站地图来寻找自己需要的信息页面的，这也能很好地提高网站的用户体验。

5

信任体验要素

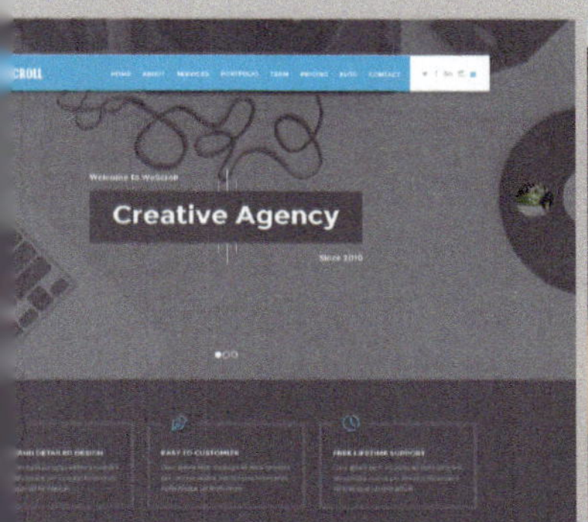

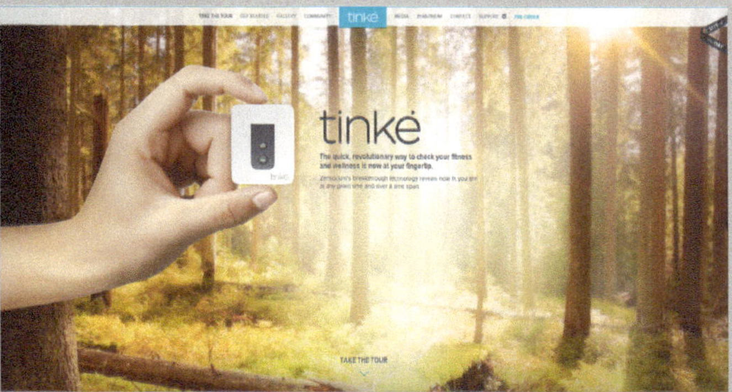

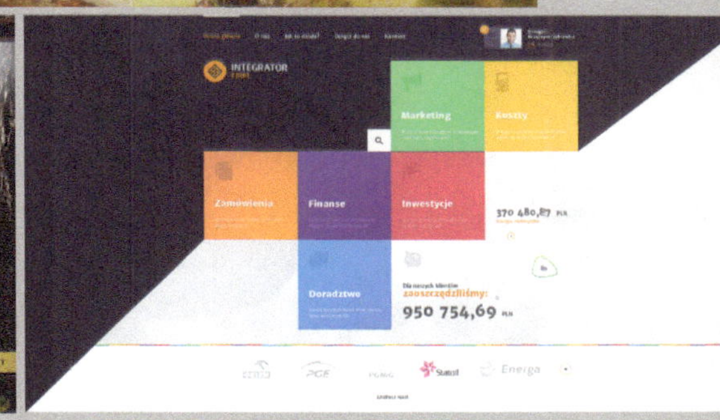

信任体验是一种涉及从生理、心理到社会的综合体验，强调其可信任性。由于互联网世界的虚拟性特点，安全需求是首先被考虑的内容之一，由此信任理所当然被提升到一个十分重要的地位。

用户信任体验，首先需要建立心理上的信任，在此基础上借助于产品、系统或服务的可信技术，以及网络社会的信用机制逐步建立起来。信任是用户在网上实施各种行为的基础。

安全性

人们一般都喜欢一个安全的、有秩序的、可以预测的环境，人们喜欢选择做那些熟悉的和已知的事情等，安全需要如果得不到满足，人们就会产生一种威胁和恐惧感。对于网站来说也是这样，如果需要用户在网站中填写个人信息甚至是财产等信息时，用户首先想到的就是网站是否安全。

知识点分析

一个网站的好与坏，不仅取决于网站界面的精美、运行速度的流畅、交互体验的完美，网站的稳定性和安全性也是至关重要的衡量标准，并且会对用户的信任体验造成很大的影响，只有给用户足够信任感的网站才能够长久地留住忠实用户。

关于网站的安全性，我们将通过以下几个方面分别进行讲解。

1．关于马斯洛理论

2．营造安全的网站环境

3．提高用户认知

关于马斯洛理论

美国人本主义心理学家马斯洛将人的需求分为生理需求、安全需求、爱和归属感、尊重和自我实现 5 个层次。

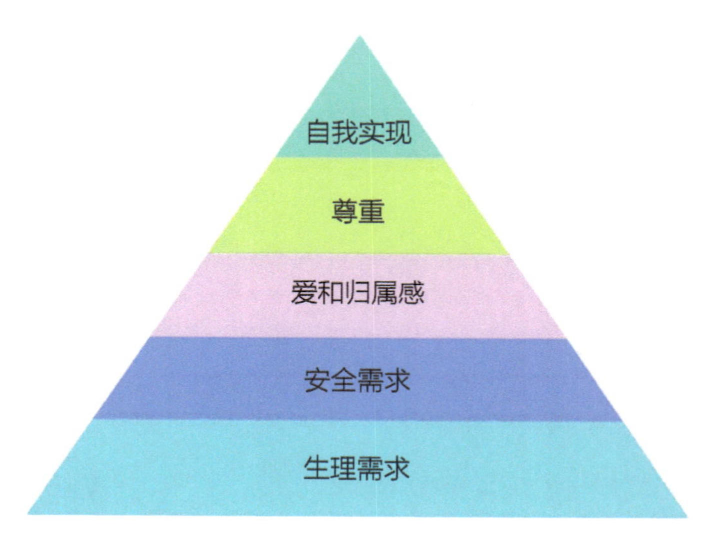

5 种需求层次从下到上呈现金字塔状，马洛斯理论原则上是某一层次需求得到了满足，就会向更高层次发展，如果低层次的需求没有得到满足，人就不会有获得更高层次需求的动力，安全需求处于金字塔的下部，是一种人最基本的需求，安全对于人们来说至关重要。

对于网站来说，网站给用户的安全感虽然不直接涉及用户的人身安全、生活安定等，但是也有间接的联系，例如用户的账户安全、财产安全、隐私安全等，这些都直接影响到网站给予用户的信任感。

专家支招

对于网站用户来说，你的网站或者产品在能够满足其基本功能需求之后，人们的第一个疑问是：它是否安全。安全感问题，可以归结为基本权利问题。网站用户的基本权利得不到保障，就会感到不安全。所以信息时代的安全感问题，主要是保障网站用户的基本权利问题。

营造安全的网站环境

如果能够熟知自己所处的环境，人们通常会通过自己的经验来判断其中的危险性，从而控制风险，摆脱风险。我们的网站环境是不是给用户一种安全可以信任的感受呢？我们应该从哪些方面营造安全可信任的网站环境呢？

1. 第一印象

当人处在陌生环境中时，会对未知的环境产生一种极大的不安全感，因为未知的环境有太多的不可控因素，从而威胁着人的安全。

对于网站用户来说也是一样的，当用户来到一个陌生的网站或者下载一个陌生的 APP 应用时，都会对一些隐私授权选项特别警觉。

例如某些 APP 在启动完成之后就开始向用户索要“通讯录授权”“位置授权”等，这样的做法是令人讨厌和不安的，同时也破坏了产品给用户的第一印象，使用户产生不安全感。我们在设计的时候应该选择恰当的时机，这就需要先让用户觉得我们的产品“环境”是安全的，取得了用户的信任之后，再来询问授权。

这是某款直播软件的截图，只有当用户自己想要进行直播的时候，APP 才会提醒用户需要开启哪些权限，以及该平台会保护用户的哪些安全隐私，不会在平台中泄露。这是一种很好的做法，用户也能够更加放心地使用该 APP 中的其他功能，久而久之就会对产品产生很大的信任感。

2. 品牌影响力

通常情况下，当有人向我们推销某种产品时，他们都会说类似的话：某某产品特别好，而且还是某某大公司旗下的产品，安全可靠。

品牌的影响力是非常强大的，在网站中也是一样。通常在网站中也会经常展示和突出品牌知名度和影响力，或者用网站取得的成就来增强用户对网站的信任感。

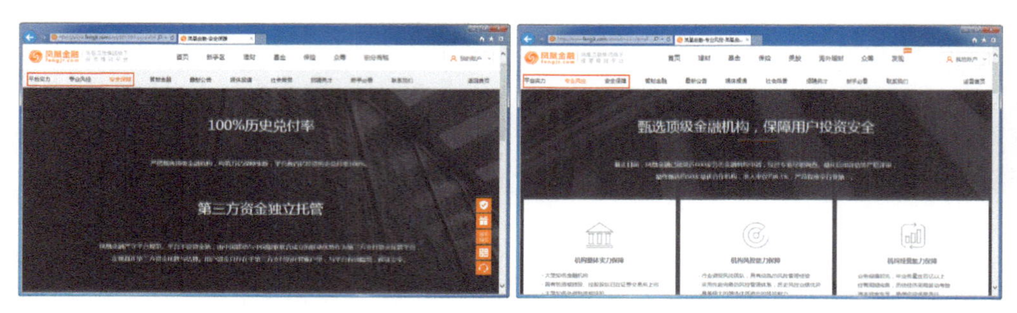

这是"凤凰金融"网站中的页面，在该网站中通过 3 个专题页面，分别向用户详细地阐述了其"平台实力""专业风控"和"安全保障"这几个重要方面的措施，并且都是通过列举数据、品牌背景实力等方式进行介绍的，从而有效地增强用户对网站的信任感。并且该互联网金融平台本身就隶属于知名的凤凰卫视旗下，具有一定的品牌影响力，从而也增强了用户对网站的信任感。

3. 视觉环境

通过优秀的视觉设计来给用户传达安全感也是提升用户安全体验的做法，最显而易见的就是安全类产品的设计，会大量使用表达安全的颜色和图形元素来向用户传达安全感。

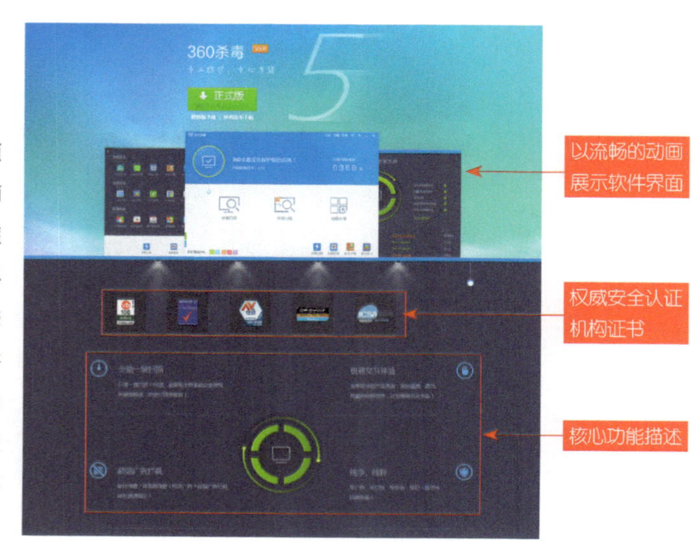

这是某杀毒软件的网站宣传下载页面，该网页使用了与杀毒软件界面相同的蓝色作为页面的主色调，蓝色给人一种清爽、洁净和很强的科技感，向用户传达一种可信任的感觉。在页面中使用动画方式对软件界面进行展示，并且展示了该杀毒软件所获得的权威安全认证机构证书，从而进一步增强用户对该软件的信任感。

技巧点拨

设计精致的网站界面，会给人们视觉感官以良好的体验，也代表着开发团队对产品的用心。而粗糙杂乱的网站界面设计，让人看起来就会感觉不舒服，会使人产生不安全感。

4. 技术环境

技术呈现给用户的安全感是隐性的，大部分情况下用户是感知不到的，例如网站的运行流畅度、服务器的反应速度等。但是我们经常会遇到这样的场景，正在进行某项重要的操作时，网站运行突然出现卡顿，以至于不仅耽误了用户的时间，而且有时候也为用户制造了麻烦，甚至造成损失。

当用户在网站中进行一些涉及账号安全的重要操作时，更需要给用户安全感。例如“百度糯米”网站，当用户在非常用地区登录时，系统会通过技术分析判断，如果账户可能存在安全隐患，则需要用户进行手机验证。通过这样的技术手段很好地保护了账户的安全，给用户安全感。

技术带来的错误几乎是不可完全避免的，但是我们不能进一步让用户产生不信任感，丧失安全感。我们应该在出现错误的时候给予用户适合的引导，或者给予用户撤销的机会，帮助用户预先保存信息，防止重要信息遗失，减少用户重复操作，挽回技术错误上所产生的不安全感和不信任感。

提高用户认知

人们对事物的熟悉程度决定了对事物的控制程度，控制程度越强则安全感就越强。所以加强用户对产品的认知，了解产品是怎样运作的，提升操控感，也是提升用户安全体验的一种做法。

例如，支付宝利用“余额宝”这个极其简单的产品，为用户打开了互联网金融的大门，使金融更加平民化，“投资理财”这种高端大气的名词立刻坠入凡间。门槛低，逻辑简单，风险低，且有相当不错的收益。互联网金融的玩法在较短时间内被广大用户所接受，这也为“蚂蚁金服”等其他理财业务打下了基础。此外，其他平台也搭上了顺风车，瞬间各种“宝宝”类产品层出不穷。在此之前广大用户对互联网金融一无所知，甚至有着极其强烈的不信任感。

这是“支付宝”网站中关于“余额宝”的专题介绍页面，在该页面中运用图文相结合的方式向用户介绍了什么是余额宝以及余额宝的玩法规则，提高用户对于余额宝的认知。另外，余额宝是支付宝旗下的产品，支付宝在用户中已经建立起良好的口碑，所以也增强了用户对余额宝的信任。

现在很多产品也在对提升用户对产品的认知做了一些工作。例如一些理财平台会给新手发放体验金，让用户先使用体验金进行投资，并获取收益，在熟悉玩法的同时，也让用户产生更多的投资动机，进一步增强认知，熟悉玩法。

这是某互联网金融平台的活动推广页面，在该页面中不仅以数据的方式向用户宣传其平台的雄厚实力，以获得用户的信任，而且为了吸引新用户并取得新用户的信任，还推出了为新用户发放体验金的活动。用户注册后即可使用体验金来体验理财效果，很好地解除了新用户的顾虑，进一步增强新用户的认知。

还有一些平台也专门为新手打造了一些简单的产品，让新用户进行使用，让新手用户慢慢过渡到中间用户甚至专家用户。在这个过程中用户不断向平台提交自己投资所需要的个人资料，通过简单的方式引导，降低用户对新事物的排斥感，从而进一步提升用户的安全感。

右侧两个界面截图都是来自于手机端的互联网金融平台，为了使用户对互联网金融有更好的认知和了解，在界面中采用了一些图形化说明书式的做法，这种方式相对于纯文字介绍更加直观、易懂，也能够让用户快速熟悉。

技巧点拨

对于好的用户体验来说，我们决对不能在牺牲安全性的前提下谈用户体验，而应该是在安全的基础上去谈用户体验。

观点总结

网站的安全性对于用户来说至关重要，也是在网站开发设计过程中需要特别关注的问题，网站需要不断地提升和改进安全性，从而为用户提供良好的服务与体验，增强用户对网站的信任。

给用户被保护感

在设计网站或 APP 等互联网产品的时候，不能一味地追求用户体验而忽略安全性，也不能过多地考虑安全性而牺牲了用户体验，所以要平衡好两者之间的关系，从而给用户带来一种被保护的感觉，增强网站的信任体验。

知识点分析

在用户信任体验中，所谓被保护感是指，用户在使用你的网站或其他互联网产品的时候，时时都能够感受到自己的各种权利在被你保护的感觉，这种被保护感能够让用户更加放心地使用。

关于给用户被保护感，将通过以下两个方面分别进行讲解。

1．预防风险

2．重视用户隐私

预防风险

虽然我们在网站中需要给予用户足够的操控感，提升安全体验，但是有一些人为的错误还是不可避免的。或者某些改变会给用户带来麻烦，为了保证网站的用户体验，网站有义务提前告知和提醒用户某些操作所带来的风险，帮助用户预防，进一步提升网站的信任体验。

1. 重要规则或风险提醒

在网站页面设计中，特别是移动端的页面设计中，我们经常会发现一些重要的规则描述得不是很清楚，或者被放置在页面中不显眼的位置，用户也不会认真地去阅读这些规则。由于事先用户没有对其进行认真阅读，则可能会为之后的使用造成一定的风险，所以对于一些重要规则，有必要对用户做出提醒。

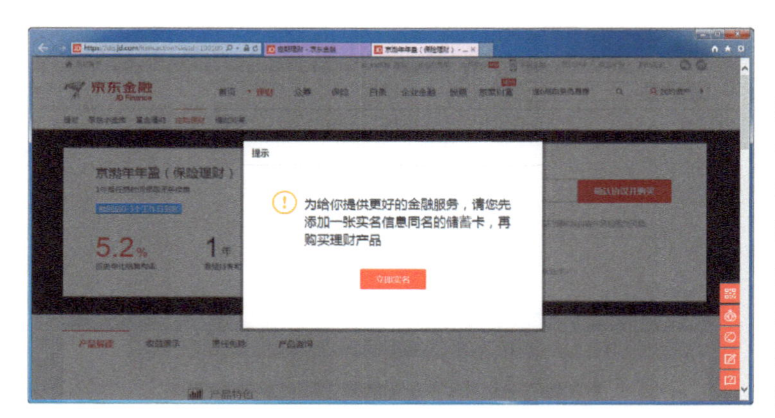

这是“京东金融”网站中某个互联网理财产品页面，当用户进入该页面时，首先会弹出提示窗口，对相应的重要规则进行提示，从而保证用户提前知晓，以免用户在购买该理财产品的过程中遇到麻烦甚至是财产损失。

节假日期间转入转出规则提醒

这是移动端“余额宝”界面，特殊时期规则的变动，会对用户造成一定的影响，提前告知用户规则的暂时变动，能够避免造成不必要的麻烦，减轻因为规则的变动而没有得到及时提醒所造成的不信任感。

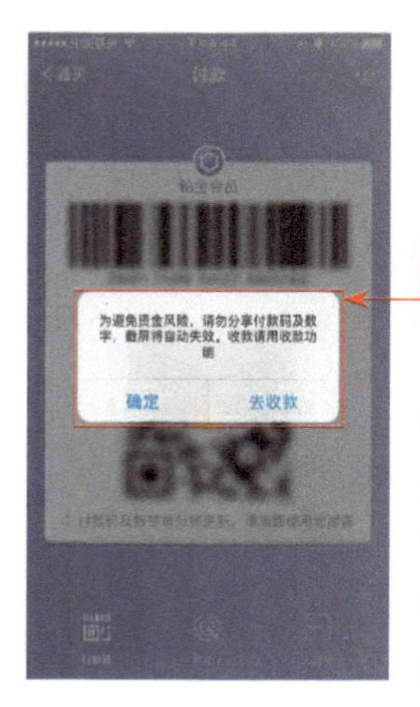

付款界面不允许截屏提醒

这是“支付宝”移动端的付款界面，当我们想对付款界面进行截图时，系统会对不安全行为进行警告，并阻止用户截屏，杜绝不安全因素。

2. 预知

对用户在网站中一些操作的发展进行提前的预知，能够给予用户准确的信息提示，提升用户的操控感，从而增强用户的安全感。操作进度跟踪的使用让用户能够提前预知下一步需要做什么。

无论是在 PC 端还是移动端，对于用户的某些操作都需要给予相应的预知和进度跟踪，从而提升用户的被保护感。例如我们常见的物流信息、信用卡还款进度、余额提现进度等，用户操作后能够预知该操作的实现时间，能够给用户很强的心理安全感。

3. 确认

日常生活中，对于所做出的选择我们总是需要再三确认。确认通常是人们在完成某一项任务操作时需要做的事情，我们在网站中对一些极易出现操作错误的内容给出相应的确认提示，从而防止用户由于疏忽所造成的麻烦和损失。

无论是在 PC 端还是移动端，对于用户容易出错的操作都应该给予相应的确认提示信息，特别是一些提交后就无法进行修改的信息内容，例如转账、在线购票等，必须给予确认提示，从而尽可能避免用户输入错误导致的麻烦和损失。

专家支招

有一些网站和 APP 应用会在用户所操作的任务结束之后，及时地给予用户相应的通知提醒，这也算是一种确认，重点是为了让用户放心。例如支付宝的余额提现操作成功后，会及时向用户推送通知信息或者短信提醒等。

重视用户隐私

近年来人们越来越重视个人隐私安全，互联网产品会不会把用户的隐私泄漏出去也是用户非常关心的话题。

用户的信息绝对不能够提供给第三方，并且需要好好保护。除此之外，网站通常需要对用户隐私信息保护采取一些措施，例如用户已经输入过的手机号码、身份证号码等要进行打码处理，用户的账户金额可以通过操作来隐藏，授权某些信息的时候及时告知用户信息用途，向用户保证不会存储用户信息等，这些做法也能够给用户带来被保护感，从而增强对网站的信任度。

这是“支付宝”网站中用户的“余额宝”页面，在网站中采取相应的措施对页面中的个人财产信息进行了隐藏处理，很好地保护了个人隐私。当然，该网站中对个人的其他隐私保护也都进行了特别的处理，例如手机号、身份证号、密码保护等，有效地增强了用户的信任体验。

观点总结

我们知道简单的密码容易被攻破，密码设置得越复杂，密码的安全系数就越高，但是随之而来的就是输入上的体验会变差，记忆成本也会随之增加。所以关于用户体验与安全性的平衡问题就显得至关重要。近年来随着技术的不断提高，我们有了更加安全和快捷的输入方式，例如一些生物技术的引入：指纹识别、声纹识别、人脸识别等。这些技术的引用既提升了用户体验，也保证了安全性。

平衡用户体验与安全性的时候，不管两者被处理得多么好，我们都应该思考这种方式究竟给用户带来的是什么，用户能不能接受这种方式。我们也不能过分地依赖新技术，特别是在它不成熟的时候。

信任度

信任度，本质上就是他人的行为结果是否符合你的预期，而预期来源于他的承诺，或他给你的感觉。信任是一种结果，而建立信任的过程，就是诚信。诚信不是说出来，而是做出来，要让客户感觉到。

知识点分析

如何让你所设计的网站令人信任？相信许多设计师都思考过这个问题。我们几乎每天都能听到各种产品安全漏洞的新闻，用户的不安全感无处不在，这也使得提高网站给用户的信任度显得非常重要。

关于网站的信任度，将通过以下两个方面分别进行讲解。

1．如何打造让用户信任的网站页面

2．提升电商网站信任体验

如何打造让用户信任的网站页面

令人信任的网站页面是构建网站与用户之间坚实关系的基础，它能够促进用户接受网站中的产品或服务，提升用户忠诚度，带来成就感。创建令人信任的网站页面是否有迹可循？当然，接下来我们就为用户总结了一些提升网站用户信任的设计技巧。

1. 清晰的设计

当某个浏览者随机浏览到你的网站时，网站中的信息是否明确，页面中元素的设计和功能是否清晰、合理？用户能否清楚地意识到每个操作的意义？这些问题的答案就意味着你的网站是否能够获得浏览者的青睐，是否能够获得良好的用户体验。

如果答案是肯定的，那么你的网站应该是层级清晰，内容明确的。如果用户感到困惑，那么你就应该多思考一下了。

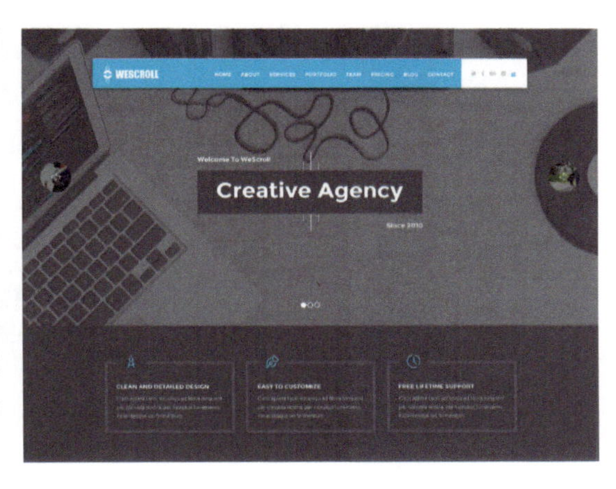

该网站页面的设计非常简洁、清晰，使用与主题相关的页面作为页面顶部背景，在页面中大量使用留白，使得页面内容的层次非常清晰、明确，并且整个页面使用灰色作为主色调，使用蓝色作为点缀，有效地突出了网站导航菜单的表现，清晰的视觉设计给用户带来信任感。

2. 诚信透明

当我们打开一个网站，介绍的是某一种主题内容，但是当我们继续在网站中进行浏览时却发现与介绍的主题内容完全不相关，这样的网站即使设计视觉效果精美，交互效果出色，也是无法获得用户的信任的。

我们在设计网站时，应该更加诚信透明地呈现出它应用的样子和主题内容。如果希望所设计的网站更加透明，可以参考以下的方式和技巧。

◎ 告诉用户他所提交的表单会用来做什么；

◎ 告诉用户网站会跟踪用户的哪些行为和操作；

◎ 建立隐私策略，将用户数据的使用方式都概括出来；

◎ 尽可能使用安全的连接方式和 HTTPS；

◎ 在网站中为用户提供流畅的沟通渠道；

◎ 如果涉及金融交易，需要明确的声明相关政策信息；

◎ 如果网站出现了问题（安全漏洞），一定要对其进行明确的解释并提供解决方案。

注重诚信就是要说到做到，网站中的内容更新以及对用户所做出的承诺都必须认真地践行，第一次打破承诺都可能会损失一部分用户。

3. 给用户控制权

随着互联网的深入发展，用户开始追求定制化的网站体验和切合自身需求的网站操作，用户更希望在网站操作过程中具有高度的自主控制权。所以，在网站设计中应该保留用户选择的空间，即使是再小的选项都给予用户选择设置的权利。

在该作品列表页面中，将页面划分为左右两个区域，分别用于展示大图和缩略图列表，并且分别为左右两区域提供了翻页浏览的按钮进行分别控制，而且右侧区域的上方还提供了作品分类菜单，将网页的控制权交给用户，让用户选择适合自己的浏览方式。

让用户来决定网站交互细节和设计的搭配，可以参考以下的方式和技巧。

◎ 提供导航选项，允许用户选择；

◎ 为用户的操作提供相应的反馈；

◎ 让用户可以对细节选项进行设置，例台通知系统的开关；

◎ 允许用户对内容细节进行掌控，例如购物过程中可以选择产品的不同属性等；

◎ 当用户填写表单的时候，添加下拉菜单供用户选择，同时鼠标悬停到特定的选项时弹出说明为用户进行解释说明。

4. 使用简明的表现形式

我们在浏览网站的过程中经常会发现许多网站都采用了相同的表现形式，之所以采用了相同的表现形式，是因为这类表现形式是用户普遍能够接受、易于使用的形式，能够有效地鼓励用户与网站的互动。

该网站页面中使用的就是目前比较常见的一种简洁展示型网站表现形式，在网站首页面中使用图形与产品图形相结合，搭配简洁的文字描述，突出主题的表现，在页面最下方放置箭头提示，提醒用户单击或滚动即可进行翻页浏览。而内容页面同样采用了简洁、清晰的设计风格，用户不仅可以通过右侧的圆点图标进行翻页，而且可以通过顶部导航来浏览网站中的其他内容，简明、直观的形式更便于用户的理解和操作，增强用户对网站的信心。

坚持围绕着易用性原则来设计网站，这样所设计出来的网站足够清晰明了，用户不会去问如何操作，或者为什么要这样交互，这种信任是与生俱来的。同理，如果网站的表现形式过于个性化，交互模式也不是用户所熟悉的，当用户在浏览网站时，经常会不知所措，这样就会动摇用户对网站的信任。

5. 创建清晰的导航

导航引导着用户在网站中不同的页面间跳转，找到任何他们想要的信息。足够清晰的导航设计能够让用户轻松理解整个网站的结构与层次，这种明确清晰的设计能够让用户对网站产生信赖感。

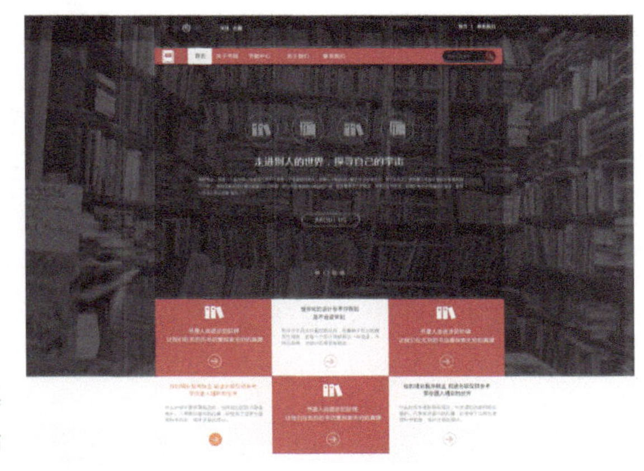

将网站导航固定相应的位置是一种常用的方式，其中以固定在页面的顶部或左侧最为常见。在该网站页面中将导航菜单固定显示在页面的顶部，并且使用红色背景来突出导航菜单在页面中的表现效果，与顶部的灰色背景图形形成鲜明的层次对比，给用户清晰的视觉指引。

6. 解除用户疑惑

网站应该是帮助人们解决问题的，不然用户来网站做什么。所以，网站中的每一环节和交互都应该引导用户来获取相应的解决方案。归根结底就一句话，网站应该有一个明确的目标。

这是一个葡萄酒品牌的宣传介绍网站，整个网站页面使用处理后的葡萄酒庄园图片作为背景，使浏览者仿佛置身其中，并且页面中的其他元素的表现形式也与页面的整体效果结合，网站的目标非常明确，而且浏览者也很清楚该网站需要表现的内容。

7. 使用简洁明了的沟通方式

充满错误信息和模糊不清文本的网站是无法获取用户信任的，应该仔细审核网站中的每一个文本内容，确保文本内容的描述是正确的、功能是对等的。在网页中应该使用简明的语言来清晰地描述所有内容，尤其是网页中的关键元素，例如表单字段和按钮上的文本。控制传达出正确的信息，可以让用户和网站的交流更加通畅。

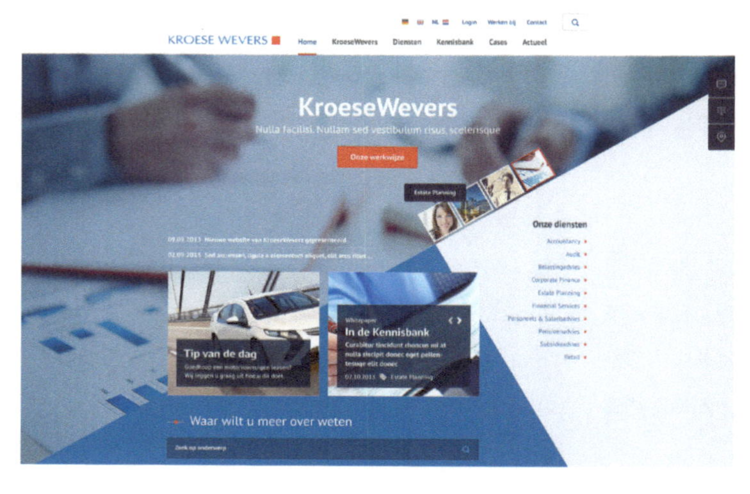

在该企业网站页面中，栏目的名称以及按钮上的文字都是精心设计的，明确表现相应的功能和内容，这样清晰、简洁、明确的内容能够使浏览者的浏览过程更加流畅。并且在页面右侧还通过悬挂图标的方式为用户提供了快捷功能的入口，方便用户与网站的即时沟通。

8. 适当引入趋势

在网站设计中应该融入时下流行的设计趋势和最新的设计手法，过时的设计会让用户对网站的合理性和可靠性产生怀疑。

扁平化的控件、幽灵按钮、鲜亮的色彩、卡片式设计等，这些元素的应用都会使整个网站页面显得微妙而动人，也能够使网站的整体风格显得具有现代气息。这样的设计其实同样会让用户产生安全感，并且以可视化的方式来获取信任。

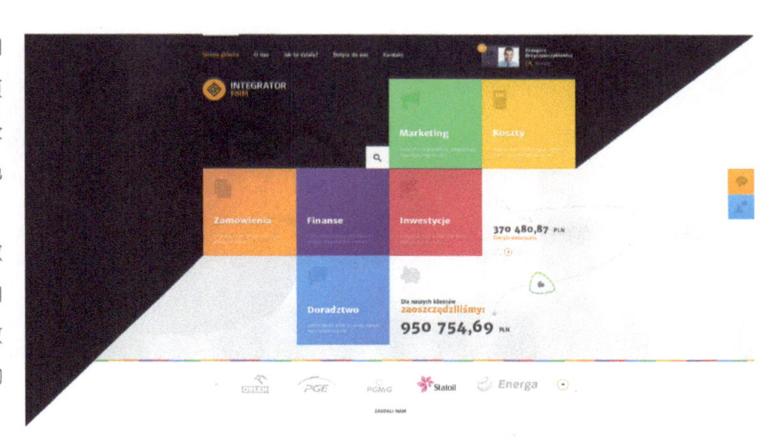

扁平化、大色块等是目前网页设计的趋势，在该网站页面中就应用了当下流行的设计趋势，使用深灰色与白色对页面背景进行倾斜分割，使版面产生时尚与动感的效果，在版面中搭配多种不同的鲜艳色块，每个色块中放置不同的内容，整个页面的表现让人感觉富有现代感。

9. 网站测试

完成整个网站所有功能和页面的设计后，我们需要对网站中的每一个元素、每一项功能进行系统的测试，从而确保每一个用户在浏览网站的过程中都能够获得卓越的用户体验。

并且需要在网站中为用户提供问题反馈的入口，并且能够及时地解决用户所反馈的问题。与此同时，网站也需要给用户相应的反馈，告知用户所提交的问题已经得到了解决。这个提交问题并解决问题的流程会让用户看到网站人性化的一面，这也是获得用户信任的重要手段。

提升电商网站信任体验

在电商网站中，信任显得尤其重要，信任度是提升电子商务网站转化率的核心。

对于电子商务网站，信任是一种整体感觉，信任贯穿了用户整个购买过程，从用户进入网站到最终离开。而在过程每一步，即在用户的每个行为意图产生时，使用设计术语呈现给用户适合的元素，就是用户体验。

1. 信任度静态模型

电商网站的信任度静态模型主要可以分为网站信任度、公司信任度和产品信任度 3 个方面，下面以图表的方式分析信任度建立的结构化思考方法及其要素。

站信任度	网站信任度	网站设计专业 配色 布局 导航 交互	内容专业 原创内容丰富 文本无错别字 图片清晰 更新及时	网站访问 速度快 无死链 / 错链 与各浏览器兼容 域名专业、有备案	转载原则 注明来源 URL 注明作者
	公司信任度	公司介绍 公司地址 联系方式 发展历程 办公环境 员工照片	业务实力 退换货保障 支付体系 服务流程 隐私保障	第三方认可 资质认证 媒体报道 社会荣誉 成功案例 合作伙伴	
	产品信任度	产品介绍 准确、丰富 原创、清晰图片 更新及时 个性化点评 已预订情况	价格优势 价格对比 有业内竞争力 更新及时 促销信息	双向沟通 即时沟通 在线咨询 电话咨询 帮助中心	

专家支招

在信任构成中，最核心的是品牌，如公司品牌、产品品牌和网站品牌。品牌是一种性格，其根源为领导者的性格。一个重销售或资本运营的公司，很难做出以品质和服务为形象的品牌。品牌是一种积累，这种积累往往需要若干年。

2. 用户购买过程

用户在电商网站中购买商品时，购买之前可能接触不到实体公司、产品和客服等，所以用户购买过程中的信任就显得尤其重要，也是决定用户最终购买的主要动力。

用户在电商网站中购买商品的行为模式表现如下。

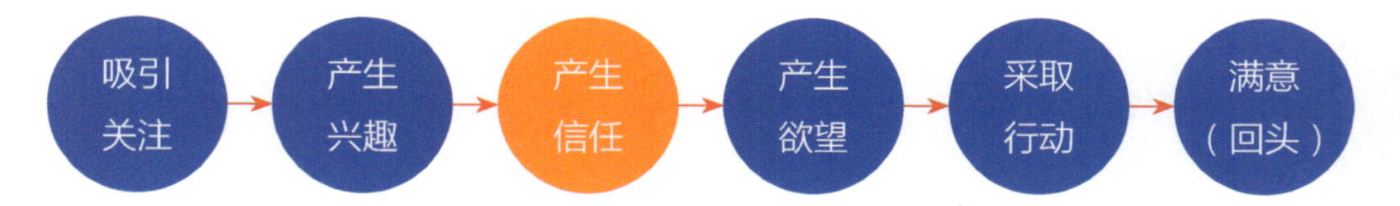

在用户对商品产生购买欲望之前，最重要的就是建立用户对网站的信任。用户对网站的信任是用户和网站产生交易行为的开始，如果用户无法对网站产生信任，那么网站就只是给用户提供产品信息参考，而毫无商业价值。

在信任构成中，比品牌更直接的是口碑，也就是老用户的传播，例如朋友圈或论坛等，也就是用户购买行为模式中的最后一个环节，这也是用户在电商网站中购买商品后的真实体验，能够很好地建立起对网站的信任。

3. 信任度动态模型

前面所介绍的信任务静态模型是从网站设计的角度来分析信任度，用户购买过程则是从用户在网站中的任务执行角度来分析信任度，而信任度的动态模型则是从用户的视角来构建信任度。

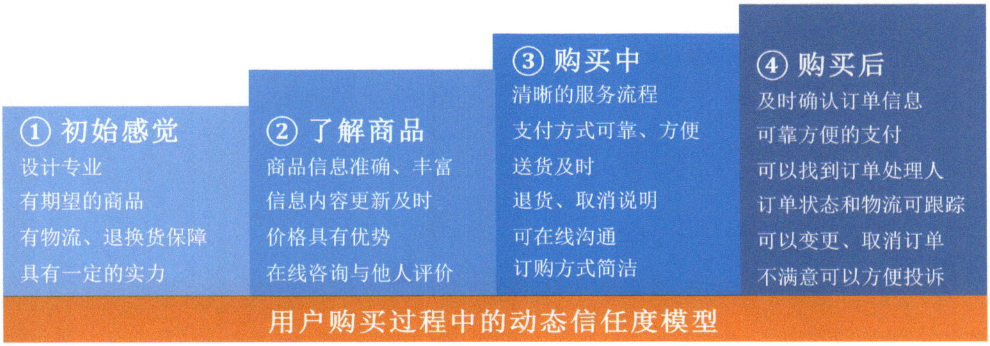

① 初始感觉
设计专业
有期望的商品
有物流、退换货保障
具有一定的实力

② 了解商品
商品信息准确、丰富
信息内容更新及时
价格具有优势
在线咨询与他人评价

③ 购买中
清晰的服务流程
支付方式可靠、方便
送货及时
退货、取消说明
可在线沟通
订购方式简洁

④ 购买后
及时确认订单信息
可靠方便的支付
可以找到订单处理人
订单状态和物流可跟踪
可以变更、取消订单
不满意可以方便投诉

用户购买过程中的动态信任度模型

电商网站就好比是服装店，顾客从店前路过，店面的装修给用户的第一感觉将决定用户是否进入店中逛一逛，而真正购买某件衣服，还是决定于用户的仔细观察，例如该衣服的款式、质量和价格等。电商网站也是如此，网站页面的设计将决定用户的第一感觉，接下来还有网站中的产品介绍和价格、辅助信息等内容，要给用户一种非常专业的感觉，并且信息内容要易读、易理解。

技巧点拨

信任度是一个整体客户体验，信任度建设也是一个整体，除了网站提供售前和售中服务来赢得用户信任，产生购买外，与网站的交易成功后，网站运营人员应该去实现网站的承诺。这样才能够形成一个良性的网站信用度建立过程。

观点总结

信任对于整个网站而言非常重要，而优秀的用户体验是其中不可或缺的基础。缺少了信任，用户会质疑你的产品，会拒绝提交信息，会离开去别的网站。用户的信任会带来忠实的用户，会为你的网站带来价值，会传播使用的体验并带来更多的回头客。网站能否取得长足的进步和成果，信任至关重要。

网站信任体验的细节

"细节决定成败"这句话已经成为很多人的口头禅，但是有很多网站还是不注意这方面的问题，例如在网站页面中错别字连篇等，这看上去好像问题不大，但是对于用户来说，这会大大降低他们对网站的信任度。用户并不会去怪罪网站编辑的粗心大意，而是会认为这个网站是不够权威、不可信的。

知识点分析

网站信用度是指用户给予网站的信任程度，用户对网站的信任度是用户在网站上进行活动的基础。前面已经从总的方面介绍了关于网站安全性和信任度等方面的知识，这里将向大家介绍一些网站信任体验的细节，从而帮助大家更好地提升网站的信任体验。

关于网站信任体验的细节，将通过以下两个方面分别进行讲解。

1．信息传递如何让用户信任

2．规范的内容呈现让用户相信网站的正规

信息传递如何让用户信任

1. 公司介绍

大多数网站都会设置公司介绍的栏目，只是在每个网站中的栏目名称不同，例如"企业简介""公司简介""关于我们"等。在该栏目中需要发布真实、可靠的企业信息，包括公司规模、发展状况、公司资质等，从而提升用户对网站的认识和信任感。

这是"站酷"网站的公司介绍页面，在该页面中使用简短的文字内容介绍了网站的创建以及发展历程，使用户对网站的成长有更深入的了解。并且在该页面中的公司介绍文字下方还添加了相关媒体报道的链接标题，有效地突出了该网站的知名度，从而有效提升用户对网站的认识和信任感。

2. 投资者关系

一些大型企业和上市公司网站，还需要在网站中清晰地说明投资者关系，并且为股民提供真实、准确的年报、财务信息等内容。

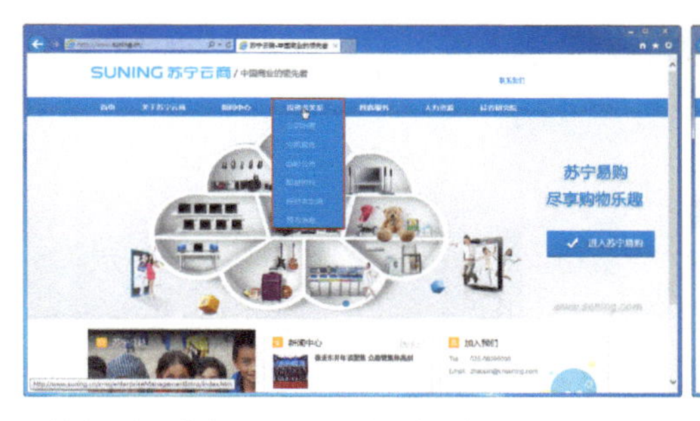

“苏宁云商”作为一家国内上市企业，在其官方网站的主导航菜单中明确划分了“投资者关系”的频道，进入到该频道页面中，用户可以通过该频道页面中的左侧辅助导航来了解该企业的投资者关系、股权结构、定期报告、信息披露等相关内容，大大增强了投资者对企业的信任。

3. 服务保障

只有清晰地说明网站对用户的服务保障，才能够增强用户对网站的信任感。对于一个没有任何承诺的网站，用户是不会信任的。

服务保障是要让用户相信网站的服务是有保障的，例如一些博客网站会告诉用户，对用户数据进行保护，不会随意删改，也不会因为任何原因而丢失。

在“网易博客”网站中专门开辟了一个“信息安全”的频道，在该频道页面以“博客信息安全措施”“用户隐私保护”两部分向用户全面介绍了该网站对于用户信息安全和隐私保护的相关措施，使用户感受到强大的被保护感，并且还提供了“用户反馈”功能，使用户能够及时对问题进行反馈，增强用户对网站的信任感。

4. 安全及隐私条款

网站的服务保障除了网站保障用户的安全外，还需要包括安全及隐私条款法律声明等。安全及隐私条款可以减少用户顾虑，避免纠纷。对于网站法律条款的声明可以避免网站陷入不必要的纠纷中。

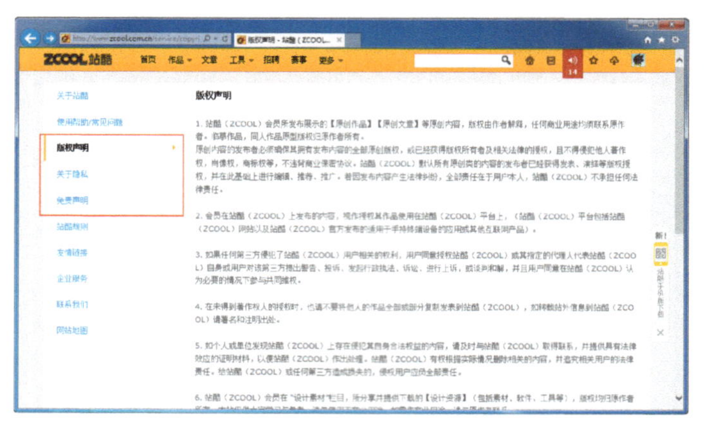

在“站酷网”中设置了“版权声明”“关于隐私”和“免责声明”3个页面，其中“版权声明”页面中对网站相关作品的版权归属进行说明，“关于隐私”页面中对网站的用户隐私保护进行说明，“免责声明”页面中则对网站的责任范围进行说明，从而有效减少用户的顾虑，并且也可以避免网站陷入不必要的纠纷。

5. 网站备案

为了规范互联网信息服务活动，促进互联网信息服务健康有序发展，根据国务院令第 292 号《互联网信息服务管理办法》和工信部令第 33 号《非经营性互联网信息服务备案管理办法》规定，国家对经营性互联网信息服务实行许可制度，对非经营性互联网信息服务实行备案制度。未取得许可或者未履行备案手续的，不得从事互联网信息服务，否则就属于违法行为。简单来说，没有进行备案的网站属于违法网站。通过为网站备案可以使网站看起来更加正规，使用户有信赖感。

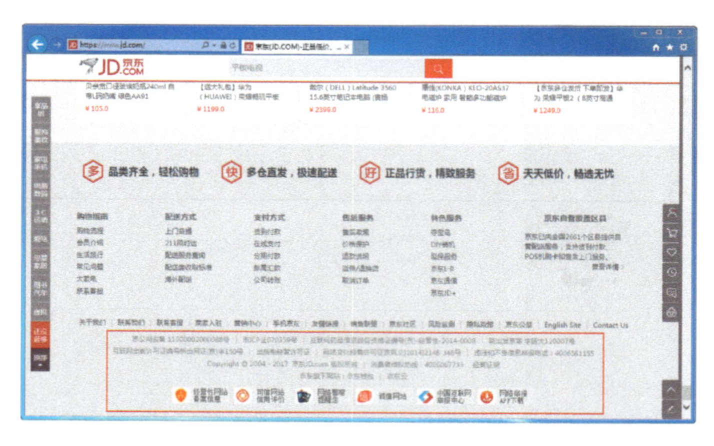

“京东”网站作为一家综合性大型电商网站，其经营范围非常广泛，而经营不同种类的商品都需要取得相关机构颁发的网络经营许可证。在“京东”网站页面的底部，清晰地列出了网站的不同种类商品的网络经营许可证，并且单击许可证名称，即可在打开的页面中查看该许可证详细信息，增强用户对网站的信任感。

专家支招

以上所介绍的这些提升网站信任体验的细节虽然都不是网站中的核心内容，但却是网站中的必需内容，这些内容能够有效增强用户对网站的信任感。通常情况下，这些栏目和页面在网站中都属于辅助性内容，往往会将这些栏目和页面链接放置在网站的版底部分，不影响网站核心内容的表现，但是用户也能够找到这些相应的内容。

规范的内容呈现让用户相信网站的正规

1. 网站内容准确

网站中的文章内容应该明确、清晰，首先网站页面的标题应该能够准确地描述公司名称与相关内容，其次应该为文章内容标注信息来源，如果为原创性文章应注明编辑或作者，从而提高文章的可信度；如果为转载的文章应该标明文章来源，这样可以有效避免版权纠纷。

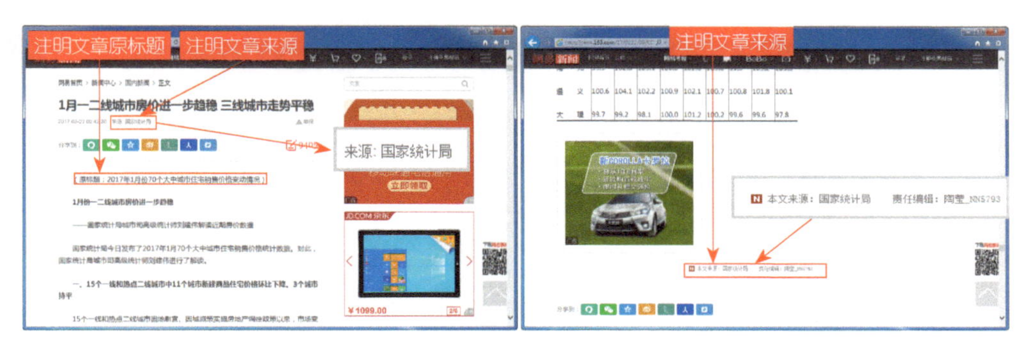

对于新闻网站来说，网站内容的准确显得尤其重要。例如，这个“网易”网站中某新闻内容页面，在新闻标题的下方以及文章结束的位置明确地标注了文章来源和责任编辑，并且网易在转载该新闻时对新闻标题进行了调整，所以在正文内容之前还特别注明了文章的原标题，这样既体现出新闻网站的严谨性，也有效避免了版权纠纷。

2. 联系方式

在网站中应该准确为用户提供准确有效的地址、电子邮箱、电话号码等联系方式，便于用户查找。如果潜在的顾客想与你联系却无法与网站取得联系，这实在是非常让人沮丧。不要限制用户以什么方式与网站联系，要让用户自己来决定用什么方式与网站联系，全面的联系方式也会增加用户对网站的安全感，打消用户心中的顾虑。

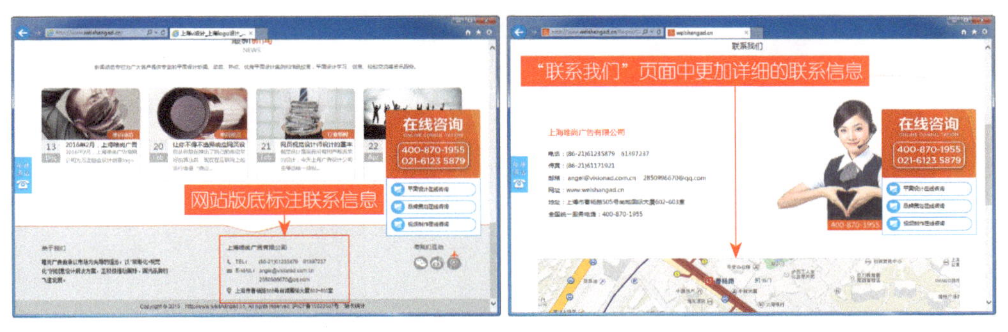

在许多企业网站中版底信息部分都会注明企业的联系信息，包括地址、电话、电子邮箱等，并且还会在网站中设置“联系我们”的页面，在该页面中详细地介绍了网站的各种联系方式，并且许多时候还会嵌入标注好公司位置的在线地图，从而使用户能够方便地与网站取得联系。

事实上，有效的联系方式包括公司介绍、真实图片（好的照片可以提升亲和度），还有联系方式，需要将联系方式放置在页面中固定的位置，便于用户查找，给用户一个最快接触的机会。

3. 有效的投诉途径

为用户提供投诉或建议邮箱及在线反馈，对于流程比较复杂的服务，必须具备帮助中心进行服务介绍。这样就可以给习惯通过网络来联系的用户直接提交用户需求和问题。如果条件允许，建立用户管理体系也是非常必要的信息管理模式，而且可以更多地收集用户信息，方便提供准确咨询。

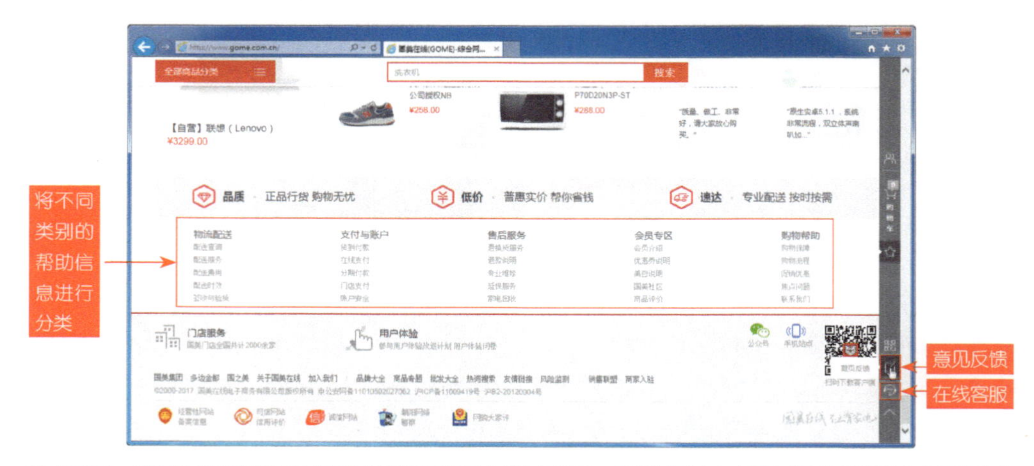

像“京东”“天猫”之类的综合性电商网站非常重视用户的信任体验，所以其网站中的用户投诉与咨询功能的设置也非常普遍。例如“国美在线”网站中，在网站页面右侧以深灰色矩形块突出显示网站中常用的功能操作图标，其中最下方就包括了“意见反馈”和“在线客户”功能入口图标，并且该部分在网站中随时都保持在网站页面右侧，非常方便，并且在网站底部还将不同类别的帮助信息进行分类，方便用户在购物过程中遇到问题能够及时解决。所有的这些功能设置，都是为了网站能够获得用户的信任，为用户提供良好的体验。

观点总结

影响网站信任度的因素表现在多个方面，从大的方面来说，比如网站或企业的知名度、网站的功能和服务等，从小的方面来说，有很多细节问题都会或多或少影响用户的信心，如企业介绍过于简单，产品信息、联系信息不够全面等。对于网站来说，信任度的建立非常重要，信任度是提升网站转化率的重要因素之一。个人认为建立用户信任是一个长期的过程，做好了网站的信任体验，就会一步步黏住用户，给用户留下深刻印象。

反侵权盗版声明

举报电话：（010）88254396；（010）88258888

传　　真：（010）88254397

E-mail：dbqq@phei.com.cn

通信地址：北京市万寿路 173 信箱

电子工业出版社总编办公室

邮　　编：100036